路在前方：珊溪水库水源地生态补偿理论、实践与政策设计

主编　张红举

副主编　施士杨　田小平　叶坤华

科学出版社

北　京

内 容 简 介

本书总结了国内外水生态补偿进展，介绍了温州市水生态补偿开展情况，以温州市珊溪水库为研究对象，运用压力-状态-响应模式，评价了珊溪水库的水管理状况，评估了生态功能价值，提出了补偿标准，并根据温州市实际，探索了以政府、市场、社会等为途径的资金筹措方式，以及以直接补偿为主、间接补偿为辅的补偿方式，并提出了完善水源地水生态补偿相关体制机制的建议。

本书可供各级政府管理人员、政策咨询研究人员以及广大科研工作者和关心生态补偿工作进展的人士阅读。

图书在版编目（CIP）数据

路在前方：珊溪水库水源地生态补偿理论、实践与政策设计/张红举主编. —北京：科学出版社，2017.12

ISBN 978-7-03-055383-6

Ⅰ. ①路… Ⅱ. ①张… Ⅲ. ①水库–生态环境–补偿机制–研究–温州 Ⅳ. ①X524 ②TV697.1

中国版本图书馆 CIP 数据核字（2017）第 281871 号

责任编辑：王腾飞 沈 旭 赵 晶 / 责任校对：贾娜娜
责任印制：张克忠 / 封面设计：许 瑞

科学出版社出版
北京东黄城根北街 16 号
邮政编码：100717
http：//www.sciencep.com
新科印刷有限公司 印刷
科学出版社发行 各地新华书店经销
*
2017 年 12 月第 一 版 开本：720 × 1000 1/16
2017 年 12 月第一次印刷 印张：17 1/2
字数：353 000

定价：179.00 元

（如有印装质量问题，我社负责调换）

作者简介

张红举，1977年11月生，安徽太湖人，理学博士，教授级高级工程师，长期从事太湖流域水资源保护规划与科研工作。主持完成的技术工作包括浙江省温州市珊溪水利枢纽水生态补偿试点实施方案编制，太湖流域水功能区分阶段限制排污总量核算，千岛湖及新安江皖浙缓冲区纳污能力核算，太湖及流域重要水源地供水安全风险管理研究，太湖流域综合规划修编中水资源保护、水生态修复专项规划编制；建立了适用于典型河网地区的水域纳污能力计算方法体系；研发了太湖及流域重要水源地供水安全预警预报系统。在国内外发表论文30余篇，主编或合著专著4部。获得上海市优秀工程咨询成果一、二、三等奖各一次，2014年获得中国国际工程咨询公司优秀咨询研究成果一等奖。2012年被评为全国水资源系统先进工作者。

施士杨，1963年12月生，浙江台州人，贵州大学研究生，温州市水利电力勘测设计院院长，高级工程师。历任温州市珊溪水利枢纽工程总指挥部副总工程师兼工程处处长、珊溪水利枢纽管理局调度处处长、综合处处长，全程参与珊溪水利枢纽工程建设、管理、运行调度、水源保护等工作，主持完成珊溪水库调度自动化和水利信息化系统建设，研究起草《关于大力开展珊溪水利枢纽水源地人口统筹集聚和水源保护工程建设的实施意见》等一系列珊溪水源保护政策文件，综合协调珊溪大型水源地水源保护和生态补偿工作。其为温州市防汛防台技术专家组成员，温州市“新世纪551人才工程”培养人选等。

田小平，1974年7月生，重庆开县人，1996年毕业于大连理工大学土木工程系，教授级高级工程师，从事水利工程咨询及设计工作。主持省、市重点建设项目的咨询、设计20余项，发表论文10多篇，获省、市工程技术成果奖12项，入选浙江省“151人才工程”、浙江省水利厅“325拔尖人才工程”、温州市“新世纪551人才工程”等。

叶坤华，1986年2月生，福建寿宁人。2008年毕业于福州大学土木工程学院水利水电工程专业，注册土木工程师（水工结构、工程规划）、咨询工程师（投资），从事水利水电工程咨询、设计工作。主持完成的项目有温州市飞云湖生态环境保护总体实施方案、温州市节水型社会建设十二五规划、泰顺县莒江溪（玉溪）生态河道治理工程等20余项，发表论文6篇，获省、市工程技术成果奖3项。

编委会名单

主　　编： 张红举

副 主 编： 施士杨　田小平　叶坤华

技术顾问： 袁建平

编委会成员（按姓氏拼音排序）：

蔡　杰　陈　剑　付意成　李俊婷
林昌宁　林　琳　刘张栋　芦炳炎
倪　刚　魏清福　杨　悦　赵东淼
赵皓君　周　娅

序

中国经济在过去几十年保持了快速增长，但生态环境退化所带来的挑战愈加严峻，引起了政府和社会的高度关注。我国生态环境退化的重要原因之一就是保护投资回报机制尚未建立。从流域层面来讲，上游地区承担保护生态环境的责任，同时享有水质改善、水量保障带来的利益的权利；下游地区应该对上游地区为改善生态环境付出的努力做出补偿，同时也享有因水质恶化、上游过度用水而受偿的权利。水生态环境作为一种自然资源，产品稀缺性的提升使其价值性日益凸显，公众对改善环境的支付意愿也在不断增加。然而，生态环境投资者若不能得到相应的回报，其从事这种公益性投资的意愿是难以长期持续的。水生态补偿就是采用综合经济政策手段，使环境保护这一行为的外部性得以内部化，从而达到保护和治理环境的目的。

近年来，我国一系列流域性的水生态补偿试点不断开展，取得了很多经验，但仍存在一些需要完善的问题。例如，补偿标准主要通过部门和地方政府的讨论直接确定，缺少科学的测算结果作为依据，且普遍仅考虑水质因素，尚不是真正意义上的生态补偿。就以我们感受得到的水价来说，水价还没有完全反映全部成本。我一直在呼吁，水价要包括水资源成本、水环境成本、水生态成本、水工程成本、机会成本、利润和税收等，我们要在生态文明的指引下，研究可持续发展面向生态文明的一套资源价格理论，推进利用市场机制保护水资源，比起西方国家的“环境服务付费”，其内涵和外延具有更大的综合性和广泛性。

看到该书的出版，我很高兴。该书对温州市珊溪水库库区水生态补偿方案进行了较为系统的研究，有不少开创性的成果，如对珊溪水库库区生态功能价值开展了综合评估，并在此基础上科学量化了补偿标准，向真正意义上的生态补偿迈出了一大步；还有对经济补偿、政策补偿等多元化补偿方式的探索，以及对水生态补偿体制机制、制度保障建设的思考；等等，它们都是对生态补偿问题的深入研究，使人们读后很有收获。

江浙地区历来富庶、人杰地灵，这里的今天就是中东部地区的明天、西部地区的后天。2014 年，我受邀到温州市参加治水工作战略咨询会讨论交流，考察过当地水利工作，温瑞塘河的综合整治给我留下了深刻印象。我相信，该书的出版将会为全国其他地区开展水源地生态补偿提供“温州智慧”。随着这方面工作的不断深入，我国水生态补偿的内容将更加丰富、方式将更加多样、评价方法将更加科学合理、机制将更加成熟定型，对流域保护和治理的支撑保障作用也将不断增强。

中国工程院院士 王浩

2017 年 2 月 23 日

前　言

实施生态保护补偿是调动各方积极性、保护好生态环境的重要手段，也是生态文明制度建设的重要内容。各地区、各有关部门有序推进生态保护补偿机制建设，并取得了阶段性进展。但从总体看，生态保护补偿的范围仍然偏小、标准偏低，保护者和受益者良性互动的体制机制尚不完善，这在一定程度上影响了生态环境保护措施行动的成效。

本书以温州市珊溪水库为例，就生态补偿制度体系构建及制度中补偿范围、补偿标准、补偿方式、资金筹措、体制机制等问题进行了探讨。第一章总结梳理了国内外已开展的生态补偿研究和实践。近年来，全国各地生态补偿机制建设已经取得阶段性进展，但补偿立法薄弱、补偿标准不明确、补偿形式单一等问题仍然存在。第二章介绍了温州市水生态补偿开展情况，重点提出了补偿标准的量化、补偿方式的多元化和制度建设等问题。第三章针对这几个核心问题提出了研究的总体思路和主要任务。第四章阐述了压力-状态-响应模式的原理，并引用该模式，采用层次分析法与熵权法相结合的计算方式，对珊溪水库的水管理水平进行了评估。第五章构建了生态价值评估体系，在对库区生态功能价值进行测算的基础上确定了补偿标准。第六章就补偿资金筹措方式进行了研究，基于对现有政府、市场、社会 3 条资金渠道特性的分析，分别制定了 3 条渠道的资金筹集方案。第七章对现行的生态补偿方式的内涵和利弊进行了分析，提出了以直接补偿为主、间接补偿为辅的补偿方案和以民生保障、长效管理为重点的资金分配方案。第八章对水生态补偿相关的体制、机制、立法问题进行了讨论和设计，从制度建设、绩效评价体系建设、奖惩体系建设和水源保护长效管理机制 4 个方面，构建了完整的水生态补偿实施保障体系。第九章为结语，对温州市珊溪水库水生态补偿经验进行了总结，并提出了下一阶段工作的方向。

本书第一章由杨悦、芦炳炎、叶坤华、倪刚、林昌宁撰写；第二章由叶坤华、施士杨、张红举、林琳、李俊婷撰写；第三章由张红举、叶坤华、李俊婷、林琳、刘张栋撰写；第四章由赵东淼、蔡杰、李俊婷、杨悦、田小平撰写；第五章由付意成、魏清福、周娅、陈剑、田小平、李俊婷撰写；第六章由倪刚、叶坤华、蔡杰、杨悦、芦炳炎撰写；第七章由叶坤华、倪刚、田小平、林昌宁、林琳撰写；第八章由倪刚、施士杨、叶坤华、赵皓君、芦炳炎撰写；第九章由林琳、施士杨、蔡杰、周娅撰写；附录由周娅、叶坤华、林昌宁整理。全书由张红举统稿。

感谢中国工程院院士王浩在百忙之中审阅了书稿，并提出了宝贵意见。本书在编写过程中得到了水利部水资源管理中心袁建平，水利部水利水电规划设计总院黄锦辉，中国水利水电科学研究院彭文启，长江流域水资源保护局穆宏强，黄河水资源保护科学研究院张建军、张军锋，海河流域水资源保护局林超，太湖流域水资源保护局翟淑华，太湖流域水文水资源监测中心石亚东，浙江省水利厅王云南，温州市水利局白洪楞、薛盛况、郑祥孩，华东师范大学杨凯、车越，中国科学院南京地理与湖泊研究所高俊峰，南京大学周元春，温州科技职业学院娄一青，上海勘测设计研究院有限公司袁洪州，以及浙江省水利厅、温州市水利局、温州市环境保护局、文成县水利局、泰顺县珊管办、泰顺县环境保护局、泰顺县财政局、瑞安市珊管办等单位的指导与大力支持，华东师范大学硕士研究生向婧怡协助文献查阅工作，在此表示诚挚的谢意！

由于编者水平有限，书中难免存在疏漏或不当之处，敬请广大读者谅解，在此也竭诚地欢迎广大读者就编者考虑不周的地方给予批评指正！

编　者

2017年6月20日

目　录

1 国内外水生态补偿的实践

国际上的生态补偿一般称为生态环境付费（payment for ecological/environmental service，PES），其含义是通过改善植被破坏地区的生态系统状况或建立新的具有相当生态系统功能或质量的栖息地，来补偿由经济开发或经济建设而导致的现有生态系统功能质量的下降或破坏（吕晋，2009）。

生态补偿起源于传统经济学，其理论基础源于生态经济学、环境经济学与资源经济学。

一般经济学意义上的消费是指利用社会产品满足当前需要的过程。如果我们把自然系统和经济系统作为一个整体来考虑，就会发现消费的另一层深义：在经济系统中用于制造消费品的物质材料来自于自然界，经过加工后，一部分物质转换为商品，一部分作为废弃物排入环境；经过一定时间之后，商品也会成为废弃物排入自然环境。因此，我们所说的消费只是商品效用的消费，商品的物质本身依然存在，并没有被"消费"掉。近几十年来，"稀缺资源"内涵的不断"丰富"、环境问题的多发性与复杂性时刻在提醒人们，现代生产和消费过程产生的外部不经济性已经是一种普遍的经济现象。经济学鼻祖亚当·斯密（Adam Smith）在《国富论》（*The Wealth of Nations*）中提出的"看不见的手"已无法有效进行资源配置，因此出现了"市场失灵"现象。与环境资源利用最相关的"市场失灵"是由它的外部性和公共物品性导致的。

外部性（externality）理论（毛显强等，2002）是生态经济学和环境经济学的基础理论之一，也是生态环境经济政策的重要理论依据。环境资源生产和消费过程中产生的外部性主要反映在两个方面，一是资源开发造成生态环境破坏所形成的外部成本，二是生态环境保护所产生的外部效益。这些成本或效益没有在生产或经营活动中得到很好的体现，从而导致破坏生态环境没有得到应有的惩罚。保护生态环境产生的生态效益被他人无偿享用，使得生态环境保护领域难以达到帕累托最优。庇古（A. C. Pigou）认为，当社会边际成本收益与私人边际成本收益相背离时，不能靠在合约中规定补偿的办法予以解决，这时市场机制无法发挥作用，即出现"市场失灵"，而必须依靠外部力量，即政府干预加以解决。当它们不相等时，政府可以通过税收与补贴等经济干预手段使边际税率（边际补贴）等于外部边际成本（边际外部收益），使外部性"内部化"。构建这种外部性内部化的制度就是生态补偿政策制定的核心目标。

人们普遍认为，自然生态系统及其所提供的生态服务具有公共物品属性。纯粹的公共物品具有非排他性（non-excludability）和消费上的非竞争性（non-rivalrousness）两个本质特征。这两个特征意味着如果公共物品由市场提供，则每个消费者都不会自愿掏钱去购买，而是等着他人去购买，自己顺便享用它所带来的利益，这就是“搭便车”问题。如果所有社会成员都意图免费搭车，那么最终结果是没人能够享受到公共物品，因为“搭便车”问题会导致公共物品的供给不足。但是，公共物品并不等同于公共所有的资源。共有资源（common resources）是有竞争性但无排他性的物品。其在消费上具有竞争性，但是却无法有效地排他，如公共渔场、牧场等，则容易产生“公地悲剧”（tragedy of the commons）问题，即如果一种资源无法有效地排他，那么就会导致这种资源的过度使用，最终导致全体成员的利益受损。生态环境由于其整体性、区域性和外部性等特征，很难改变公共物品的基本属性，需要从公共服务的角度进行有效的管理，重要的是强调主体责任、公平的管理原则和公共支出的支持。从生态环境保护方面，基于公平性的原则，区域之间、人与人之间应该享有平等的公共服务，享有平等的生态环境福利，这是制定区域生态补偿政策必须考虑的问题。

为了解答人们对环境问题的关心和对经济发展前景的担忧，出现了经济学的分支学科——环境经济学。环境经济学的理论渊源可以追溯到20世纪初，意大利社会学家兼经济学家帕累托（V. Pareto）曾经从经济伦理的意义上探讨资源配置的效率问题，并提出了著名的“帕累托最适度理论”，这一思想后来被环境经济学奉为圭臬；由马歇尔（A. Marshall）提出、庇古（A. C. Pigou）等做出重要贡献的外部性理论，为环境经济学的建立和发展奠定了理论基础。然而，直到第二次世界大战前，这些新的理论观点在经济学界并没有引起足够的重视。

20世纪60年代中期以后，环境问题逐渐成为人们关注的焦点。为了适应社会需求的变化，各国政府纷纷建立了环境保护行政主管部门，代表国家行使管理环境的职能。但是，保护环境要有政策和管理手段，需要投资。什么样的政策和手段最有效、保护环境需要花多少钱、谁来出这笔钱、怎么花这些钱……这一系列问题都要求环境经济学家做出解答。

1.1 国外研究进展

早在20世纪30年代，国外就出现了生态补偿案例。随着生态环境问题的逐步尖锐，目前国外的生态补偿已经覆盖了森林、湿地、农田、自然保护区、水资源、流域、矿产资源等多个领域。按照生态补偿的方式划分，国外生态补偿的方式主要有直接公共补偿、限额交易计划、一对一的私人直接补偿和生态产品认证计划等；按照付费的主体划分，可以是个体、企业或者区域，也可以是政府，前者通常是通过签署合作协议，个体、企业或者区域为享受的环境服务付费，后者大多是国家对一些具有重要意义的生态区域或生态系统进行国家支付和购买；按照政府干预的程度，可以划分为政府直接支付、政府主导、完全市场运作3种生态补偿方式。其中，世界范围内较为成熟、有一定影响力的案例包括哥斯达黎加和墨西哥的全国性生态服务付费机制、欧洲和美国的农业环境计划、保护性储备计划，以及林业碳汇机制。一些国际组织，如森林趋势（Forest Trend）、国际环境与发展研究所（International Institute of Environment and Development，IIED）也加入生态补偿的实践中。

1.1.1 政府直接支付的生态补偿

1.1.1.1 美国保护性退耕项目

自20世纪30年代以来，美国实施了一系列的农田退耕与湿地保护政策和措施，总称为保护性退耕，这是美国最为重要的生态补偿制度（壮歌德，2016）。美国的保护性退耕之所以在全国推行，是因为20世纪30年代美国频繁发生的水灾和北部与南部地区出现了严重的沙尘暴及粮食价格的下滑。为推行保护性退耕政策，《农业调整法案》于1933年出台；随后，又颁布了《保护性调整法案》与“农业保护计划”。继1956年的《农业法案》后，“土地银行”（Soil Bank）农田退耕计划被正式提出，即鼓励农场主短期或长期退耕一部土地“存入”土地银行，由银行按农产品价格给予计划退耕的农场主补偿。1960年，美国实施一种短期退耕项目，即土地缩减计划（acreage reduction program，ARP），其退耕期限为1年，能及时地应对市场供求状况。美国的《食品安全法案》（1985年）所确立的长期耕地休养计划一直沿用至今；自1990年以后，退耕计划重点扩展到水质的改善和野生生物栖息地的保护等方面；湿地保护计划也于1997年被纳入长期耕地修养计划中。

在美国的保护性退耕项目中，市场机制与竞争机制得以充分运用。同时，政府是生态效益的主要购买者，对退耕农民因保护生态环境而退耕或休耕所造成的机会成本损失进行补偿；政府还鼓励人们在退耕土地上种植大量的树木来保护水源、土壤与野生动物，以提高森林覆盖率和改善生态环境质量。具体而言，在退耕项目中，由政府与退耕农民在自愿的基础上签订合同，期限一般为10～15年，并由政府按成本分摊法支付退耕农民所需成本50%～75%的补偿资金。在保护性退耕中，美国有一套科学的环境评价体系，主要有“根据土壤特点经过调整的租金率”与“环境效益指数”两个评价体系。退耕土地租金费的补偿标准通常是由买方（政府）与卖方（农户）的供求状况所确定的，符合市场的价值规律。此外，在保护性退耕项目中，还引入竞争机制使双方有充分的选择权。例如，政府可以选择与符合条件的退耕农民订立合同；退耕农民在农田使用中有充分的决定权，且有权在合同期满后选择继续参与退耕或恢复种植农作物。

美国保护性退耕项目取得了较大的成功。截至 2002 年，美国的退耕面积占全国农田总面积的 10%，约 1360 万 hm^2；政府支付的补偿资金达 15 亿美元/a，参与退耕的农户有 37 万户，是农户总数的 18%（郭广荣等，2005）。

1.1.1.2 德国农业生态补偿机制

生态环境问题日益严重是德国出台农业生态补偿政策的首要因素。为了提高农产品的产量，解决温饱问题，德国开始在农业生产过程中大量使用化肥、农药和饲料。化肥、农药和饲料的大量使用虽然极大地提高了农业产量，但同时也带来了生态环境问题，如土壤污染、盐碱化、水体富营养化、地下水污染、饮用水污染、土壤板结、动植物病虫害增多、农业物种多样性降低、农业垃圾污染、规模化养殖的禽畜粪便污染等。农业生态环境问题的出现，不仅威胁了农产品质量安全，而且直接制约了农业的可持续发展，危及生态安全，影响了人类与自然的和谐、可持续发展。

从 20 世纪 90 年代开始，德国实施了一系列农业生态补偿政策，鼓励和引导农民从事有利于生态环境保护的农业生产活动，取得了很好的效果。德国农业生态补偿主要包括三项内容：第一，有机农业。符合补贴条件的农户或者农业企业要在每年 5 月 15 日前向政府农业部门提出补贴申请。农业部门对补贴申请进行审查，审查后将核实的有关资料存档，并对符合补贴条件的农户发放补贴。第二，粗放型草场使用。对所有实行粗放型草场使用并降低载畜量，同时大幅度减少化肥和农药使用量且不转变为耕地的，给予一定的补贴。第三，多年生作物放弃使用除草剂。对于多年生作物，如葡萄、梨、苹果等水果类作物，农户或者农业企业如果放弃使用除草剂，可以给予一定的补贴。

补贴的方式也有三种：第一种是直接补贴。这是对降低支付价格的补偿，包括常规补贴和特殊补贴两部分。常规补贴是按照土地面积来计算的，农业企业只要按照相关规定实行有利于环境保护的生产方式就可以享受补贴，标准为每公顷 300 欧元。特殊补贴是对在农业生产过程中对环境保护有特殊贡献的农民或者农业企业进行的一种补贴，如气候差、坡度大、保护动物等，根据实际的支出或者损失来补贴。第二种是生态转型补贴。政府对由传统型经营向生态型经营转型的农场给予转型补贴。补贴的标准如下：多年生农作物每公顷 950 欧元；蔬菜每公顷 480 欧元；一般的种植业和绿地每公顷 210 欧元。另外，政府还对生态型农场实行生态经营维持补贴，以弥补生态型农场从事生态农业经营所减少的收入，保证生态农场的正常运营。这种补贴按年进行，其标准如下：蔬菜每公顷 320 欧元；一般的种植业和绿地生产每公顷 160 欧元；多年生农作物每公顷 560 欧元。第三种是其他补贴。除了上述几种农业生态补贴政策外，政府还实施其他农业生态补贴政策，如土地休耕补贴政策。该政策规定，全国 10%～33%的耕地实行休耕制度，休耕土地每公顷给予 200～450 欧元的补贴。又如，退耕还林（草）政策，该政策规定，对于那些不适宜进行农业生产并造成水土流失的土地，可以实行退耕还林（草），由政府给予最长20年的补贴。

德国农业生态补偿政策的实施取得了明显成效。通过实施农业生态补偿政策，人们的环境保护意识明显增强，农业生态环境明显改善。调查显示，德国在1998～2003年的5年时间内，虽然化肥的使用量减少了9%，但粮食产量仍然增加了近10%。此外，农业生态补偿措施对于耕地质量的保护和粮食综合生产力的提高等也发挥了非常明显的作用。氮元素的利用率明显提高，从补偿政策实施前的27%提高到接近最大值的80%，明显降低了氮元素等对环境的污染程度，农业生态环境进一步向良性循环方向发展。

1.1.2　政府主导的生态补偿

1.1.2.1　美国纽约流域管理计划

1989年，美国国家环境保护局（United States Environmental Protection Agency，USEPA）提出了一项要求，即所有的地表供水都必须进行过滤，但那些已有水处理环节或自然条件能够提供安全饮用水的企业例外。纽约市用水中约有90%来自于该市北部约190km处、1800mi^{2}①的卡茨基尔/特拉华流域，这是一个非过滤供水系统，包括19个水库和3个受控湖泊。建设过滤设施大约需要80亿美元，而运营这些设施每年需要3亿～4亿美元。为了以更具成本效益的方式响应美国国家环境保护局的要求，纽约市（高彤和杨姝影，2006）决定在该流域实施一项改善流域管理、避免再建一个净化水厂的计划。这两个流域主要位于农村区域，其中森林面积占流域总面积的75%，林木业较发达。纽约市希望上游水源地的森林主、农场主和木材公司通过改进农林业措施，减少水中的微生物病原体和磷素含量，以达到美国国家环境保护局所提出的水质要求。

在该项补偿机制中，纽约市提供流域计划的启动资金，其余由州、联邦政府和流域内的当地政府负责。补偿资金主要来源于两方面：一是税收，纽约市民投票通过了政府对水用户征收附加税；纽约市政府所支付的启动资金主要来源于对水用户征收的9%的附加税，为期5年。二是公债与信托基金，纽约市发行公债来筹集资金；卡茨基尔未来基金会为卡茨基尔流域的环境可持续性项目提供了6000万美元的贷款和捐赠；纽约市信托基金向卡茨基尔流域的水质改良与经济发展项目提供了2.4亿美元，向特拉华流域项目提供了7000万美元。

纽约市为那些采取最好的管理措施的农场主和森林主提供了4000万美元的

① 1mi^2=2.589988km^2。

补助，令很多农场主感到满意。在卡茨基尔/特拉华流域约 350 个农场主中，有 317 个同意参加该项目，其中 55 个已制定出了完好的管理措施。同时，为了回报木材公司在林业管理方面所做的如减少采伐对森林的影响等改进，政府授予木材公司可在以前无权采伐的区域进行采伐的许可证。为促进当地经济发展，流域农业委员会（Watershed Agricultural Council，WAC）积极为非木质林产品寻找新市场，从而促进林业管理和森林恢复。木材产品认证：WAC 也为“流域改进木材采伐”项目和经智能木材（Smart Wood）认证的木材产品寻找市场。

组约市流域保护计划证明，通过上下游用户的自愿合作及实施基于社区的流域保护，有可能同时实现下游的水质目标和上游的经济目标。该计划还表明，保护水源周边的区域和水库可以为大量的城市人口提供饮用水，而无须经过成本高昂的过滤或化学处理。

1.1.2.2 德国易北河水源地跨国生态补偿协议

易北河是欧洲一条著名的河流，上游在捷克，中下游在德国。20 世纪 80 年代，由于两国发展阶段不一，易北河污染严重，对德国造成严重影响。为减少流域两岸长期排放污染物，改良农用水灌溉质量，保持两岸流域生物多样性，德国和捷克达成共同整治易北河的双边协议。协议规定成立双边国家专业人士共同参与的、由 8 个小组组成的双边合作组织：行动计划小组负责确定、落实目标计划；监测小组确定监测参数目录、监测频率，建立数据网络；研究小组来研究采用何种经济、技术等手段保护环境；沿海保护小组则主要解决物理方面对环境影响的问题；灾害小组的作用是解决化学污染事故，预警污染事故，使危害降低到最低限度；水文小组负责收集水文资料数据；还有从事宣传工作，每年出一期公告，报告双边工作组织情况和研究成果的公众小组及法律政策小组。根据双方协议，德国在易北河流域建立了 7 个国家公园，占地 1500km^2；两岸流域有 200 个自然保护区，禁止在保护区内建房、办厂或从事集约农业等影响生态保护的活动。

双边合作组织制定了分短期、中期、长期的阶段实施目标（滕加泉和薛银刚，2015）。

1991 年的工作目标是双边合作组织制定并落实近期整治计划，易北河上游水质污染程度降低，筹集拟建的 7 个国家公园的启动资金；2000 年的整治目标是易北河上游的水质经过过滤后符合饮用水标准，河内有害物质达标，可用于农用灌溉，不影响捕鱼业，河内鱼类能达到食用标准；2010 年的工作目标是使易北河淤泥可作为农业用料，使生物种类多样化。

易北河整治的经费来源包括财政贷款、研究津贴、排污费（居民和企业的排污费统一交给污水处理厂，污水处理厂按一定比例保留部分后剩余上缴国家）和下游对上游的经济补偿。2000 年，德国环境部拿出 900 万马克给捷克，用于建设捷克与

中规定，建设水库等设施，由地方政府制定水源区综合发展规划，中央、地方政府和水库建设主体对因水库工程而失去原有生活基础的居民负有妥善安置的义务。补偿经费中央政府占 47%，都道府县占 24%，市町村政府占 27%，其他主体占 2%，成立水源地基金，资金来自流域上下游各有关地方政府，对库区建设给予补偿。

1.1.3 完全市场化的生态补偿

1.1.3.1 法国伟图（Vittel）矿泉水付费机制

20 世纪 80 年代，随着全球水质的普遍下降，位于法国东北部的莱茵-马斯河（Rhine-Meuse）流域的水质受到当地农民大量农业活动的威胁。依赖该地区干净水源制作天然矿物质水的公司不得不做出选择，要么设立过滤工程，要么迁移到新的水源地，要么保护该地区水源。全球最大的天然矿泉水公司 Vittel 做出了保护水源来节约成本的选择，并取得了巨大成功。

该项机制通过改进与农业生产相关的措施来改善水质，主要做法有减少硝酸盐和农药含量、在流域内植树造林、控制商业活动的非点源污染、大力发展新技术（如以草原为基础的乳品农业、动物废弃物处理改良技术）、禁止种植玉米和使用农用化学品等。

Vittel 公司以高于市场价的价格向水源区的土地主购买土地，总投资约 900 万美元，购买了水源区 1500hm^2 农业土地。同时，Vittel 公司承诺将土地使用权无偿返还给那些愿意改进土地经营措施的农户。由于要将传统农业转向集约程度较低的乳品业，基于使用新型的草场管理技术所承担的风险与可能减少的利润，Vittel 公司与那些同意将土地转向的农场（总土地面积为 1 万 hm^2）签订了 18～30 年的合同。具体合同内容包括 Vittel 公司向每个农场每年每公顷土地支付 320 美元，连续支付 7 年。这样下来，Vittel 公司为每个农场平均投资 15.5 万美元，总计达 380 万美元。与欧盟只有 1 年的补助期相比，Vittel 公司提供的补助对农场来说非常有利。从补助水平上来说，Vittel 公司的补助水平达到了农场可支配收入的 75%。另外，Vittel 公司还向农场提供免费的技术支持，并为新农场设施的购置和现代化农场的建设支付费用，当然，作为交换条件，Vittel 公司在合同期内拥有这些建筑和设备的所有权，同时有权监督它们的合理利用。

Vittel 公司在项目开展的前 7 年共投入约 2450 万美元；除此之外，法国国家农业研究院（French National Institute for Agricultural Research，INRA）投入 20%的研究费用；法国水管理部门为改进动物的废弃物处理投入了 30%的费用，用于现代畜舍的建设并监督这些设施的合理利用。

上述举措使 Vittel 公司取得了一定的成功。之后，Vittel 公司收购了毕雷（Perrier）和孔特勒克塞维尔（Contrexeville）公司，并将这种模式推广到这些公司。通过 Vittel 公司模式的推广，生物农业在几个较大的水源地得到了极大的推广与发展，减少了磷素和除草剂的使用。良好的有机农产品市场环境迅速推动了其他水源区农民采用新的农业技术措施。法国其他的瓶装饮用水公司［如依云（Evian）公司和沃尔维克（Volvic）公司］也已经开始考虑采用 Vittel 公司的经验及模式。

1.1.3.2 哥斯达黎加市场补偿案例

哥斯达黎加还有一些完全市场化的生态补偿的成功案例。

哥斯达黎加国内的环球能源（Energia Global）是一家位于萨拉皮基（Sarapiqui）流域，为 4 万多人提供电力服务的私营水电公司。由于水源不足，公司无法正常生产，为使河流年径流量均匀增加，保证水量供应，同时减少水库的泥沙沉积，Energia Global 公司按照每公顷土地 18 美元的标准向国家林业基金提交资金，政府基金则在此基础上按每公顷土地另外添加 30 美元，以现金的形式支付给上游的私有土地主，要求这些私有土地主将他们的土地用于造林、从事可持续林业生产或保护有林地，而那些刚刚采伐过林地或计划用人工林来取代天然林的土地主将没有资格获得补助。

位于哥斯达黎加西北部的戴尔奥（Del Oro）柑橘种植与果汁生产集团，向其相邻的巨蜥保护区购买森林生态服务功能的期限长达 20 年。

从各国实施生态补偿的具体实践来看，许多案例是围绕森林和水资源而展开的，并且多以市场机制为基础。国际生态补偿取得成功的主要原因在于：一是大多数国家产权制度比较完善，有利于利用市场机制进行补偿；二是法律法规比较完善，很多资源开发的外部成本能够内部化；三是政府支付能力较强，能够对重要的生态服务进行购买；四是社会参与协商机制较为成熟，能够在生态补偿政策实施中真正反映利益相关者的立场。

国际上，不同国家对生态补偿的做法各有侧重，欧洲、北美等地的发达国家拥有雄厚的经济实力，研究的重点在于补偿资金的有效配置，以使得生态补偿的投入能获得最大的收益。目前，很多国家致力于建立各种生态服务市场来提高生态补偿的实施效率，世界范围内也出现了多种形式的经济激励机制。澳大利亚通过联邦政府的经济补贴来推进各省的流域综合管理工作；南非则将流域保护与恢复行动同扶贫有机地结合起来，每年投入约 1.7 亿美元雇佣弱势群体来进行流域保护、改善水质、增加水量供给；美国对水资源保护则实行包括票据交换机制在内的多种手段，旨在用市场的方式规范对流域的管理；大多数国家的流域保护补偿则与森林环境服务相结合，实行相应的补偿，其中政府起着中介的作用，市场机制的作用逐渐凸显。当然不同国家由于国情不同，在生态补偿过程中的做法也不尽相同，但国际上很多生态补偿的成功经验对我们进行水生态补偿研究与实践有着重要的启示。

1.2 国内水生态补偿实践

1.2.1 水生态补偿进展情况

在法律层面，我国《宪法》第九条明确了国家和集体对自然资源拥有所有权，并规定了国家有保护和改善自然资源的责任；第二十六条规定了国家保护环境与防治公害的义务。《环境保护法》第三十一条要求国家建立、健全生态保护补偿制度。国家加大对生态保护地区的财政转移支付力度。有关地方人民政府应当落实生态保护补偿资金，并确保其用于生态保护补偿。国家指导受益地区和生态保护地区人民政府通过协商或者按照市场规则进行生态保护补偿。《环境保护法》第四十三条明确规定了排放污染物的企业事业单位和其他生产经营者，应当按照国家有关规定缴纳排污费。排污费应当全部专项用于环境污染防治，任何单位和个人不得截留、挤占或者挪作他用。依照法律规定征收环境保护税的，不再征收排污费。《水污染防治法》第二十四条明确了直接向水体排放污染物的企业事业单位和个体工商户，应当按照排放水污染物的种类、数量和排污费征收标准缴纳排污费。排污费应当用于污染的防治，不得挪作他用。《水土保持法》第三十一条明确了国家加强江河源头区、饮用水水源保护区和水源涵养区水土流失的预防和治理工作，多渠道筹集资金，将水土保持生态效益补偿纳入国家建立的生态效益补偿制度。《水法》的诸多条款中都有关于流域生态补偿的相关规定。

1996 年，《国务院关于环境保护若干问题的决定》进一步完善了生态补偿的原则，即生态补偿按照“污染者付费、利用者补偿、开发者保护、破坏者恢复”的原则。2005 年，《国务院关于落实科学发展观加强环境保护的决定》中提出了要完善生态补偿政策，尽快建立生态补偿制度；中央和地方政府转移支付应考虑生态补偿因素，国家和地方分别开展生态补偿试点。2008 年修订的《水污染防治法》首次以法律的形式对水环境生态保护补偿机制做出明确规定：“国家通过财政转移支付等方式，建立健全对位于饮用水水源保护区区域和江河、湖泊、水库上游地区的水环境生态保护补偿机制。”

2005 年以来，国务院每年都将生态补偿机制建设列为年度工作要点，并于 2010 年将研究制定生态补偿条例列入立法计划。

2007 年 9 月，国家环境保护总局印发了《关于开展生态补偿试点工作的指导意见》。这是中央政府首次对开展生态补偿措施发布的指导性文件。工作中指出，要推动建立流域水环境保护的生态补偿机制，建立流域生态补偿标准体系；促进合作，推动建立流域生态保护共建共享机制；推动建立专项资金，做好部门协调，扩大交流与宣传，加强组织领导。

各地在推进生态补偿试点中也相继出台了流域、自然保护区、矿产资源开发生态补偿等方面的政策性文件。2003年8月，江西省人民代表大会常务委员会通过了《加强东江源区生态环境保护和建设的决定》。2005年，浙江省出台了《关于进一步完善生态补偿机制的若干意见》。2005年6月，广东省出台的《东江源区生态环境补偿机制实施方案》规定，2005～2025年，由广东省每年从东深供水工程水费中安排1.5亿元资金用于源区生态环境保护。2007年9月，江苏省第十届人民代表大会常务委员会通过的《江苏省太湖水污染防治条例》等地方性法规中也存在关于流域生态补偿的规定。2008年，浙江省出台了《浙江省生态环保财力转移支付试行办法》，使浙江省成为全国第一个实施省内全流域生态补偿的省份。

2011年，《中共中央国务院关于加快水利改革发展的决定》（中发〔2011〕1号）提出要建立生态补偿机制。2012年，党的十八大报告要求把建立生态补偿制度作为大力推进生态文明建设的重要举措。党的十八届三中全会指出，要实行资源有偿使用制度和生态补偿制度，完善对重点生态功能区的生态补偿机制，推动地区间建立横向生态补偿制度。党的十八届四中全会进一步要求加快建立生态文明法律制度，制定完善生态补偿的法律法规。

2014年，中央1号文件提出进一步完善生态补偿制度，建立江河源头区、重要水源地、重要水生态修复治理区和蓄滞洪区生态补偿机制。

2015年4月，国务院印发了《水污染防治行动计划》（国发〔2015〕17号），明确提出了理顺价格税费，完善收费、税收政策；促进多元融资，引导社会资本投入；建立激励机制，推行绿色信贷，实施跨界水环境补偿等多方面内容。

2015年9月，中共中央、国务院出台《生态文明体制改革总体方案》，该方案提出完善生态补偿机制；探索建立多元化补偿机制，逐步增加对重点生态功能区转移支付，完善生态保护成效与资金分配挂钩的激励约束机制；制定横向生态补偿机制办法，以地方补偿为主，中央财政给予支持；鼓励各地区开展生态补偿试点，继续推进新安江水环境补偿试点，推动在京津冀水源涵养区、广西广东九洲江、福建广东汀江-韩江等区域开展跨地区生态补偿试点，在长江流域水环境敏感地区探索开展流域生态补偿试点。

2016年1月，全国水利厅局长会议也明确提出要求加快水资源用途管制、取水权转让等水权制度建设，稳步开展水资源使用权确权登记，探索建立水生态补偿机制，构建河湖绿色生态廊道，打造安全型、生态型河流。

2016年3月，中央全面深化改革领导小组审议通过了《关于健全生态保护补偿机制的意见》，2016年5月正式印发了《关于健全生态保护补偿机制的意见》（国办发〔2016〕31号），提出全面贯彻党的十八大和十八届三中、四中、五中全会精神，深入贯彻习近平总书记系列重要讲话精神，坚持“四个全面”战略布局，牢固树立创新、协调、绿色、开放、共享的发展理念，按照党中央、国务院决策部署，不断完善转移支付制度，探索建立多元化生态保护补偿机制，逐步扩大补偿范围，合理提高补偿标准，有效调动全社会参与生态环境保护的积极性，促进生态文明建设迈上新台阶的目标任务。到 2020 年，实现森林、草原、湿地、荒漠、海洋、水流、耕地等重点领域和禁止开发区域、重点生态功能区等重要区域生态保护补偿全覆盖，补偿水平与经济社会发展状况相适应，跨地区、跨流域补偿试点示范取得明显进展，多元化补偿机制初步建立，基本建立符合我国国情的生态保护补偿制度体系，促进形成绿色生产方式和生活方式。

2016 年发布的《中华人民共和国国民经济和社会发展第十三个五年规划纲要》明确提出，未来五年健全生态补偿机制的发展方向，加快建立多元化生态补偿机制，完善财政支持与生态保护成效挂钩机制，建立健全区域流域横向生态补偿机制。随着顶层设计的不断完善，生态补偿实践将不断深化，生态补偿机制将不断健全，其在改善生态环境质量、促进绿色发展方面的作用也将越来越充分地得到发挥。

2016 年 11 月发布的《国务院关于印发“十三五”生态环境保护规划的通知》（国发〔2016〕65 号）明确提出加快建立多元化生态保护补偿机制。加大对重点生态功能区的转移支付力度，合理提高补偿标准，向生态敏感和脆弱地区、流域倾斜，推进有关转移支付分配与生态保护成效挂钩，探索资金、政策、产业及技术等多元互补方式。完善补偿范围，逐步实现森林、草原、湿地、荒漠、河流、海洋和耕地等重点领域和禁止开发区域、重点生态功能区等重要区域全覆盖。中央财政支持引导建立跨省域的生态受益地区和保护地区、流域上游与下游的横向补偿机制，推进省级区域内横向补偿，在长江、黄河等重要河流探索开展横向生态保护补偿试点。深入推进南水北调中线工程水源区对口支援、新安江水环境生态补偿试点，推动在京津冀水源涵养区、广西广东九洲江、福建广东汀江-韩江、江西广东东江、云南贵州广西广东西江等区域开展跨地区生态保护补偿试点。

绿水青山就是金山银山，对于这一重要理念，经过多年的实践，无论是保护地区还是受益地区，无论是上游还是下游，都有了越来越真切的体会，对落实生态补偿的自觉性和积极性也都有了很大程度的提升。

1.2.2 国内相关地区水生态补偿开展情况

1.2.2.1 三江源生态补偿模式

在我国一些大江大河的生态功能区的生态补偿中，由于流域面积广，涉及的居民、企业、地方政府及其他利益相关者众多，如果采用生态市场化补偿，会因补偿搜寻成本大、谈判成本高，导致交易费用大。在这种情况下，生态补偿应以政府补偿为主。

三江源地区是长江、黄河和澜沧江的源头汇水区，素有“中华水塔”之称，是全国最为重要的生态功能区之一。三江源国家级自然保护区总面积 15.23 万 km^2，总人口 20 万人左右，是我国面积最大的国家级自然保护区，占三江源地区总面积的 42%，占青海省土地总面积的 21%。三江源自然保护区核心区面积 31218km^2，占自然保护区总面积的 20.5%，涉及人口 4 万多人，禁止一切开发利用活动；缓冲区面积 39242km^2，占自然保护区总面积的 25.8%，涉及人口 5 万多人，生产方式以限牧轮牧为主；实验区面积 81882km^2，占自然保护区总面积的 53.7%，涉及人口 12 万多人，允许适度发展生态旅游等特色产业。

2005 年国务院批准《青海三江源自然保护区生态保护与建设总体规划》，启动了三江源自然保护区的生态保护和建设工作。2008 年国务院下发的《国务院关于支持青海等省藏区经济社会发展的若干意见》中提出建立三江源国家生态保护综合试验区，这是唯一的国家级生态保护综合试验区。

三江源自然保护区的生态保护和建设工程于 2005 年开始实施，包括生态保护与建设项目、农牧民生产生活基础设施建设项目等，累计完成投资 85.39 亿元，资金主要来源于政府投资。工程实施以来取得重大阶段性成效，三江源地区水资源总量增加 84 亿 m^3，湿地面积增加 104km^2，林草生态系统水资源涵养量增加 28.4 亿 m^3，黄河源头再现“千湖美景”。与 2004 年相比，三大江河年均向下游多输出 58 亿 m^3 的优质水，为三江流域的经济社会发展提供了有力支撑，草原植被盖度平均增加 11.6%，产草量提高 30%，森林覆盖率由 3.2%提高到 4.8%，黑土滩治理区植被覆盖度由治理前的不到 20%增加到 80%以上，雪豹、白唇鹿、藏野驴、野牦牛等野生动物种群明显增多。藏羚羊，由 20 世纪 80 年代的不足 2 万只恢复到 7 万多只，植物种群和鱼类等水生生物的多样性也得到有效保护。

2010 年，青海省人民政府出台了《关于探索建立三江源生态补偿机制的若干意见》和《三江源生态补偿机制试行办法》，标志着三江源生态补偿机制的正式建立。《三江源生态补偿机制试行办法》规定了补偿项目和具体补偿政策，明确了生态补偿转移支付计算公式和测算依据，对补偿资金来源及补偿方式也做出了具体要求。

2011 年，结合草原生态保护补助奖励政策，青海省财政统筹安排资金 25 亿元，会同青海省教育厅、农牧厅、环境保护厅等部门启动实施了“1+9+3”教育经费保障补偿、异地办学奖补、农牧民技能培训和转移就业、草畜平衡补偿、牧民生产资料补贴、扶持农牧民后续产业发展及农牧民基本生活燃料费补助 7 项政策，并将异地办学奖补政策由三江源地区扩大到全省藏区。上述政策的实施，共有22.4万名学生和3.9万名农牧民群众受益。2012年，青海省财政厅积极配合省级相关部门出台实施了生态环境监测评估、草原生态管护机制两项补偿政策，下达资金1.4亿元，主要对各地开展的对植被覆盖率、河流水质、空气质量等指标进行监测与评估工作给予必要的设备购置经费，同时从农牧民群众中招募近万名生态管护员进行草场日常管护。这两项补偿机制的建立和实施使青海省重点生态功能区环境监测和草原日常管护工作步入常态化、规范化管理。2011年起，青海省财政厅采取提前垫付等办法，增加工程投资量，加快了工程实施进度。截至2012年8月底，青海省财政厅累计安排下达投资56.7亿元，占总投资的76%，已完成投资54.5亿元，同时，会同相关部门督促各地执行“项目法人责任制、招标投标制、合同管理制、工程监理制、报账制和公示制”等制度，确保建设工程质量和资金安全。为使三江源生态保护与建设的成果惠及广大牧民群众，确保生态移民“搬得出、稳得住、能致富”，工程项目自实施以来，先后安排资金2.3亿元，用于86个生态移民社区的教育、卫生、水电路等基础设施建设；筹措资金1.5亿元，对生态移民发放生活困难补助；安排资金7442万元，为生态移民发放燃料补贴；安排资金3亿元，用于23个小城镇的基础设施建设，使7万多搬迁移民的生产生活条件得到改善。2009年，青海省财政厅设立生态移民创业扶持资金，支持生态移民社区的后续产业发展，鼓励和扶持生态移民发展生态畜牧业，支持服务业发展，2012年共安排资金3000万元，支持项目16个，吸纳生态移民劳动力1683名，人均年增加收入5000元以上。

1.2.2.2 密云、官厅水库生态补偿

北京市是世界上严重缺水的大城市之一，密云水库和官厅水库是北京市主要的地表水源地，承担了全市绝大部分的供水，为保障首都的供水安全发挥了重要作用。两个水库的水源地大部分位于河北省的张家口市和承德市。密云水库集水面积15788km^2，其中北京市3135km^2，承德市6107km^2，张家口市6546km^2，即密云水库集水面积的约80%在河北省。官厅水库集水面积43000km^2，相当于永定河流域总集水面积的92.8%，张家口市境内面积17662km^2，包括4区8县，约占整个流域面积的42%。供水区和用水区的分离使得生态补偿机制成为保证密云水库和官厅水库流域经济社会发展的同时，也成为维护北京市经济发展和生态环境所需水资源有效的环境经济手段之一。

1995年以来，北京市在京冀地区之间开展了多层次、多形式的水资源利用合作和生态补偿项目，与河北省的张家口市和承德市进行了水资源合作，建立了北京市水资源协调小组，并安排了专项资金用于支持密云、官厅两水库上游张家口、承德地区水资源环境治理合作项目，包括农业节水、水污染治理、小流域治理、生态水源林、稻改旱等。

1995～2002年，北京市每年给上游承德地区提供208万元用于水资源保护和建设，其中丰宁108万元，滦平100万元。2005年10月，北京市与河北省的张家口市、承德市分别成立了水资源环境治理合作协调小组，制定了《北京市与周边地区水资源环境治理合作资金管理办法》，资金管理办法实施期限为5年，2005～2009年，北京市每年安排2000万元资金，用于支持张承地区水资源保护项目。

2006年10月，北京市与河北省在京举行经济与社会发展合作座谈会，并签署了《加强经济与社会发展合作备忘录》，合作内容包括交通基础设施建设、水资源和生态环境保护、能源开发、产业调整、产业园区、农业、旅游、劳务市场、卫生事业9个方面，还包括实施稻改旱项目。备忘录为解决京冀间流域生态补偿开辟了途径，也为建立省际流域生态补偿机制奠定了基础。

密云、官厅水库生态补偿主要体现在北京市与张承地区开展的以下三个方面项目合作：

一是生态水源保护林工程建设和实施森林保护合作项目，2009～2011年，北京市安排资金1亿元，支持河北省丰宁、滦平、赤城、怀来4县营造生态水源保护林20万亩[①]；安排资金3500万元，支持河北省丰宁、怀来等9县进行森林防火基础设施建设和设备配置；安排资金1500万元，支持河北省三河、涿州、玉田等12县（市、区）进行林业有害生物防治设施建设和设备购置。

二是稻改旱工程，自2007年起，密云水库上游实施“退稻还旱”工程。潮河流域上游的丰宁、滦平两县，20个乡镇全部停止种植水稻，退稻改旱面积7万多亩，北京市政府按照450元/亩的标准，共补助“退稻还旱”实施区农民资金3195万元。2008年以后，补偿标准提高到560元/亩。

三是开展水资源环境治理合作，北京市每年安排水资源环境治理合作资金2000万元，支持密云、官厅两水库上游张家口、承德两市治理水环境污染、发展节水产业。

1.2.2.3　东江流域的水生态补偿

东江是珠江流域的三大水系之一，流域面积32275km^2，干流长度523km，其流域内年均水资源总量达到331.1亿m^3，并直接肩负着东莞、广州、深圳及香港的用水。东江发源于江西省南部，位于江西省寻乌、安远和定南三县的东江源区则被誉为香港和珠三角的“生命之源”。取水东江的东深供水工程是20世纪60年代为解决香港饮用水困难而兴建的，东深供水工程每天供水量超过800万m^3，年供水能力为24.23亿m^3，其中供给香港11亿m^3。

2003年，江西省人民代表大会常务委员会通过了具有法律效力的《关于加强

① 1亩≈666.7m^2。

东江源区生态环境保护和建设的决定》，明确了省、市和县三级政府在生态保护工作中的职责，要求采取加大森林资源保护和加大水资源保护力度等系列措施，在两年内基本遏制源区生态环境恶化的趋势，到2010年源区生态环境，特别是水环境质量明显改善，出省水质达国家Ⅱ类标准。自2008年起，江西省每年安排一定的专项资金用于安远和寻乌两县的生态保护，但补偿额度较小，2008年和2009年两县分别获得783万元和182万元的补偿，这也是目前江西省政府对东江源区进行财政资金补偿的唯一途径。

广东省对省内东江流域上游地区的补偿方式以省级财政资金专项转移支付为主：一是从2003年起，向省属的7座水库水电厂按0.5分/(kW·h)的标准分别征收水土保持费和水资源费，用于支持库区和水源区移民应承担的水土保持和水源涵养任务；二是从东深供水工程费的收入中每年安排1000万元用于河源地区水源涵养林的建设；三是自2006年起，每年投入250万元用于东江水质的监测管理。据统计，自2008年以来，广东省财政共下拨约4.8亿元，用于扶持东江流域污水处理设施的工程建设。

江西、广东和香港三地间也有着流域生态补偿，主要表现为香港地区对广东省支付东深供水工程水资源费，购买广东省的供水服务。目前，广东省保证每年向香港供应11亿m^3的Ⅱ类达标水，而香港每年向广东省支付24.5亿港元的供水费。2005年出台的《东江源生态环境补偿机制实施方案》明确提出，从2006年开始，广东省每年从东深供水工程水费中拿出1.5亿元资金，交付上游的江西省寻乌、安远和定南三县，用于东江源区生态环境保护。

1.2.2.4 子牙河流域生态补偿

子牙河属海河水系西南支流，由滹沱河、滏阳河汇合而成，主要位于河北省南部。子牙河流域覆盖了石家庄、邯郸、邢台、衡水、沧州5市48县（市），面积27744km^2，流域内人口2000多万人。子牙河流域内原本就存在降水稀少、水资源匮乏、河流自净能力差等问题。改革开放以来，随着人口增长、经济发展，子牙河水系污染问题越来越突出。2005年环境监测数据显示，子牙河水系属劣Ⅴ类的河段占到总河段的55%，沿河两岸的土壤、地表水均受到不同程度的污染，农民为降低生产成本，普遍采用污水灌溉农田，农作物品质得不到保障。这些都严重威胁到两岸群众的饮水健康安全和子牙河流域作为河北省商品粮基地的重要战略地位。

2008年，河北省在子牙河流域的5市实施子牙河流域生态补偿机制。河北省政府在制定子牙河流域生态补偿机制的过程中，首先界定子牙河流域尺度，子牙河是一条省内跨市河流，流域尺度限定为省内河段，治理对象限定为水质和水量，治理目标为河流不断流、水质逐步改善；其次，确定补偿主客体，子牙河流域属于“上游污染，下游污染，共同补偿”模式，补偿主体包括一切从流域生态环境获益的组织和个人，一切在生产生活中污染流域环境或破坏流域生态的组织和个人，补偿客体包括流域内一切保护生态环境或减少污染排放的组织和个人，一切受环境污染和生态破坏影响的组织和个人；再次，基于子牙河流域上下游监测断面水质水量控制目标，测算子牙河流域生态补偿基金扣缴标准和方式；然后，确定生态补偿基金的使用方式；最后，出台子牙河流域生态补偿机制的政策框架。

子牙河流域生态补偿机制的政策框架以生态补偿基金扣缴制度为核心，包括改良的政绩考核制度、生态补偿基金使用监督管理制度，并规定了生态补偿基金的使用范围，明确了地方政府保护流域水环境的责任，具体包括以下内容：第一，制定严格的流域水质标准，建立公平公正的流域跨界断面水质监测体系。河北省政府制定的流域生态补偿框架主要考察跨市出境断面的化学需氧量（COD）浓度，以《污水综合排放标准》（GB 8978—1996）中的二级标准为参照，并把子牙河水系在河北省 5 市境内的不同河段按跨界情况划分为 14 个监测断面，各市又对照省里划分的监测断面在县与县之间划分了监测断面，最终共划分监测断面 29 个，并在各断面进行水质监测。在监测跨市断面水质时，实行上、下游市环境监测中心、省环境监测中心同时取样同时监测的“三堂会审”制度，若结果有出入，则以省环境监测中心为准。省环境监测中心每月监测一次，每季度汇总一次，省环境保护部门每月将监测结果向有关市政府及省直有关部门通报。第二，建立以地方政府为对象的生态补偿基金扣缴制度。在准确监测各断面水质的基础上，河北省环境保护部门计算每月和每季度扣缴资金额度，并以省环境保护领导小组办公室的名义向有关市发出扣缴通知，并抄送省财政部门执行，省财政部门直接从市财政扣缴，并将扣缴金额和排名情况予以公布，各市参照省里做法制定了以县政府为对象的生态补偿资金扣缴制度。同时，对于考核河流跨市出境断面水质达到考核要求或跨市出境断面 COD 浓度低于跨市入境断面 COD 浓度的市，将根据所考核河流断面水质改善的情况，对有关市政府予以表彰。生态补偿基金扣缴标准以子牙河流域监测断面水质水量控制目标为依据，扣缴的主要标准如下：当河流入境水质达标（或无入境水流）时，所考核市跨市出境断面的水质 COD 浓度监测结果超标 0.5 倍以下，每次扣缴 10 万元；超标 1.0～2.0 倍，每次扣缴 100 万元；超标 2.0 倍以上，每次扣缴 150 万元。当河流入境水质超标，而所考核市跨市出境断面水质 COD 浓度继续增加时，生态补偿资金扣缴标准还要大，所考核市跨市出境断面的水质 COD 浓度监测结果超标 0.5 倍以下，每次扣缴 20 万元；超标 0.5～1.0 倍，每次扣缴 100 万元；超标 1.0～2.0 倍，每次扣缴 200 万元；超标 2.0 倍以上，每次扣缴 300 万元。河北省政府还要求，在同一设区市范围内，要对所有超标断面累计扣缴。第三，建立以水质改善为主要内容的政绩考核制度。河北省政府将河流跨界考核断面的水质改善作为考核地方政府环境保护工作的重要内容，规定市、县领导对辖区内水环境质量负责，要求制定河流综合整治方案，并向社会公布。同时，省里每年对各市污染物总量削减指标完成情况、重点治污工程实施情况、重点河流跨界断面水质改善情况等进行考核，对完不成任务的市、县领导实施“一票否决”。各市、县为达到水质改善标准，采取了积极有效的措施：①加强对重点污染企业的监督，对企业进行综合评级，评级结果纳入银行信用系统，对企业进行融资限制；②实行严格的排污许可制度，禁止企业无证或过量排污；③建立在线监测平台，实时监督企业污染行为，并保证水污染处理设施正常运行。第四，建立生态补偿基金使用监督管理制度，引导舆论发挥作用。在明确生态补偿基金来源和扣缴标准之后，河北省政府出台了文件《关于子牙河水系生态补偿金管理使用等有关事项的通知》，规定生态补偿基金的使用范围：①打深水井保障流域内群众饮水安全的项目；②对上游污染所造成的下游经济损失进行补偿；③水污染综合整治及污染物减排项目。省环境保护部门和财政部门会就生态补偿基金使用情况进行不定期核查。监督管理制度保证了生态补偿基金用于改善子牙河流域生态环境质量及对受害者进行补偿。省政府进行正确的舆论引导，积极报道正面典型，对领导不力、进展缓慢的市、县进行曝光，并监督生态补偿基金的使用情况。

2008 年 4 月，子牙河水系的石家庄、邯郸、衡水、沧州 4 市因水质未达到目标考核要求，共被扣缴生态补偿资金 580 万元，全部用来治理下游水污染和补偿水污染给下游造成的经济损失。河北省政府分别于 2009 年和 2012 年印发了《关于实行跨界断面水质目标责任考核的通知》（办字〔2009〕50 号）和《关于进一步加强跨界断面水质目标责任考核的通知》（办字〔2012〕62 号），规定了各市每月出境河流的考核标准和水污染生态补偿资金扣缴标准。到 2011 年年底，全省累计扣缴生态补偿资金 1.07 亿元，用于支付由河水污染造成下游经济损失应给予补偿的项目和水污染综合整治的减排工程，这极大地促进了河北省水环境质量的改善。

1.2.2.5　新安江流域生态补偿

新安江发源于安徽省黄山市境内，地跨安徽、浙江两省，流域总面积 11674km^2，是安徽省仅次于长江、淮河的第三大水系，也是钱塘江正源和浙江省千岛湖的最大入境河流，其中在安徽省境内干流全长 242km，流域面积 6440km^2，占全流域面积的 55.2%。新安江流域和千岛湖不仅是浙皖两省重要的饮用水水源地，也是长三角地区战略地位举足轻重的生态安全屏障。为此，财政部、环境保护部于 2010 年年底启动全国首个流域跨省（新安江）水环境补偿试点，这对我国建立流域上下游横向生态保护补偿具有极为重要的指导意义。

2011 年 9 月，财政部、环境保护部印发了《新安江流域水环境补偿试点实施方案》（以下简称《方案》），跨省流域水环境补偿试点工作正式开展。《方案》明确了补偿的基本原则、监测方案、补偿依据、资金来源与用途等关键问题。《方案》要求在推进新安江流域生态补偿的过程中，各级政府要以统筹新安江流域上下游地区经济社会协调可持续发展为主线，以保护和改善新安江水质为目标，以流域跨省界断面水质考核为依据，遵循“保护优先、合理补偿，保持水质、力争改善，地方为主、中央监管，监测为据、以补促治”基本原则，制定详尽的水环境生态补偿实施方案。具体做法如下：第一，加强安徽、浙江两省跨界断面水质监测，科学合理认定监测数据，由中国环境监测总站组织安徽和浙江两省开展联合监测。第二，设立新安江流域水环境补偿资金，以街口断面水污染综合指数作为上下游补偿依据，采用财政专项转移支付形式，补偿资金额度为每年 5 亿元，其中中央财政出资 3 亿元，安徽、浙江两省分别出资 1 亿元。第三，纳入补偿指标的水质项目为《地表水环境质量标准》（GB 3838—2002）中的高锰酸盐指数、氨氮、总磷和总氮 4 项指标，以 4 项指标的常年年平均浓度值（2008～2010 年 3 年平均值）为基本限值，通过公式测算补偿指数 P，核算补偿资金。如果 $P \leqslant 1$，则浙江省拨付给安徽省 1 亿元资金；如果 $P > 1$ 或新安江流域安徽省界内出现重大水污染事故（以环境保护部界定为准），则安徽省拨付给浙江省 1 亿元资金。不论何种情况，中央财政资金全部拨付给安徽省。第四，补偿资金专项用于新安江流域产业结构调整和产业布局优化、流域综合治理、水环境保护和水污染治理、生态保护等方面。第五，安徽和浙江两省签订新安江流域水环境补偿协议，明确各自的责任和义务，加强试点工作的协调和监管。其中，财政部负责新安江流域水环境补偿资金的监管。环境保护部负责组织安徽和浙江两省对跨界断面水质进行监测，并按照监测数据认定的结果及相关规定及时将补偿资金拨付给对方。财政部、环境保护部共同指导新安江流域水环境补偿协议文本的编制和签订，共同监管安徽、浙江两省对协议的落实情况，及时研究解决试点工作中发现的问题。

截至 2014 年 12 月，安徽省黄山市和浙江省淳安县在跨省界街口国控断面共开展联合监测 36 次，中央财政共下达补偿资金 11.5 亿元，浙江、安徽两省共拨付补偿资金 6.4 亿元，合计 17.9 亿元。同时，为保障试点项目顺利实施，2010～2014 年，黄山市在中央及省级财政试点资金的基础上，多渠道筹措资金，以项目为单位，累计投入资金约 69.9 亿元。利用国家试点专项资金，新安江流域水环境补偿试点项目已完成投资 90.2 亿元，共安排了农村面源污染、城镇污水和垃圾处理、工业点源污染整治、生态修复工程、能力建设五大类 261 个项目，其中，黄山市 192 个，绩溪县 69 个。对新安江流域水环境生态补偿实施情况评估的结果显示，补偿试点的目标任务如期实现，流域的生态环境也卓有改善。新安江流域水质总体地表水环境质量达 II 类标准；作为新安江下游的千岛湖湖体水质总体保持为优，营养状态指数逐步下降。2012～2014 年跨省界街口断面 3 年 P 值均达到《方案》要求，且呈下降趋势。同时，根据污染源普查结果，黄山市主要污染物排放量均明显减少。2010～2014 年，通过补偿资金的投入、生态项目的建设及其他减排措施的落实，黄山市主要污染物 COD、氨氮排放量分别减少了 11.1%和 13.4%。

1.2.3 太湖流域片水生态补偿情况

太湖流域及东南诸河区地处我国东南沿海，行政区划涉及苏、浙、沪、闽、皖、台六省（市），总面积 28.1 万 km^2（其中台湾省的面积为 3.62 万 km^2），其中太湖流域面积 3.69 万 km^2。太湖流域及东南诸河区经济发达、人口密集、城市集中，水资源问题也十分突出。太湖流域水资源问题主要表现为水污染严重、本地水资源不足和水生态环境恶化；东南诸河区水资源问题主要表现为山丘区工程型缺水、部分沿海城市及岛屿资源型和水质型缺水、局部地区水环境恶化等。

1.2.3.1 上海市生态补偿机制

上海市在建立健全生态补偿机制的工作过程中，先从建立基本农田、公益林、水源地的生态补偿机制入手，逐步扩大范围、完善方式、健全机制。2009 年，上海市政府印发的《关于上海市建立健全生态补偿机制的若干意见》包括公共财政投入、扶持产业发展、市场运作和相关制度保障 4 个方面的内容，明确了生态补偿“政府为主、市场为辅”的基本原则，提出了“综合运用行政、法律、市场等手段，建立相应的生态补偿机制，调整相关各方的利益关系，促进生态保护地区健康、协调、可持续发展”的目标。上海市财政局、市发展和改革委员会、市环境保护局等部门联合制定的《生态补偿转移支付办法》注重体现区县贡献和政策导向，注重发挥主管部门作用和转移支付整体效用，内容包括转移支付分配因素、资金使用和管理 3 个方面。2011 年，上海市相关部门修订了《生态补偿转移支付办法》，进一步完善了生态补偿政策运行机制。

为推动饮用水水源保护区生态建设和社会经济的和谐发展，2009 年上海市对黄浦江上游水源保护区所涉及的青浦、松江、金山、奉贤、闵行、徐汇、浦东 7 个区（县）进行了生态补偿，补偿资金为 1.85 亿元。2010 年，《上海市饮用水水源保护条例》颁布实施，上海市政府确定了青草沙、黄浦江上游、陈行、崇明东风西沙 4 个将长期保留的水源地，划定和调整了饮用水水源保护区范围。2010 年的水源地生态补偿范围在 2009 年的基础上进一步扩大，受补偿区（县）增加到 9 个，即四大饮用水水源保护区所在的青浦、松江、金山、奉贤、闵行、徐汇、浦东、宝山、崇明等区（县）全部纳入补偿范围，补偿资金在 2009 年的基础上大幅度提高，达到 3.74 亿元。

大部分受偿区（县）政府对水源地生态补偿资金按照一般性转移支付资金，

以统筹方式进行使用和管理。自2009年上海市实施水源地生态补偿政策以来，受补偿区（县）政府积极落实水源地各项生态建设和保护工作，总的来说，主要落实了以下几个方面的工作：一是加快推进污水处理厂建设及污水管网完善工程，提升污水处理能力和处理水平及运行维护水平。二是加强饮用水水质监测，确保饮用水水质安全，实现每月一次的29项必测项目和每年一次的109项全项目的监测，确保上海市饮用水安全。三是积极开展风险源企业排查，对风险源进行风险评估，加强水源地风险源控制，有针对性地制定风险控制措施。四是设置水源保护区标志，开展水源地违反项目清拆工作。

建立健全饮用水水源生态补偿机制，进一步加大生态建设和保护力度，是统筹城乡发展的重要举措，也是推进上海市经济社会环境协调可持续发展的重要内容。目前，上海市生态补偿机制已经建立，相关区（县）政府和有关部门正在根据《上海市饮用水水源保护条例》的要求，进一步完善饮用水水源保护生态补偿制度，加大投入力度，健全保障机制，积极探索除财政转移支付以外的其他补偿方式，更好地发挥生态补偿对促进水源保护地区经济社会发展的作用。

生态补偿制度的建立和完善，对上海市饮用水水源保护工作产生了重要的推动作用，也产生了良好的社会影响。实施水源地生态补偿，有利于推动“环境有价”“生态有价”理念的社会认同，同时，作为经济杠杆，也保证了水源保护区所在地区环境基础设施的完善和绿色发展。

1.2.3.2 江苏省生态补偿实践

2007年年底，江苏省政府办公厅出台关于印发《江苏省环境资源区域补偿办法（试行）》和《江苏省太湖流域环境资源区域补偿试点方案》的通知，在江苏省太湖流域选择跨行政区域的主要入太湖河流开展试点，率先在太湖流域推行环境资源区域补偿制度，以推进太湖流域水环境综合治理，改善太湖主要入湖河流的水质。江苏省环境资源区域补偿办法从2008年1月1日起施行，以“谁污染、谁付费补偿”为原则，在流域上下游之间建立经济补偿机制。经过一段时期的数据采集后，2008年8月通过江苏省水文水资源勘测局监测，南京、常州、无锡3个试点城市之间的交界断面有所超标，生态补偿开始进入实际赔付阶段。

2013年12月31日，江苏省政府办公厅关于转发省财政厅、省环境保护厅《江苏省水环境区域补偿实施办法（试行）》（以下简称《办法》）的通知（苏政办发〔2013〕195号）于2014年10月1日起施行。《办法》根据“谁达标、谁受益，谁超标、谁补偿”的原则，经监测考核和确认，实行“双向补偿”，即对水质未达标的市、县予以处罚，对水质受上游影响的市、县予以补偿，对水质达标的市、县予以奖补。上游市、县出境的监测水质低于断面水质目标的，由上游市、县按照低于水质目标值部分和省规定的补偿标准向省财政缴纳补偿资金，由省财政对下游市、县进行补偿。上游市、县出境的监测水质好于断面水质目标的，由下游市、县按照好于水质目标值部分和省规定的补偿标准向省财政缴纳补偿资金，由省财政对上游市、县进行补偿。跨市、县河流交界断面、直接入海入湖入江入河断面及出省断面的监测水质连续3年达标或好于断面水质目标的，由省财政对断面所在市、县给予适当奖补。

1.2.3.3 福建省生态补偿实践

福建河流水系众多，水资源丰富，随着流域经济的快速发展，流域水环境保护的压力不断增大。近年来，福建省在推进流域水环境保护和整治的过程中，注重探索建立生态补偿机制。自2003年起，福建省实行重点流域水环境综合整治补偿制度，其是全国最早实施流域上下游生态补偿的省份之一，先后在九龙江、闽江流域探索生态利益共享、治理共担的补偿机制试点工作，每年从福州、厦门、南平、三明、漳州、龙岩6个设区市统筹专项资金，连同省级财政的资金，共同设立重点流域水环境综合整治专项资金。其中，闽江、九龙江、敖江流域资金分配实行因素分配和考核奖惩相结合的方式，因素分配由流域面积、重要生态功能区面积、水污染物总量控制目标、人口指标构成；晋江、汀江、九龙江、木兰溪、交溪流域由设区市根据本流域的年度治理工作重点，结合上年度各县（市、区）治理成效等，确定资金分配方案。专项资金重点用于支持饮用水水源保护、养殖污染整治、石板材污染整治、农村生态环境建设与保护、生态创建“以奖代补”、水质自动监测站建设，以及福建省委、省政府规定的其他整治项目。目前，福建省跨设区市的闽江、九龙江、敖江等重点流域的年补偿资金已达3.45亿元。

为进一步完善流域生态补偿机制，加大重点流域水环境治理和生态保护力度，推进生态文明先行示范区建设，建设机制活、产业优、百姓富、生态美的新福建，2015年福建省政府印发出台了《重点流域生态补偿办法》，对跨设区市的闽江、九龙江、敖江流域进行生态补偿，涉及流域范围内的43个市、县及平潭综合实验区。重点流域生态补偿资金主要从流域范围内市、县政府及平潭综合实验区管理委员会集中，省政府增加投入，积极争取中央财政转移支付，逐步加大流域生态补偿力度。重点流域生态补偿资金按照水环境综合评分、森林生态和用水总量控制3类因素统筹分配至流域范围内的市、县。为鼓励上游地区更好地保护生态和治理环境，为下游地区提供优质的水资源，因素分配时设置的地区补偿系数上游高于下游。分配到各市、县的流域生态补偿资金由各市、县政府统筹安排，主要用于饮用水水源地保护、城乡污水垃圾处理设施建设、畜禽养殖业污染整治、企业环境保护搬迁改造、水生态修复、水土保持、造林防护等流域生态保护和污染治理工作，其中分配到的大中型水库库区基金由各市、县专项用于水库移民安置区环境整治项目。各市、县政府要制定补偿资金使用方案，将资金落实到具体项目，并在每年年底将补偿资金使用情况报送省财政厅、发展和改革委员会，同时接受审计监督。

泉州市制定《晋江、洛阳江上游水资源保护补偿专项资金管理规定（2012—2015年）》（泉政文〔2013〕118号），对晋江、洛阳江开展生态补偿。晋江、洛阳江上游水资源保护补偿专项资金每年筹集2亿元，主要来源于下游受益地区，这些地区按用水量比例和分配额度进行分摊。补偿专项资金30%按流域面积、流域水质水量、年度主要污染物削减任务完成比例及上游因子等因素切块分配给上游县（市、区）；70%以项目补助形式安排，主要用于晋江、洛阳江上游地区有关县（市、区）政府组织实施的环境保护基础设施建设、生态环境保护、饮用水水源保护整治及面源污染治理等水资源保护建设项目。

1.2.3.4 浙江省生态补偿实践

在探索建立生态补偿机制方面，浙江省一直走在全国前列，2005年出台《关于进一步完善生态补偿机制的若干意见》、2006年出台《钱塘江源头地区生态环境保护省级财政专项补助暂行办法》。

全流域生态补偿模式：2008年，浙江省出台了《浙江省生态环保财力转移支付试行办法》，在全省八大水系开展流域生态补偿试点，对水系源头地区的45个市、县（市）进行生态环保财力转移支付，其成为全国第一个实施省内全流域生态补偿的省份，补偿的标准为凡市、县主要流域各交界断面出境水质全部达到警戒指标以上的，将得到100万元的奖励资金补助，而水质年度考核较上一年每提高1个百分点，就有10万元的奖励补助；反之，每降低1个百分点，则扣罚10万元。大气质量考核较上一年每提高1个百分点，奖励1万元；反之，每降低1个百分点，扣罚1万元，以此类推。

磐安-金华异地开发模式：1996年，金华市为解决磐安县经济贫困的问题，在金华市工业园区建立金磐扶贫经济技术开发区，探索出了磐安-金华异地开发模式。金华市在工业园区建立金磐扶贫经济技术开发区，一期占地44hm^2，容纳130家污染较重的企业，2004年开始二期开发，增加1km^2土地。相应地，金华市要求磐安县拒绝审批污染企业，并把污染不达标的企业关闭，保护上游水源区环境，使上游水质保持在Ⅲ类饮用水标准以上。开发区所得税收全部返还给磐安县，作为下游地区对水源区保护与发展权限制的补偿。1998年以来，磐安县拒绝审批有污染的企业150多家，关停对水体有一定污染的企业37家，境内生态环境得到有效改善。磐安县森林覆盖率达75.4%，95%的河道水质保持在Ⅰ类标准，空气质量全年70%左右的天数保持在Ⅰ级标准。从2000年开始，扶贫开发区上缴税收占到全县财政总收入的25%，使磐安县的经济发展和财政收入增长基本保持全市的平均增长速度。

东阳和义乌水权交易模式：2001 年 11 月 24 日，浙江省的东阳和义乌两市首次签订了城市间协议，是我国首例水权交易协议，通过交易，东阳和义乌两市都取得了比节水成本更高的经济效益，在这个意义上双方通过水权交易实现了“双赢”。东阳市将境内横锦水库 5000 万 m^3 水的永久使用权转让给下游的义乌市，成交价格为 4 元/m^3，东阳市保证水质达到国家现行 I 类饮用水标准。除此之外，义乌市向供水方支付当年实际供水 0.1 元/m^3 的综合管理费（含水资源费、工程运行维护费、折旧费、大修理费、环境保护费、税收、利润等所有费用）。通过水权转让，东阳市把无偿弃水和农业节水变为有偿收入，获得两亿元资金用于水利建设，每年约有 500 万元的供水收入，以及新增发电量的售电收入，而节余这 5000 万 m^3 水权的成本则只有 3880 万元（横锦水库和灌区项目改造的投资）。义乌市按照浙江省新建水库单位造价 5 元/m^3 计算，5000 万 m^3 取水权的获得需要 2.5 亿元，节省了建设资金；新建水库水价也远不止 0.1 元/m^3。因此，这种通过市场机制进行的水权交易，对于东阳市和义乌市的水利基础设施改善及其相关产业发展具有积极的促进作用。同时，东阳-义乌水权交易模式对于浙江省或其他地区的水权转让也起到了一定的示范作用，为区域资源共享、区域合作进行了有益的探索，同时也为区域内毗邻县（市）如何实现生态补偿提供了经验。

德清模式：2005 年 3 月，浙江省湖州市德清县人民政府颁布《关于建立西部乡镇生态补偿机制的实施意见》，目的是按照“谁受益、谁补偿”和多元筹资、定向补偿的原则，建立一个长期的比较稳定的生态补偿机制，进一步提高西部地区群众保护生态环境的积极性，给予生态保护投资者相应的回报。设立生态补偿基金，用于西部乡镇开展生态保护实施项目的补助和镇、村建设。以 2005 年为例，补偿总额为 550 万元，其中用于莫干山镇和筏头乡生活污水处理工程的补助 89 万元，投向筏头乡笋厂综合整治的补助 145 万元，用于西部两乡镇垃圾中转站建设的补助 30 万元，用于西部两乡镇自来水厂改扩建的补助 50 万元，用于生态公益林补偿和管护的补助 120 万元。尽管目前德清县的补偿水平远低于客观的补偿标准，但依然收到了十分显著的效果。2013 年 4 月，德清县人民政府又印发了《进一步深化完善生态环境补偿机制实施意见》（德政发〔2013〕18 号），明确建立生态环境补偿基金，确保生态环境补偿具有稳定的资金来源。生态环境补偿基金从以下 8 个渠道筹措：县财政预算内按可用财力 1.5%安排；全县水资源费按 10%提取；土地出让金收益按 1%提取；排污费按 10%提取；排污权有偿使用资金按 10%提取；农业发展基金按 5%提取；森林植被恢复费按 10%提取；矿产资源补偿费和探矿采矿权价款收益按 5%提取。生态环境补偿资金实行专项预算管理，财政专户核算，专项用于生态环境保护、生态环境项目建设、鼓励发展生态经济、财力性补助等，具体用于以下 7 个方面：建立生态公益林补偿基金，筏头乡、莫干山镇及武康镇对河口村生态公益林实行补偿和管护，按每年每亩 30 元的标准补偿，其他地区生态公益林补偿和管护按每年每亩 20 元的标准补偿，凡省级以上生态公益林上级规定补偿标准超过县级标准的，以上级标准为准；每年分别给予莫干山镇和筏头乡两个财政基本保障型体制乡镇 150 万元专项补助；涉及饮用水水源地保护的武康镇对河口村按每年 10 万元标准补助，莫干山镇、筏头乡辖区内 18 个行政村，下渚湖核心区内武康镇新琪村、三合乡沿河、二都、四都、塘家琪、和睦、塘泾 7 个行政村按每年 5 万元标准补助；环境保护基础设施建设补助；生物多样性保护投入；生态环境质量监测和生态文明宣传教育投入；经县人民政府批准的因保护生态环境而需关闭或外迁企业的补偿、发展生态经济项目的补助及其他用于生态环境保护事业的支出。

1.3 水生态补偿存在的问题与启示

1.3.1 水生态补偿的启示

国内外水生态补偿案例不仅说明水生态补偿机制的建立是必要的，而且是可行的，尤其是跨区域间水生态补偿机制的建立，达到利益共享的目的，给我们带来很多启示。

1）政府主导

不论是国际水生态补偿合作，还是国家内或区域内的水生态补偿实践，都与政府的积极推动有着密切关系。经济社会快速发展导致水源地生态环境资源破坏现象严重，政府作为国家和区域意志的代表和决策者，必然要为此付出努力并承担责任，负责水生态补偿政策的制定，对政策执行过程给予严格监督，对生态指标进行监测并加以科学认定，致力于培养规范的生态服务交易市场，实现有效的水生态补偿，从而保证水生态补偿的质量和生态保护的有效性。因此，水源地水生态补偿机制的成功实施都需要政府本身及政府间的紧密合作和大力支持。

2）市场参与

提供有吸引力的经济激励是鼓励参与者积极实行生态措施的重要方法。生态政策的提出固然是国家及区域政府的责任，但如何让企业及公众参与其中，并将其行为持续下去才是生态保护成功的重点，补偿政策也是如此。因此，欧美等地的经济发达国家的水生态补偿机制都充分利用市场机制，通过生态资源产权交易等方式来引导、激励相关利益方的参与。但是，水生态补偿机制既不能提供较大利润空间使其成为私人赢利的手段，也不能因补偿标准过低而无法弥补生态措施实施者所付出的成本。因此，在实施经济激励式的水源地水生态补偿政策时，一方面要大力宣传，以提高补偿与被补偿双方参与的意愿，另一方面要确定适当的水生态补偿额度，其与水生态保护者所付出的直接成本加上机会成本基本相等即可。

3）补偿评估

从国内外水生态补偿模式可以看出，不论是国际范围还是区域范围内的水生态补偿项目，都不仅包括宏观政策要求，还包括具体的项目规定与措施安排。从申请水生态补偿资格、参与生态措施认定、监测实施过程与结果，到补偿款的发放或实现补偿交易都做出详细界定，不同的生态措施和方法采用不同的界定和补偿方式，但都十分强调水生态补偿效果的有效监测与评估标准，从而使补偿机制具备较高的可操作性和持续性。

1.3.2 水生态补偿存在的问题

国内外已经开展了许多水生态补偿的实践与案例，为改善生态环境起到了良好的促进作用，但在水生态补偿的理论和实践方面还存在一些问题，主要包括以下几个方面。

1）水生态补偿立法还比较薄弱

按照党的十八届三中全会精神，生态补偿包括纵向补偿和横向补偿，纵向补偿是中央政府或省政府通过均衡性财政转移支付方式对重点生态功能区的补偿，目前中央财政开展补偿的主要依据是《全国主体功能区划》，尚无明确针对生态补偿方面的法律。生态补偿法律法规的缺失已经对生态环境保护带来一定影响，亟待填补这一立法上的空白，同时，从法律层面看，也存在各资源法相关条款不协调、不完善，配套法规不健全等问题，特别是生态补偿资金的筹集、补偿主体、补偿对象等方面缺乏明确界定，存在概念不清晰、范围过于宽泛、操作性不强等问题。

2）对水生态补偿的认识有待提高

虽然我国目前在水生态补偿方面取得了一定的进展，但是长期以来，忽视生态环境服务功能价值观念的现象比较普遍，反映在社会和经济活动的各个环节、领域、过程中，对生态补偿范围的认识还有一定的局限性，大部分的补偿体系在环境保护的工程项目方面，对发展权方面的补偿、工程长效管理的补偿还未认识到位。

3）侧重于政府补偿，市场补偿尚不成熟

我国的水生态补偿中，政府的转移支付、财政补贴等政策措施是主要手段，尽管流域上下游之间辅助性的市场补偿有了一定范围的应用，但其作用还很有限。过度依赖政府开展水生态补偿行政色彩较浓厚，往往会受制于政府财力和管理方式的制约，不利于上下游形成共同利益和责任机制。就市场补偿而言，对于水资源使用权和排污权的初始分配方式、交易程序、原则等问题尚未达成一致意见，其设立、运行所需的条件过高，我国很难在短时间内推广实施，只有市场经济较为发达、法制和公共管理较为健全、环境监测力量较强的局部区域才有条件实施。

4）水生态补偿的标准缺乏科学的测算

生态补偿标准体系、生态服务价值评估核算体系、生态环境监测评估体系建设滞后，对生态系统服务价值测算、生态补偿标准等问题尚未达成共识，缺乏统一、科学的指标体系和测算方法，目前对补偿标准的确定主要通过部门和地方政府的讨论直接确定，缺少科学的测算结果作为依据，需要进一步加大对生态补偿标准全面性和科学性的研究。

5）水生态补偿的方式需要积极探索

目前，我国水生态补偿的主要方式为资金补偿和项目补偿，基本属于“输血型”补偿，补偿资金主要用于生态环境保护的工程建设，属公共基础设施的补偿。对保护区内的政府、群众等对象的补偿内容较少，没有在资金补偿、项目补偿开展的同时开展政策补偿、实物补偿、技术补偿等方面的研究，这将直接影响生态补偿对象的生态保护积极性。

6）水生态补偿机制的总体框架没有建立起来

目前，与水有关的项目、工程大多有水生态补偿的意义，但是水生态补偿机制的总体框架并没有建立起来。中央到地方政府在生态环境资源使用中进行了许多尝试性的探索，多数只是在某个区域或者某个领域中进行。例如，我国河北、江苏、浙江、福建等省份已在局部范围内实施了水生态补偿的探索，但大多还停留在对保护区的工程投入上，并未进入到长效管理阶段，仍需要对水生态补偿的框架体系进行进一步研究。

2 温州市水生态补偿探索与实践

2.1 温州市珊溪水源地概况

温州市位于浙江省东南部，东濒东海，南毗福建，西和西北部与丽水市相连，北和东北部与台州市接壤，全境介于北纬 27°03′～28°36′、东经 119°37′～121°18′（图 2-1）。温州市陆域面积 11784km^2，其中市区（鹿城、龙湾、瓯海和洞头 4 个区）

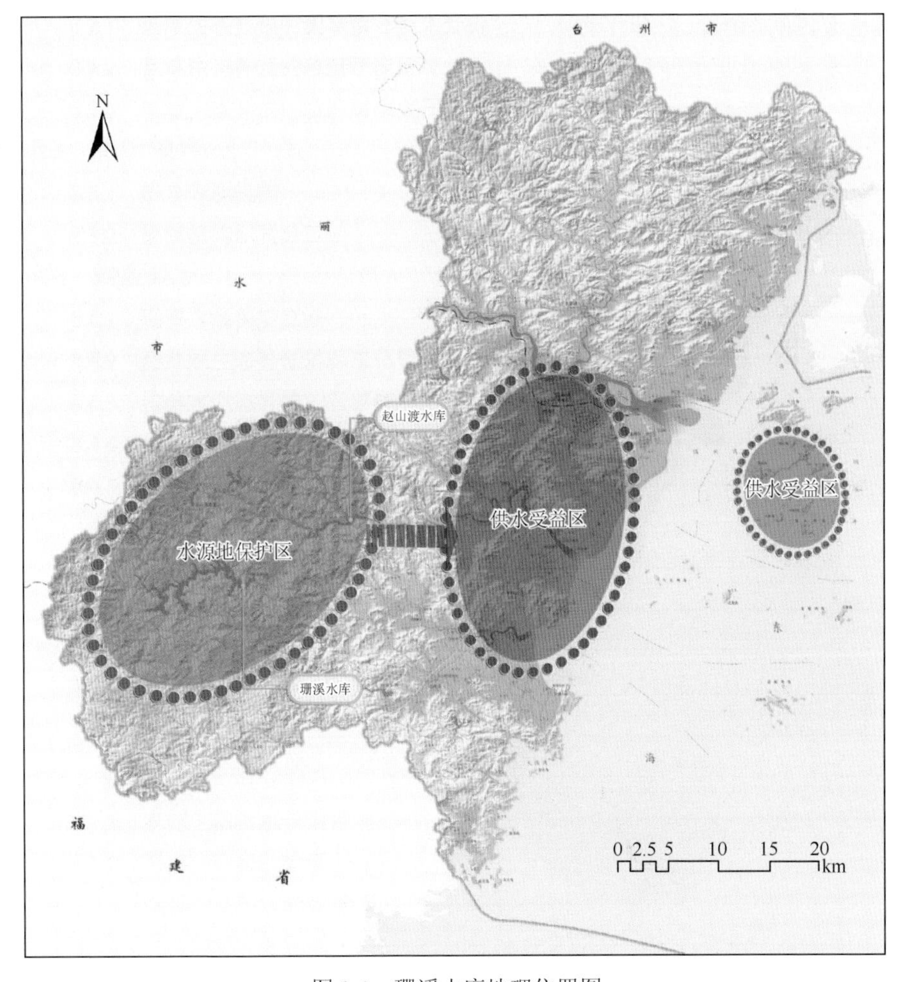

图 2-1 珊溪水库地理位置图

面积 1313km^2。温州市现辖鹿城、龙湾、瓯海、洞头 4 区，瑞安、乐清 2 市（县级）和永嘉、平阳、苍南、文成、泰顺 5 县。全市有 67 个街道、77 个镇、15 个乡，5405 个建制村，152 个居委会、229 个城市社区。2015 年，全市生产总值 4619.84 亿元。其中，第一产业增加值 123.24 亿元，第二产业增加值 2101.53 亿元，第三产业增加值 2395.07 亿元。按常住人口计算，人均地区生产总值 50809 元。

珊溪水库北面及西北面以洞宫山脉的支脉与瓯江小溪流域为界，西面以仙霞岭与福建交溪交界，南面以雁荡山与鳌江分界。其主流发源于泰顺县与景宁县交界处的白云尖，包括文成县、泰顺县的大部分和瑞安市的一部分，是浙江省供水受益人数最多、规模最大的大型集中式饮用水水库，被列入《全国重要饮用水水源地名录》，也被形象地誉为温州人民的“大水缸”，其供水范围涉及温州市区、瑞安、平阳、苍南、洞头、文成等 8 个县（市、区）500 多万人口，占温州市水库供水人口的 70%，占浙江省水库供水人口的 20%以上。

珊溪水库主要由珊溪水库和赵山渡引水工程两部分组成（图 2-2，图 2-3），

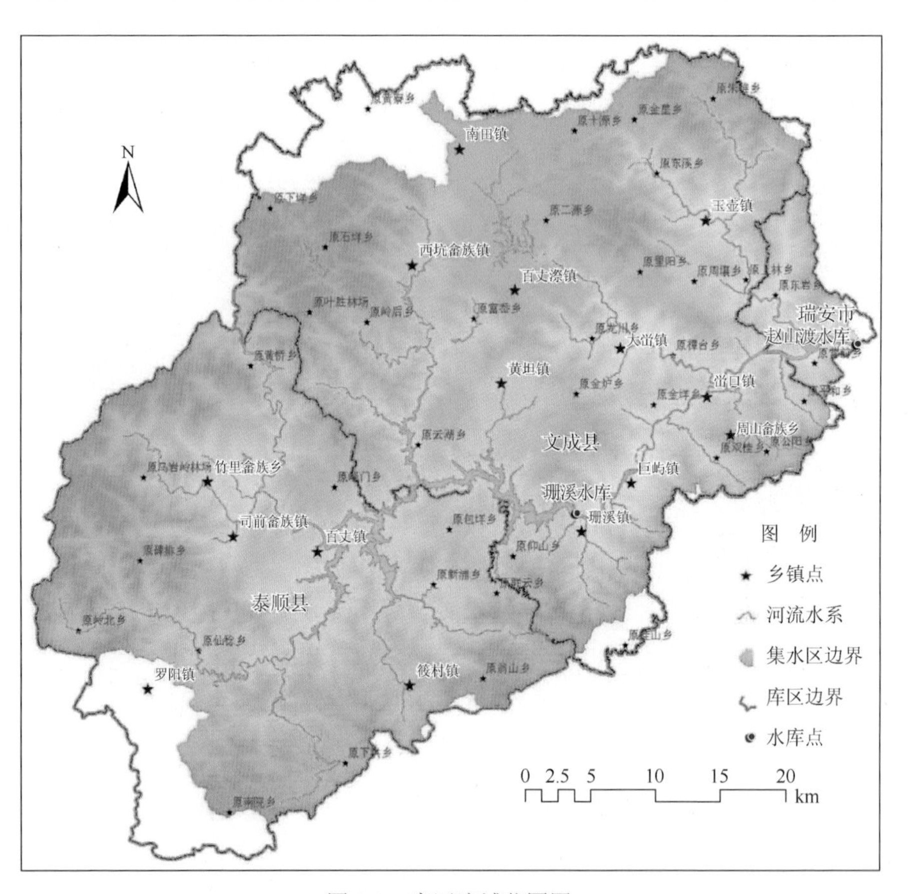

图 2-2　库区流域范围图

图 2-3　赵山渡引水渠系总布置图

以城市供水和灌溉为主，兼有防洪和发电等功能。流域内有玉泉溪、泗溪、岿作口溪、黄坦坑、三插溪、洪口溪、莒江溪等 14 条主要支流。

珊溪水库是大（Ⅰ）型水利工程，工程等级为Ⅰ等，集水面积 1529km^2，多年平均径流量 18.5 亿 m^3，水库为多年调节水库，死水位 117m，正常蓄水位 142m。珊溪水库设计洪水标准为 500 年一遇，设计洪水位 150.71m；校核洪水标准为可能最大洪水，校核洪水位 155.20m。珊溪水库总库容 18.24 亿 m^3，正常库容 12.91 亿 m^3，兴利库容 6.96 亿 m^3，防洪库容 2.12 亿 m^3（图 2-4）。

图 2-4　珊溪水库大坝

赵山渡水库集水面积 2302km^2（其中珊溪水库 1529km^2、百丈祭水库 88.6km^2、珊溪坝址至赵山渡区间 684.4km^2），多年平均径流量 28 亿 m^3，死水位 21m，水库正常蓄水位 22m，相应库容 2785m^3；水库设计洪水标准为 100 年一遇，设计洪水位 22.0m，相应库容 2785 万 m^3；校核洪水标准为 1000 年一遇，校核洪水位 23.37m，相应库容 3414 万 m^3。电站装机 2 台，多年平均发电量 5140 万 kW·h，闸坝设 16 孔泄水闸，单孔净宽 12m，闸槛高程 10.5m，年可供水总量 7.3 亿 m^3（图 2-5）。

图 2-5 赵山渡水库大坝

珊溪水库于 1997 年 1 月开始进行导流隧洞开挖，同年 9 月正式开工，11 月 1 日完成截流，2000 年 7 月 1 日首台机组发电，2001 年 12 月建成，2002 年 10 月通过浙江省水利厅组织的工程初步竣工验收，2002 年 11 月 4 日，引水工程实现通水，2010 年 10 月通过竣工验收（表 2-1）。

表 2-1 珊溪水库效益基本情况表

项目	单位	2010 年	2011 年	2012 年	2013 年	2014 年	2015 年
总取水量	亿 t	4.21	4.51	4.63	5.00	4.75	5.20
水厂供应量	亿 t	2.25	2.83	2.76	3.08	2.99	3.01
总发电量	亿 kW·h	5.08	2.88	4.46	3.68	4.70	4.17

2.2 温州市珊溪水源保护开展情况

2.2.1 水源保护开展情况

由于受生活污水、生活垃圾、畜禽养殖污染等严重影响，珊溪（赵山渡）水库水质呈下降趋势，从 2001 年蓄水之初的 I 类，下降到现在的 II ～III类，枯水期还检测到Ⅳ类，水体富营养化趋势加剧，致使局部支流水域连续 3 年（2008～2010 年）发生藻类异常增殖现象。

为了确保温州市人民的饮水安全，并喝上全省最优质的饮用水，2007～2011 年温州市开展了库区环境整治，但每年仅仅投入3500万元，政策措施力度不够，水质仍持续下降并出现蓝藻增殖现象，2011年温州市人大首次为此质询市政府。为此，自2012年开始，温州市以贯彻落实中央提出的实施最严格的水资源管理制度为契机，以“铁的决心、铁的纪律、铁的手腕”，把珊溪水源保护作为最大的民生工程来抓，市（县）二级水利部门总牵头，5年投入16.3亿元，其中14.3亿元实施畜禽养殖污染治理工程、生活污水治理工程、生活垃圾治理工程、主要支流生态保护与修复工程、水质自动在线监测与预警应急体系工程五大工程建设；投资2亿元，借助温州市正在开展的农房集聚改造，将一二级水源保护区人口搬迁至集水区以外。

据初步统计，珊溪水源保护在工程部分累计完成投资约97260万元。珊溪水源保护五大工程项目实施情况汇总如下（表2-2）。

表2-2 珊溪水源保护五大工程实施汇总表

序号	项目名称	建设规模	计划总投资/万元	实际完成投资/万元
一	生活污水治理工程		62804.3	54604.3
（一）	城镇生活污水治理工程			
1	黄坦镇污水处理厂及污水管网配套工程	污水处理规模约2500t/天	3000	7000
2	巨屿和珊溪片区污水处理厂及污水管网配套工程	污水处理规模约5000t/天	15200	13200
3	南田和百丈漈片区污水处理厂及污水管网配套工程	污水处理规模约1000t/天	9000	7000
4	大峃镇污水管网配套二期工程	配套管网建设约20km	8500	4500
5	玉壶镇污水处理厂及污水管网配套工程	污水处理规模约1000t/天	7000	4000
6	泰顺县司前畲族镇污水管网配套工程	污水处理规模约1000t/天	1000	1000
7	泰顺县筱村镇污水处理厂及污水管网配套工程	污水处理规模约2500t/天	7000	5800
8	司前畲族镇尾水深度处理工程（变更）	污水处理规模约3000t/天	750	750
9	司前畲族镇污水处理厂管网改造提升工程（变更）	提升改造管网1.5km	100	100
10	司前畲族镇污水处理厂技改提升工程（变更）	污水处理厂设备维护	300	300
11	筱村镇污水处理厂三级管网（入户管网）工程	化粪池改造、建设三级管网39km，检查井2550座	1200	1200
（二）	农村生活污水治理工程			
1	大峃镇污水生态化治理工程	污水处理规模约3500t/天	1750	1750
2	珊溪镇污水生态化治理工程	污水处理规模约1500t/天	750	750
3	玉壶镇污水生态化治理工程	污水处理规模约1600t/天	800	800

续表

序号	项目名称	建设规模	计划总投资/万元	实际完成投资/万元
4	南田镇污水生态化治理工程	污水处理规模约 1200t/天	600	600
5	黄坦镇污水生态化治理工程	污水处理规模约 1300t/天	650	650
6	西坑畲族镇污水生态化治理工程	污水处理规模约 800t/天	400	400
7	百丈漈镇污水生态化治理工程	污水处理规模约 900t/天	450	450
8	峃口镇污水生态化治理工程	污水处理规模约 1300t/天	650	650
9	巨屿镇污水生态化治理工程	污水处理规模约 300t/天	150	150
10	周山畲族乡污水生态化治理工程	污水处理规模约 260t/天	130	130
11	泰顺县罗阳镇污水生态化治理工程	污水处理规模约 1800t/天	900	900
12	泰顺县司前畲族镇污水生态化治理工程	污水处理规模约 700t/天	350	350
13	百丈镇污水生态化治理工程	污水处理规模约 900t/天	450	450
14	泰顺县筱村镇污水生态化治理工程	污水处理规模约 1700t/天	850	850
15	新浦镇小型污水处理站	污水处理规模约 600t/天	450	450
16	泰顺县竹里畲族乡污水生态化治理工程	污水处理规模约 150t/天	90	90
（三）	工业污水治理工程			
1	文成县食品加工行业污水处理工程	污水处理规模约 300t/天	180	180
（四）	旅游业污水治理工程			
1	文成县龙麒源景区人工湿地工程	污水处理规模约 25t/天	16	16
2	文成县百丈飞瀑景区沼气净化与人工湿地工程	污水处理规模约 30t/天	28	28
3	文成县农家乐污水治理工程	污水处理规模约 45t/天	57.5	57.5
4	泰顺县农家乐污水治理设施	污水处理规模约 45t/天	52.8	52.8
二	生活垃圾治理工程		2960	3389
1	文成县（樟台樟岭）生活垃圾填埋场渗透液处理工程（变更）	生活垃圾处理规模约 210t/天	1200	1629
2	文成县乡镇垃圾中转站改造提升工程	15 处中转站，120 处收集点	1560	1560
3	泰顺县太阳能垃圾处理站	生活垃圾处理规模约 20t/天	20	20
4	泰顺县乡镇垃圾中转站改造提升工程	垃圾中转站 15 个	180	180
三	畜禽养殖污染治理工程		25220	23554.7
1	文成县病死猪无害化处理工程	无害化处理设施 9 座	45	45
2	泰顺县畜禽粪便收集中心与有机肥加工中心	总处理为 1932t/a	60	60
3	泰顺县病死猪无害化处理工程	7 座	35	35
4	禁养区拆除和限养区综合治理工程	禁养区拆除、限养区治理及削减养殖总量	15125	15459.7

续表

序号	项目名称	建设规模	计划总投资/万元	实际完成投资/万元
5	转产转业扶持工程		10000	8000
四	主要支流生态保护与修复工程		12012	11892
（一）	水生态修复			
1	珊溪水库工程水资源保护工程（黄坦坑入库口）	建设生态浮床约 10000m^2	1400	1400
（二）	生态河道建设			
1	文成县珊溪镇中心生态河道建设工程	生态河道建设 1km	500	500
2	文成县玉泉溪（木湾、炭场、五四、五一、碧溪、碧坑）段生态河道建设工程	生态河道建设 4.0km	800	800
3	文成县龙溪、象溪生态河道建设工程	生态河道建设 3.9km	780	780
4	文成县富岙坑溪生态河道建设工程	生态河道建设 1km	200	200
5	文成悟溪生态河道建设工程	生态河道建设 2.0km	1500	1500
6	文成县黄坦镇河道综合治理工程	生态河道建设 2.8km	560	560
7	文成县稽垟坑河道综合整治（二期）	生态河道建设 1.3km	150	150
8	泰顺县里光溪生态河道建设工程	生态河道建设 5.5km	1100	1100
9	泰顺县包垟溪生态河道工程	生态河道建设 1.06km	212	212
10	泰顺县竹里乡龙井坑溪、门前溪小流域综合治理工程	生态河道建设 5km	350	350
11	泰顺县南院桂平生态河道建设工程	生态河道建设 1.5km	300	300
12	筱村镇玉溪生态修复综合治理工程	生态河道建设 4.5km	900	900
13	泰顺县仙居溪生态河道建设工程	生态河道建设 5.5km	1100	1100
14	泰顺下洪溪生态修复治理工程	生态河道建设 4.5km	900	900
15	泰顺县圳下溪生态河道建设工程	生态河道建设 300m	60	60
16	泰顺县留田洋生态河道建设工程	生态河道建设 3km	600	600
（三）	保水渔业工程			
1	珊溪水库保水渔业工程	鱼苗投放 400t	600	480
五	水质自动在线监测与预警应急体系工程		4175	3775
1	水质自动监测站	3 座	1125	1125
2	生态浮标	11 处	1100	700
3	一级水源保护区安全防护设施工程	25km	600	600
4	电子监控系统+码头改造	一套	280	280
5	交通突发事件防范体系建设	防护栏 55km、设置堆砌沙包、收集沟和蓄水池 55km	470	470
6	库区水源保护警示、宣传标志工程	制作、设置水源保护警示、告示等标志牌及公益性宣传广告牌	600	600
	合计		107216.3	97260

一是规划先行，科学治水。开展了《珊溪水源地纳污能力研究分析》，温州市委托中国环境科学研究院编制《珊溪（赵山渡）库区水环境综合整治和生态保护规划》，温州市人民代表大会常务委员会专项审议并做出决议批准了该规划；依据《珊溪（赵山渡）水库保水渔业规划》，实施“保水渔业”恢复重建水体生态平衡系统。

二是政策引领，统一部署。温州市委、市政府出台了《关于大力开展珊溪水库水源地人口统筹集聚和水源保护工程建设的实施意见》，将其作为珊溪水源保护的政策引领文件，并相继出台一系列配套政策及二十多个细化政策文件和规章制度，为组织、指导、协调、监督、规范珊溪水源保护工作提供了有力的政策制度保障。

三是体制创新，落实责任。建立了“政府主导、水利牵头、部门参与、属地负责、齐抓共管”的管理体制，成立了温州市珊溪水库水源保护管理委员会，由市政府主要领导任主任，分管副市长分别担任副主任，库区政府和市有关部门主要负责人为成员，统一领导、指挥、动员和部署珊溪水源保护工作，管理委员会办公室设在市水利局，对珊溪水源保护工作实行统一组织、协调、监督、考核。库区两县一市政府相应成立了县级水源保护领导机构，设立县级水源保护管理委员会办公室，与县水利部门合署办公，对珊溪水源保护工作实施有效的组织领导；同时，明确各成员单位的工作职责，落实水源保护各项工作的责任。

四是模式创新，项目运作。将工程措施与非工程措施统一整合包装为“珊溪水库水源地人口统筹集聚和水源保护工程项目”，并按照工程基本建设程序，实行“统一规划、统一立项、统一筹资、统一管理，分期建设、分项设计、分别招标、分级实施”的建设管理模式。

五是筹资创新，市场运作。坚持“谁受益、谁分担，谁用水、谁出钱，用好水、多花钱”的“以水养水”的市场化路子。第一，设立财政引导资金，整合环境保护部门的生态补偿资金、水利部门的水利建设专项资金，每年筹集 0.8 亿元；第二，收取水源保护治理费，前五年每立方米 0.3 元，后十年每立方米 0.5 元；第三，以水库主管者温州市公用集团为融资平台，以财政整合资金为资本金，以水源保护治理费收益权为质押，进行贷款融资，确保珊溪水源保护建设管理资金足额到位。

六是标本兼顾，综合整治。投资 14.3 亿元实施畜禽养殖污染治理工程、生活污水治理工程、生活垃圾治理工程、主要支流生态保护与修复工程、水质自动在线监测与预警应急体系工程五大工程建设；投资 2 亿元，借助温州市正在开展的农房集聚改造，将一二级水源保护区人口搬迁至集水区以外。

七是保水渔业，联合执法。实施库区保水渔业投放鱼苗，确保滤食性鱼类总量达到 800t 以上；设立公安、水利、海事、港航、环境保护、农业、渔业等部门组成的联合执法办公室，建立常态化的属地联合执法机制，从严打击非法捕捞，全面整治库区“三无船舶”，维护水源地良好的水事秩序。

八是堵疏结合，转产转业。建立水生态补偿机制，建立文成、泰顺两县“工业飞地”机制，加大对口帮扶力度，设立转产转业专项扶持资金1亿元，帮助库区原养殖户加快转产转业，实现经济社会可持续发展。

九是长效管理，长治久安。建立水质达标监测评价体系和水质考核奖惩办法，考核结果与政府考绩、水生态补偿挂钩；成立库区乡镇巡查队伍，进行全面巡查，按集水面积每年1500元/km^2设立专项巡查经费；严格执行温州市委市政府印发的《珊溪水源保护畜禽养殖污染长效管理八条禁令》，严格落实责任追究制，依法追究相关责任领导和责任人员的党纪政纪责任。

2.2.2 水质情况

2.2.2.1 目标水质

根据水功能区水质要求，珊溪水库、赵山渡水库水质目标为Ⅱ类，主要入库支流玉泉溪、九溪、双桂溪、渡渎溪、李井溪、珊溪坑、平和溪、黄坦坑、峃作口溪、莒江溪、洪口溪、三插溪、里光溪的水质目标为Ⅱ类，泗溪的水质目标为Ⅲ类，主要断面水质目标见表2-3。

表2-3 主要断面水质目标*

监测断面	pH	高锰酸盐指数/(mg/L)	氨氮/(mg/L)	总磷/(mg/L)	总氮/(mg/L)	现状类别	目标水质
玉泉溪（岩头）	7.19	1.0	0.10	0.027	0.59	Ⅱ	Ⅱ
玉泉溪（上林）	7.34	1.1	0.13	0.024	0.56	Ⅱ	Ⅱ
九溪	7.24	0.9	0.12	0.036	0.78	Ⅱ	Ⅱ
泗溪	7.17	2.1	0.51	0.093	2.25	Ⅲ	Ⅲ
双桂溪	7.42	1.6	0.27	0.098	0.93	Ⅱ	Ⅱ
渡渎溪	7.62	1.8	0.13	0.041	0.59	Ⅱ	Ⅱ
李井溪	7.36	1.8	0.44	0.119	1.70	Ⅲ	Ⅱ
珊溪坑	7.52	1.7	0.34	0.058	1.18	Ⅱ	Ⅱ
平和溪	7.49	1.4	0.13	0.046	0.77	Ⅱ	Ⅱ
黄坦坑	7.34	2.3	0.19	0.090	1.05	Ⅱ	Ⅱ
峃作口溪（岩门）	7.65	1.6	0.14	0.036	0.53	Ⅱ	Ⅱ
莒江溪	7.14	1.0	0.09	0.026	0.51	Ⅱ	Ⅱ
洪口溪	7.25	1.2	0.09	0.024	0.37	Ⅱ	Ⅱ
三插溪	7.21	1.2	0.12	0.029	0.45	Ⅱ	Ⅱ
里光溪	7.15	1.3	0.40	0.062	1.04	Ⅱ	Ⅱ

* 主要入库支流现状水质的相关指标数据为2015年监测结果的平均值，评价结果中pH、总氮不参与评价。

2.2.2.2 水质变化趋势

由于库区支流较多，本次分析选取泗溪、双桂溪、黄坦坑3个有代表性的支流与珊溪水库、赵山渡水库进行比较分析。统计2013～2015年库区及支流水质情况，分析近几年流域生态环境变化情况，两水库及3个入库支流水质情况见表2-4。

表 2-4　两水库及 3 个入库支流水质情况（2013～2015 年）

断面序号	断面名称	项目	2013年						2014年						2015年					
			1月	3月	5月	7月	9月	11月	1月	3月	5月	7月	9月	11月	1月	3月	5月	7月	9月	11月
1	泗溪	pH	6.79	6.56	6.62	7.73	8.14	7.54	7.55	6.97	7.60	6.76	7.67	6.99	7.02	6.83	7.18	6.79	7.20	7.34
		高锰酸盐指数/(mg/L)	1.60	1.40	2.00	1.90	1.80	1.90	1.80	2.00	1.90	1.60	1.80	2.10	2.00	2.00	2.40	2.70	1.60	2.70
		氨氮/(mg/L)	0.43	0.60	0.18	0.13	0.36	0.10	0.16	0.34	0.25	0.07	0.13	0.39	0.48	0.47	0.48	0.54	0.06	0.21
		总磷/(mg/L)	0.06	0.10	0.26	0.10	0.07	0.02	0.01	0.01	0.02	0.01	0.02	0.04	0.03	0.07	0.12	0.14	0.06	0.11
		总氮/(mg/L)	1.45	2.05	1.50	1.88	1.37	1.13	1.30	1.88	1.94	1.68	1.04	2.59	3.69	1.89	2.27	3.59	1.05	1.00
2	双桂溪	pH	6.88	6.86	6.69	8.46	8.07	7.40	7.49	7.00	7.60	6.96	7.69	7.49	7.12	6.73	7.17	7.52	7.18	7.65
		高锰酸盐指数/(mg/L)	1.20	1.30	2.30	2.20	1.00	1.20	1.20	1.30	2.50	2.50	1.70	2.00	1.20	1.60	2.50	1.70	1.50	1.30
		氨氮/(mg/L)	0.13	0.10	0.12	0.10	0.10	0.10	0.10	0.10	0.29	0.21	0.11	0.09	0.08	0.60	0.76	0.18	0.25	0.09
		总磷/(mg/L)	0.07	0.06	0.09	0.09	0.03	0.07	0.01	0.01	0.02	0.06	0.08	0.13	0.05	0.10	0.24	0.09	0.08	0.06
		总氮/(mg/L)	0.71	1.01	0.82	1.07	0.66	1.16	1.00	1.30	0.66	1.71	0.63	1.22	0.62	2.03	1.08	0.84	0.66	1.04
3	黄坦坑	pH	6.90	6.96	7.62	8.35	7.98	7.69	7.57	7.04	7.63	6.90	7.52	7.73	7.40	7.34	7.09	7.34	6.90	7.26
		高锰酸盐指数/(mg/L)	3.80	4.50	4.00	4.00	1.70	2.30	3.40	2.30	1.20	3.30	2.70	2.08	3.00	2.05	3.38	3.10	2.37	1.60
		氨氮/(mg/L)	3.12	1.78	0.57	0.18	0.17	0.10	1.48	0.10	0.03	0.23	0.28	0.29	0.24	0.19	0.28	0.27	0.19	0.03
		总磷/(mg/L)	0.55	0.54	0.45	0.54	0.18	0.03	0.02	0.01	0.02	0.03	0.03	0.05	0.12	0.06	0.14	0.10	0.13	0.09
		总氮/(mg/L)	7.56	6.37	2.71	4.72	1.30	2.49	5.00	1.22	1.31	2.06	0.56	0.90	1.41	0.91	1.11	2.10	0.92	0.93
4	珊溪水库	pH	6.91	7.49	8.32	9.15	7.14	7.73	7.97	7.46	7.49	8.90	7.32	6.64	7.40	7.29	7.21	8.13	8.13	7.40
		高锰酸盐指数/(mg/L)	1.27	1.14	1.62	2.94	1.93	1.40	1.17	1.13	1.59	2.12	1.74	1.50	1.30	1.00	1.30	1.30	1.80	1.30
		氨氮/(mg/L)	0.03	0.03	0.03	0.03	0.03	0.03	0.03	0.01	0.01	0.06	0.01	0.03	0.03	0.03	0.06	0.03	0.03	0.04
		总磷/(mg/L)	0.01	0.01	0.02	0.02	0.01	0.01	0.01	0.01	0.01	0.01	0.01	0.01	0.02	0.01	0.03	0.02	0.04	0.02
		总氮/(mg/L)	0.46	0.32	0.20	0.20	0.23	0.47	0.45	0.46	0.31	0.39	0.29	0.42	0.30	0.40	0.33	0.28	0.36	0.30
5	赵山渡水库	pH	6.92	7.40	8.04	8.35	6.49	7.63	7.88	7.40	7.47	7.86	7.23	6.57	6.87	6.75	8.59	8.51	7.34	6.87
		高锰酸盐指数/(mg/L)	1.25	1.05	1.52	2.60	1.87	1.58	1.34	1.28	1.92	1.81	1.32	1.46	0.80	0.90	1.00	1.20	1.30	0.80
		氨氮/(mg/L)	0.03	0.03	0.07	0.03	0.07	0.03	0.13	0.06	0.04	0.08	0.03	0.03	0.03	0.03	0.03	0.03	0.14	0.08
		总磷/(mg/L)	0.03	0.03	0.04	0.03	0.04	0.03	0.05	0.04	0.04	0.03	0.03	0.02	0.01	0.01	0.02	0.01	0.01	0.01
		总氮/(mg/L)	0.48	0.60	0.54	0.82	0.84	0.66	0.81	0.80	0.75	0.91	0.55	0.77	0.59	1.15	0.57	0.89	0.63	0.59

1）pH

由 pH 变化曲线（图 2-6）可知，珊溪水库、赵山渡水库及支流的 pH 变化大部分为 6～9，基本满足Ⅱ类水质要求。

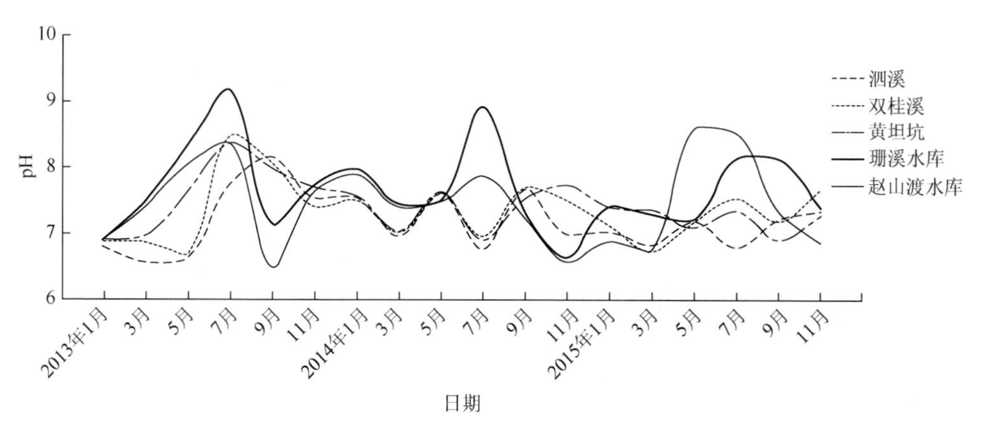

图 2-6　pH 变化曲线

2）高锰酸盐指数

珊溪水库、赵山渡水库及支流的高锰酸盐指数大部分都小于 4mg/L（图 2-7），且呈逐年缓慢下降的趋势。2013 年年初时，支流黄坦坑污染严重，高锰酸盐指数超标，随着近几年支流污染治理工程的逐步开展，高锰酸盐指数均得到了有效的控制，满足Ⅱ～Ⅲ类水水质要求。

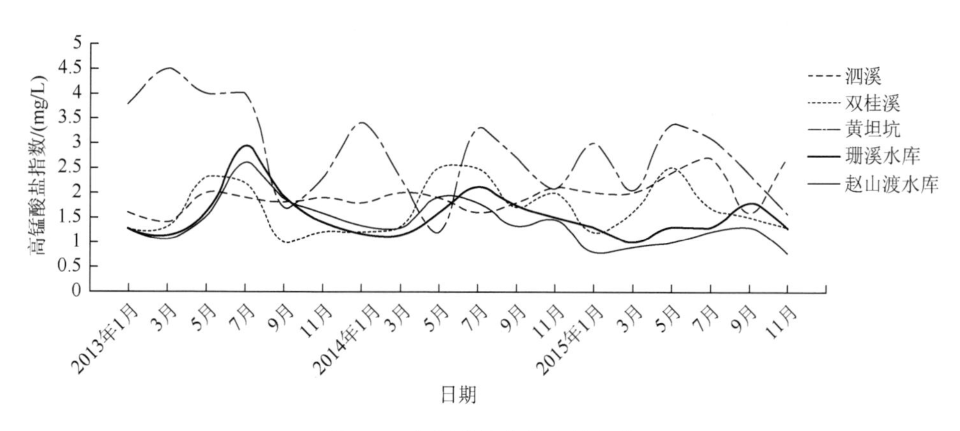

图 2-7　高锰酸盐指数变化曲线

3）氨氮

珊溪水库、赵山渡水库及支流的氨氮浓度大部分都小于 0.5mg/L（图 2-8），但支流黄坦坑在2013～2014年污染严重，严重超标，随着近几年支流污染治理工程的逐步开展，氨氮浓度均得到了有效控制，基本满足Ⅱ～Ⅲ类水水质要求。

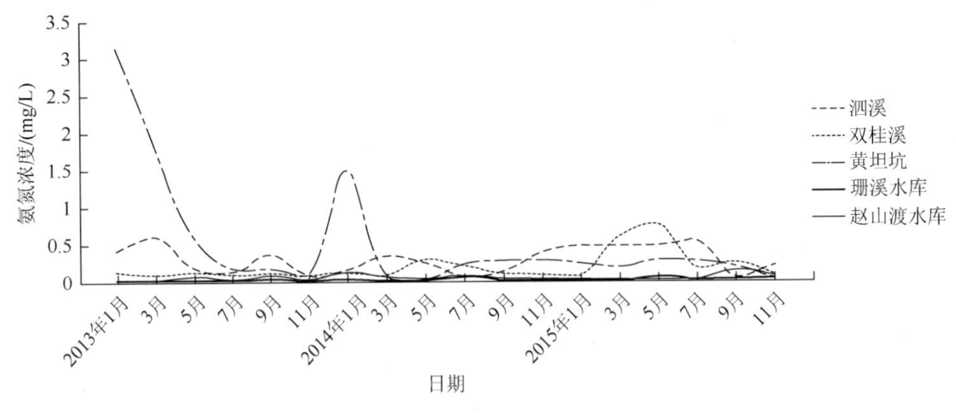

图 2-8　氨氮浓度变化曲线

4）总磷

从总磷浓度变化曲线（图 2-9）可知，珊溪水库、赵山渡水库及支流的总磷浓度大部分都小于0.1mg/L，库区内总磷浓度值稳定在0.025mg/L左右，水质较好。部分支流的总磷浓度时常会出现超标的情况，尤其是黄坦坑在2013年水污染严重，总磷浓度达0.55mg/L，严重超标，随着近几年支流污染治理工程的逐步开展，总磷浓度虽得到了控制，但仍会出现超标现象，仍需加强支流水污染治理。

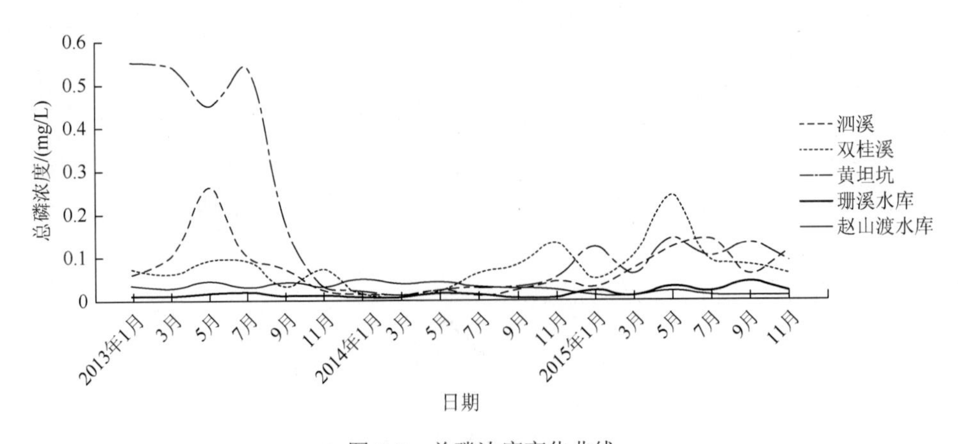

图 2-9　总磷浓度变化曲线

5）总氮

从总氮浓度变化曲线（图 2-10）可知，珊溪水库、赵山渡水库总氮浓度值基本稳定在 0.5mg/L 以内。黄坦坑和泗溪部分时段的总氮超标，水质状况不理想，还需加强各支流水污染治理，控制外源性总氮输入，并减少内源性总氮负荷。

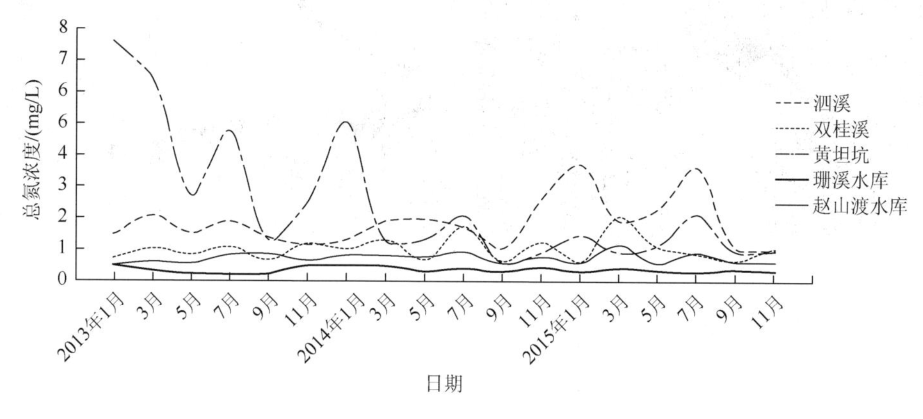

图 2-10 总氮浓度变化曲线

2.2.2.3 总体情况

从对库区主要支流及两水库水质的监测情况来看，近年来主要入库支流水质恶化的趋势得到有效遏制，各监测断面水质明显好转，水污染最严重的黄坦坑从劣Ⅴ类提升为Ⅱ～Ⅲ类，实现了重大突破，各主要入库支流和珊溪水库、赵山渡水库的水质基本达到了水功能区水质目标，库区生态环境明显改善。

2.2.2.4 库区水体富营养化情况

由珊溪（赵山渡）水库水体富营养化程度指标监测情况可知，近几年赵山渡水库大坝水体富营养状态指数为 33.9～43.0，2015 年为 42.3，为中营养状态；珊溪水库大坝水体富营养状态指数为 25.2～40.5，处于贫营养状态或中营养状态，2015 年为 36.5，处于中营养状态。

2.2.3 水源保护工作取得的成效

2.2.3.1 水生态保护成效

经过 3 年多的破难攻坚，水源保护工作取得了重要的阶段性成效。畜禽养殖污染集中整治取得了较好的效果，共拆除养猪场 2286 户，拆除栏舍面积 63.71 万 m^2，削减生猪当量 22.55 万头，削减后库区生猪当量数为 1.66 万头，低于生态环境控制总量的 2.26 万头，提前三年完成了畜禽养殖污染整治任务（图 2-11）。

(a) 工作人员在丈量被拆除养殖小区

(b) 水源地畜禽禁养区拆除现场

图 2-11　畜禽养殖小区拆除

污水、垃圾治理工程系统建设有序推进，累计完成投资 8.00 亿元，规划 8 座城镇污水处理厂及管网基本建成（图 2-12），确保实现污水“应收尽收”，提前完成城镇污水治理目标，完善了垃圾户集、村收、镇（乡）运、县处理的长效管理机制，垃圾收集率 90%以上，处理率 100%（图 2-13）。

(a) 垂直流人工湿地

(b) 门前垟小区生活污水处理系统

图 2-12　人工湿地及农村生活污水处理系统

(a)

(b)

图 2-13　生活垃圾处理设施

完成 3 座水质自动在线监测站建设、交通突发事件防范工程、一级保护区防护网工程；建成（黄坦坑入库口）1 万 m^2 生态浮床；联合执法共计出动 7600 多人次（图 2-14），查扣违法违规网具、钓具共 11000 多具，因涉渔案件报公安部门行政拘留 5 人，行政处罚 34 人次，取缔拆解了 280 多艘三无船舶，水库生态平衡系统正在逐步恢复重建，水库水事秩序正在逐步恢复稳定。

(a)

(b)

图 2-14 库区联合执法

赵山渡一级水源保护区率先出台人口转移补助政策；转产转业等治本措施逐步落实，下达转产转业扶持资金及困难救助资金达 7000 万元，组织库区乡镇干部及群众技能培训 1000 人次以上。

直接入库污染物减少 60%以上，当前主要入库支流水质恶化的趋势得到有效遏制，污染最严重的黄坦坑总磷、高锰酸盐、氨氮、总氮下降明显，水质从 10 多年来一直是劣Ⅴ类提升为Ⅱ～Ⅲ类，实现了重大突破。水库蓝藻异常增殖的现象基本消失，其他各监测断面水质明显好转；库区生态环境明显改善，群众的生活居住环境山美水清，产业发展逐步转型升级（图 2-15，图 2-16）。

(a) 2009～2012年连续3年黄坦坑入库口附近水域蓝藻暴发

(b) 整治前入库支流黄坦坑口水面垃圾成堆

图 2-15 整治前入库支流污染

图 2-16 整治后的支流入库口

中共中央宣传部和水利部联合组织人民日报等 15 家中央新闻媒体聚焦温州市珊溪水源保护区，并将其作为全国“水环境治理与饮用水安全”的典型进行报道。

《中国水利杂志》为珊溪水源保护发表专刊，珊溪水源保护工作得到水利部的认可和好评，珊溪水源保护经验《保护“大水缸”的智慧考量》《生态补偿“造血”对接“输血”》《打造全国首个水源地保护公益品牌》连续三年被评为全国基层治水十大经验，走出了一条“温州模式”的治水之道，为全国大多数水源地扭转严重污染和管理混乱的局面起到积极的作用，营造了水资源管理保护的正能量（图 2-17）。

2.2.3.2 水源地人文关怀的成效

2013 年，温州市水利局发起“亲近水源地、爱心献库区”系列公益活动（图 2-18，图 2-19），面向社会征集爱心团体和志愿者，以护水宣讲、转产转业培训、助老、助孤、助学、义诊、免费理发等各种形式开展活动，向库区孤寡老人、低保户及贫困学生捐献爱心礼包，截至 2016 年年底，共开展公益活动 50 多期，爱心礼包总价值达百余万元，受到水源地百姓的欢迎，赢得了社会各界的一致好评。2015 年，创立“饮水思源”公益基金，在水源地开展精准扶贫，希望通过搭建这个平台，公募社会各界爱心捐款及其他资源。该活动现已成为全国首个针对水源地保护、常态化开展的公益品牌，“亲近水源地 • 爱心献库区”公益活动荣获全国第二届青年志愿服务项目大赛金奖。

五水共治　百城擂台

守住温州人的"大水缸"

在过去的900多个黑夜里，他们夜巡在珊溪水库，一次次迎来黎明——

"大水缸"的夜行卫士

"浑水缸"是如何变清的?

经济社会新闻

温州：保护"大水缸"的艰难取舍

"这里的人让我感动"

中国看力推进水源地保护 让"大水缸"清澈容颜

Clearing the way with clean waters

图 2-17　新闻媒体聚焦水源保护

图 2-18　爱心献库区系列活动一

图 2-19　爱心献库区系列活动二

2.2.4　水源保护存在的问题

经过近几年珊溪水源保护工程的实施，珊溪水库生态环境和水体水质改善情况显著，在各控制单元上，水质总体保持良好，但是在飞云江干流区间、泗溪、玉泉溪、莒江溪等主要支流上仍然存在一定的薄弱环节，若不能很好的解决，将会对未来流域内整体生态环境和水库水质的保持产生压力和不利影响。通过对主要支流的环境问题进行分析，珊溪水库生态环境的主要问题包括以下几个方面，应在这些生态环境问题上加强工程措施和非工程措施建设。

1）生活污水、生活垃圾治理基础薄弱

虽然库区的乡镇污水处理设施已经逐步完善，但由于配套的管网还不够完善，生活垃圾收集处理系统建设依旧落后，截污纳管率还比较低，污水排放问题还比较严峻。流域内新建的农村生活污水处理系统还达不到要求，部分农村生活污水未经处理直接排入附近水体，流域内居民生活垃圾随意丢弃、堆放，经降雨渗滤，随地表径流进入附近水体污染地下水及地表水，有些临近流域水体的居民甚至将生活垃圾直接丢弃到地表水体中。同时，区域内污水处理厂正常运转效率低也是局部水域污染的主要原因之一。

2）农业面源污染较严重

农业面源污染中，畜禽养殖和农业灌溉是主要污染源。经过近几年对珊溪水源保护区畜禽养殖业的综合整治，畜禽养殖的污染已大大减少，畜禽养殖污染得到有效控制，但农业灌溉污染依旧严重，库区范围内有大量的种植业，并以农业人口为主，传统农业种植方式所施用的大量农药、化肥通过地表径流汇入各地表水体，这些污染源成为影响流域水质的重要因素。

3）水源地监管能力不足

珊溪水库涉及文成县、泰顺县、瑞安市高楼镇，点多、线长、面广，跨界监管环境违法行为难度大；生态环境保护工作涉及环境保护、水利、渔业、港航、旅游、住房和城乡建设、国土资源等多个部门，虽然各地均成立了珊管办，但由于人员有限，没有专职人员，工作推进力度不够，各部门职能仍然存在交叉。随着大量水源保护工程的建成和投入使用，现阶段，属地政府在运行管理方面的经验不足，缺乏长期有效的运行管理经验及队伍，管理费用的负担较大，水环境监测技术水平不高，设备老旧，自动化程度低，缺乏实时快速手段，不利于环境执法，因此提高水环境监测技术水平，逐步提高水环境原位、实时、远程监测普及率势在必行。属地政府突发污染应急能力建设滞后，因此逐步建立应急设施具有重要的现实意义。

2.3 温州市水生态补偿开展情况

2.3.1 工作开展情况

早在 2004 年，温州市政府就组织市有关部门开展生态补偿政策调研，提出了温州市建立生态补偿机制的初步意见。

2007～2011 年，温州市生态补偿工作有条不紊地开展，建立了指导综合性文件和专项资金管理办法相结合的生态补偿体系，生态补偿工作逐步规范化、制度化。

2007 年，温州市开展了珊溪水库饮用水水源保护和生态补偿机制工作专题调研，提出由市财政每年安排 3500 万元作为生态补偿资金，用于珊溪水库库区环境整治工作。

2008 年，温州市出台了《温州市人民政府关于建立生态补偿机制的意见》，正式设立了市级生态补偿资金，对建立生态补偿机制的目标、任务、途径和措施都提出了较为具体和详尽的要求。根据“谁受益、谁补偿”的原则，重点支持珊溪（赵山渡）水库和泽雅水库饮用水水源保护生态补偿。

2009 年，温州市出台了《温州市生态补偿专项资金使用管理暂行办法》（温政办〔2009〕28 号），对生态补偿资金的组成、分配使用、考核管理等方面做了细化，将珊溪水库库区环境整治专项资金纳入了生态补偿资金中。同年，市生态办起草了《珊溪（赵山渡）水库、泽雅水库主要支流交界断面水质考核监测方案》。

2011 年，温州市将库区群众的新型农村合作医疗保险纳入生态补偿专项资金使用范围，并修订出台了《温州市生态补偿专项资金使用管理办法》（温政办〔2011〕48 号）》，扩大了生态补偿资金来源的渠道，完善了生态补偿政策。同年，温州市人民代表大会常务委员会审批通过了《珊溪（赵山渡）库区水环境综合整治和生态保护规划》。

2012 年，温州市出台了《关于大力开展珊溪水利枢纽水源地人口统筹集聚和水源保护工程建设的实施意见》（温委〔2012〕11 号），即珊溪水源保护政策文件的出台标志着新一轮珊溪水源保护工作正式展开，进一步加大了对珊溪水库库区污染整治的投入力度，组织实施珊溪水库水源保护五大工程，计划投入 16.3 亿元。

2013 年，温州市出台了《关于加快推进珊溪水源保护工作的补充意见》（温委发〔2013〕28 号），并专门就库区畜禽养殖污染整治和库区群众转产转业问题出台了《珊溪水利枢纽水源地畜禽养殖场拆除补助办法》和《珊溪水源保护转产转业扶持资金使用管理办法》。同年，温州市出台了《珊溪水利枢纽水源地主要入库支流水质考核管理办法》（温珊管办〔2013〕38 号），将水质考核等次与生态补偿资金直接挂钩，原《温州市生态补偿专项资金使用管理办法》（温政办〔2011〕48 号）中相关奖励的条款被废止。

2014 年，温州市出台了《温州市人民政府关于进一步做好珊溪水源保护与转产转业帮扶工作的若干意见》（温政发〔2014〕29 号），其对于推进温州市美丽浙南水乡建设，完善珊溪水源保护长效管理机制，促进库区群众增收致富和社会和谐发展具有重大的指导意义。

针对补偿额度偏低、县域分配不均等群众诉求，温州市政府再一次开始着手修改完善。2016 年 4 月，温州市环境保护局牵头起草了《温州市市级饮用水源地生态补偿机制实施意见（送审稿）》和《温州市市级饮用水源地生态补偿专项资金使用管理办法（送审稿）》，并经有关部门讨论。

2.3.2　生态补偿实施形式

2.3.2.1　资金的筹集

坚持“谁受益、谁分担，谁用水、谁出钱，用好水、多花钱”的“以水养水”政策导向，适度提高水价中的水源保护费，并整合库区环境整治资金、生态补偿资金等，以市公用事业投资集团有限公司为业主，以水源保护费收益权和整合后的财政专项资金作为质押，进行长期贷款融资，确保珊溪水库水源地人口统筹集聚和水源保护工程建设资金足额到位。积极争取国家开发银行、农业发展银行对水源工程建设中长期政策性信贷支持，鼓励其他金融机构增加水源保护的信贷支持，并与金融机构贷款业绩考核挂钩，建立“以水养水”与市场运作的融资办法。

近年来，温州市深入贯彻《关于大力开展珊溪水利枢纽水源地人口统筹集聚和水源保护工程建设的实施意见》（温委〔2012〕11 号）文件的要求，大力推进珊溪水库水源保护建设。根据温州市实际情况，温州市现状的水生态补偿资金主要由水源地人口统筹集聚和水源保护工程建设专项资金及水生态补偿专项资金组成。

1）珊溪水库水源地治理保护资金

珊溪水库水源地人口统筹集聚和水源保护工程建设专项资金，坚持“谁受益、谁分担，谁用水、谁出钱，用好水、多花钱”的“以水养水”市场化路子。第一，设立财政引导资金，整合环境保护部门的生态补偿资金、水利部门的水利建设专项资金，每年筹集 0.8 亿元；第二，收取水源保护治理费，前五年每立方米 0.3 元，后十年每立方米 0.5 元；第三，以水库主管者温州市公用集团为融资平台，以财政整合资金为资本金，以水源保护治理费收益权为质押，进行贷款融资，确保珊溪水源保护建设管理资金足额到位。

2）珊溪水库水生态补偿专项资金

从 2011 年起，温州市加大财政转移支付力度，市财政提高了水生态补偿预算安排资金额度，由每年 3500 万元提高到每年 5000 万元；增大排污费收取比例，市财政收取的排污费提取比例由原先的 10%提高到 20%；提高库区水源保护费，库区水源保护费从 0.05 元调整为 0.12 元；扩大了水生态补偿资金来源渠道，完善了水生态补偿政策，目前，全市水生态补偿专项资金总额约为 1.25 亿元，水生态补偿专项资金来源的渠道主要包括以下几个方面。

（1）市财政预算安排资金 5000 万元。

（2）鹿城区、龙湾区、瓯海区财政预算各安排资金 500 万元，共 1500 万元。

（3）市财政收取的排污费中按 20%的比例提取，鹿城区、龙湾区、瓯海区、温州经济技术开发区财政收取的排污费中按 10%的比例提取资金，约 500 万元。

（4）珊溪水库原水价格中的库区水源保护费、水生态补偿费，原水价格中的水资源费返回市财政的部分，共 1000 万元。

（5）《市委办公室市政府办公室关于开展珊溪水库库区环境整治的实施意见》（温委办发〔2007〕136 号）确定的珊溪水库库区环境整治专项资金共 3500 万元。

（6）市委专题会议纪要（〔2010〕第 6 号）确定的珊溪库周群众生产发展扶持资金，共 1000 万元。

2.3.2.2 资金使用

1）珊溪水源地治理保护资金

研究制定了《关于大力开展珊溪水利枢纽水源地人口统筹集聚和水源保护工程建设的实施意见》（温委〔2012〕11 号），投资 14.3 亿元，实施了珊溪水库水源地人口统筹集聚和水源保护的生活污水治理工程、生活垃圾治理工程、畜禽养殖污染治理工程、主要支流生态保护与修复工程、水质自动在线监测与预警应急体系工程五大工程的建设；投资 2 亿元，借助温州市正在开展的农房集聚改造，将一二级水源保护区人口搬迁至集水区以外。

据初步统计，截至 2016 年 8 月底已经累计使用水源地保护专项资金 103036.7 万元，其中，2012 年拨付 18793 万元，2013 年拨付 37106.1 万元，2014 年拨付 27303 万元，2015 年拨付 15383.4 万元，2016 年拨付 4451.2 万元。

2）珊溪水库水生态补偿专项资金

目前，珊溪水库水生态补偿专项资金主要由市水利局、市生态办、市林业局负责分配管理。

（1）市水利局负责珊溪水库水源保护市场化筹集资金运作和使用管理，约 5500 万元，主要包括珊溪水库库区环境整治专项资金 3500 万元、珊溪库周群众生产发展扶持资金 1000 万元及其他地方水利建设基金 1000 万元。

（2）市生态办（设在市环境保护局）负责分配管理 6500 万元，主要用于珊溪（赵山渡）水库和泽雅水库饮用水水源保护区涉及行政村群众的新型农村合作医疗保险（约 5000 万元）、保护改善饮用水源水质的项目建设和运行维护。

（3）市林业局负责分配管理 500 万元，主要用于库区新造林和原有低效生态公益林的补植改造和迹地更新。

2.4　温州市水生态补偿工作取得的经验

2.4.1　构建了水生态补偿机制的框架

温州市水生态补偿机制建设主要是针对珊溪水库和泽雅水库的饮用水水源地水生态补偿，其中以珊溪水库为主，不仅开展了水生态补偿资金的实践，也重视在发展中优先考虑库区、财政适度倾斜等政策补偿。近年来，通过不断实践，在水生态补偿机制建设上取得了明显的进步，出台了《温州市人民政府关于建立生态补偿机制的意见》（温政发〔2008〕52 号），《温州市生态补偿专项资金使用管理暂行办法》（温政办〔2009〕28 号）、《温州市人民政府关于进一步做好珊溪水源保护与转产转业帮扶工作的若干意见》（温政发〔2014〕29 号）等一系列政策文件，各县（市、区）也开展了生态补偿机制建设的尝试和实践，初步探索出一套具有地方特色的水生态补偿机制体系框架。

2.4.2　水生态补偿资金来源逐步多样化

温州市通过扩大水生态补偿资金来源渠道，完善了水生态补偿的资金筹集方式。从 2011 年起，温州市加大财政转移支付力度，市财政提高了水生态补偿预算安排资金额度，由每年 3500 万元提高到每年 5000 万元；供水受益区域财政各安排专项资金 500 万元；增大排污费收取比例，市财政收取的排污费提取比例由原先的10%提高到20%；提高库区水源保护费，库区水源保护费从0.05元调整为0.12元；设立珊溪水库库区环境整治专项资金和珊溪库周群众生产发展扶持资金。

2.4.3 水生态补偿范围逐步扩大

水生态补偿专项资金最初主要用于库区环境整治方面，近年来，逐步扩大补偿范围，加大了对库区群众生活质量改善的补偿。从2007年开始，正式启动珊溪水库库区环境整治工程，整治范围涉及瑞安、文成、泰顺3个县（市），实现珊溪（赵山渡）水库集水区的全覆盖，重点开展了垃圾固废整治、生活污水整治、畜禽粪便污染整治、露天粪坑整治、化肥农药污染整治。从2009年开始实施的温州市水生态补偿资金暂行办法规定，资金主要用于保护和改善饮用水水源水质的项目。随着对暂行办法的修订和各种财政经费的整合，补偿范围逐步从库区环境整治扩大到库区经济社会发展和库区群众生活改善。从2011年开始，将珊溪（赵山渡）水库涉及行政村群众的新型农村合作医疗保险纳入水生态补偿专项资金使用范围，让库区群众直接享受到生态保护的成果。

2.5 温州市水生态补偿存在的主要问题

2.5.1 对水生态补偿的认识不够统一

目前，对珊溪水库水源地保护的水生态补偿资金缺乏深入的认识，水生态补偿往往和库区扶贫工作、库区基础设施建设等紧密结合，地方政府和群众往往将基础设施建设和维护的资金寄托在水生态补偿资金上。水源地水生态补偿作为调整水源地相关利益方生态及其经济利益的分配关系，促进地区间公平和协调发展的一种机制，在大多数情况下是受益地区对上游受损地区的一种经济补偿。但水生态补偿与库区扶贫工作、库区基础设施建设不能完全等同，更不能完全通过水生态补偿来解决库区的扶贫工作与库区基础设施建设等问题。

2.5.2 补偿资金来源渠道还比较狭窄

目前，对水生态补偿资金的筹集还比较依赖政府的主导，市场手段未能充分体现，如何有效地增加水生态补偿中的政府财政资金来源，从新增土地出让金、排污权交易收益等提取资金增加水生态补偿专项资金，地方政府和企事业单位投入、优惠贷款、社会捐赠等其他渠道还比较缺失。

2.5.3 多元化补偿方式尚未形成

目前，温州市现行的水生态补偿主要局限于资金形式，基本属于“输血型”补偿，这种“输血型”水生态补偿机制无法解决发展权补偿的问题，而对于异地开发、库区经济发展整体帮扶等问题，需要进一步研究。工业飞地作为温州市重要的异地开发补偿的尝试，目前却处于“停滞状态”，招商引资开展难度大。水生态补偿体系补偿受益对象主要是县级政府和个人，乡镇、村集体作为库区非常重要的组成部分，受益较少。目前，补偿资金主要用于环境污染治理项目和生态建设项目等保护与改善水源水质的项目，补偿对象还停留在政府对政府的层面上，关于发展机会损失的补偿还未能开展，政策补偿、实物补偿、技术补偿和智力补偿等方面开展得还比较少，产业扶持、技术援助、人才支持、就业培训等补偿方式未得到应有的重视，这将直接影响水生态补偿对象对生态保护的积极性。

2.5.4 配套制度不够完善

水生态补偿政策、法规没有形成统一、规范的体系，尚未建立系统的工作考核制度，不能适应形势发展的要求，应进一步加快完善温州市水生态补偿配套制度。

珊溪水库水源地保护水生态补偿资金的分配和补偿标准的确定是由政府部门主导的，主要是通过部门和地方政府的讨论直接确定的，缺少足够的科学方法测算作为依据，也不是上下游政府之间反复讨价还价形成的协议补偿，因此利益相关方在补偿标准上分歧较大。由于水生态补偿要素不但包含其生态保护、污染治理投入，还涉及对其发展机会成本的评估，现有重点生态领域的监测评估力量分散在各个部门，不能满足实际工作的需要。

2.5.5 对水生态补偿资金的监督机制还不完善

水生态补偿资金的使用分配主要以项目补助的形式下拨给各级政府，因此库区各级政府将关注点主要放在如何申请水生态补偿资金，补偿资金的分配、使用和管理都成了薄弱环节，造成了项目资金在实际使用中未能达到预期效果。虽然建立了库区主要支流交界断面水质考核制度和专项资金的跟踪问效反馈制度，但目前水生态补偿资金在改善水源地生态环境、维护水源地生态服务功能的监督机制方面仍有待进一步完善。

2.6 水生态补偿工作的主要需求

温州市已经在珊溪水库范围内累计投入了16.3亿元进行水源地综合治理，水环境得到显著改善，针对珊溪水库的水生态补偿应该从以项目补偿为主逐步过渡到以资金补偿、政策补偿为主，以项目补偿为辅。

本次水生态补偿工作总体要求建立完善的“有依据、可实施、可复制”水生态补偿机制，在此基础上，若想实现库区水资源保护和社会经济可持续发展的长效管理机制，应重点解决以下几个问题。

1）补偿标准的科学量化

对库区的水生态功能进行价值评估核算，通过国内比较成熟的方法，科学测算水生态功能的价值成果，为珊溪水库的水生态补偿提供量化的科学依据，避免上游的政府需求与下游的供给能力不匹配。加快建立水生态补偿标准体系，根据各领域、不同类型地区的特点，分别制定水生态补偿标准，并逐步加大补偿力度。建立水生态补偿效果的有效监测与绩效评价体系，使补偿标准具备较高的可操作性和持续性。

2）受益者和保护者的确定及其权责

水生态补偿的支付主体是生态受益者，以及代表受益者的各级人民政府。地方各级政府主要负责本辖区内重点生态功能区、重要生态区域、集中饮用水水源地及流域的水生态补偿。将水生态补偿经费列入各级政府预算，切实履行支付义务，确保补偿资金及时足额支付与发放。引导企业、社会团体、非政府组织等各类受益主体履行水生态补偿义务，督促生态损害者切实履行治理修复责任，督促受偿者切实履行生态保护建设责任，保证生态产品的供给和质量，加强对水生态补偿资金使用和权责落实的监督管理。

3）多元化补偿方式探索

充分应用经济手段和法律手段，探索多元化水生态补偿方式。搭建协商平台，完善支持政策，引导和鼓励开发地区、受益地区与生态保护地区、流域上游与下游通过自愿协商建立横向补偿关系，采取资金补助、对口协作、产业转移、人才培训、共建园区等方式实施横向水生态补偿。积极运用碳汇交易、排污权交易等补偿方式，探索市场化补偿模式，拓宽资金渠道。

4）水生态补偿的制度建设

通过完善政策和立法，建立健全水生态补偿长效机制。在认真总结温州市珊溪水库水生态补偿实践经验的基础上，研究起草水生态补偿条例，不断推进水生态补偿的制度化和法制化；加强监测能力建设，健全重点生态功能区、流域断面水量水质重点监控点位和自动监测网络，制定和完善监测评估指标体系，及时提供动态监测评估信息；逐步建立水生态补偿统计信息发布制度，抓紧建立水生态补偿效益评估机制，积极培育生态服务评估机构；将水生态补偿机制建设工作成效纳入地方政府的绩效考核；强化科技支撑，开展水生态补偿理论和实践重大课题研究。

3 温州市水生态补偿总体设计

3.1 水生态补偿政策背景

所谓生态保护补偿，是指在综合考虑生态保护成本、发展机会成本和生态服务价值的基础上，采用行政、市场等方式，由生态保护受益者向生态保护者支付金钱、物质或提供其他非物质利益等，弥补其成本支出及其他相关损失的行为。实施生态保护补偿是调动各方积极性、保护好生态环境的重要手段，是生态文明制度建设的重要内容。在水源地保护工作中探索水生态补偿制度能够有效地推动水源地水环境治理，保障饮用水安全，协调水源保护与地方经济社会发展之间的矛盾，同时也是推动生态文明建设、完善生态文明制度体系的重要举措。

2011 年，《中共中央国务院关于加快水利改革发展的决定》（中发〔2011〕1 号）提出要建立生态补偿机制。2012 年，党的十八大报告要求把建立生态补偿制度作为大力推进生态文明建设的重要举措。党的十八届三中全会指出实行资源有偿使用制度和生态补偿制度，完善对重点生态功能区的生态补偿机制，推动地区间建立横向生态补偿制度。党的十八届四中全会进一步要求加快建立生态文明法律制度，制定完善生态补偿的法律法规。2014 年，《水利部关于深化水利改革的指导意见》指出“推动建立江河源头区、重要水源地、重要水生态修复治理区和蓄滞洪区生态补偿制度。建立流域上下游不同区域的生态补偿协商机制，推动地区间横向生态补偿，积极推进水生态补偿试点”。2015 年 4 月，国务院印发了《水污染防治行动计划》（国发〔2015〕17 号），明确提出了理顺价格税费，完善收费、税收政策；促进多元融资，引导社会资本投入；建立激励机制，推行绿色信贷，实施跨界水环境补偿等多方面内容。

2016 年，《长江经济带发展规划纲要》要求建立长江生态保护补偿机制，激发沿江省市保护生态环境的内在动力。依托重点生态功能区开展生态补偿示范区建设，实行分类分级的补偿政策。按照“谁受益谁补偿”的原则，探索上中下游开发地区、受益地区与生态保护地区横向生态补偿。2016 年 5 月，国务院办公厅印发了《关于健全生态保护补偿机制的意见》（国办发〔2016〕31 号）（以下简称《意见》）。《意见》指出，健全生态保护补偿机制，目的是保护好绿水青山，让受益者付费、保护者得到合理补偿，促进保护者和受益者良性互动，调动全社会保护生态环境的积极性。要完善转移支付制度，探索建立多元化生态保护补偿机制，扩大补偿范围，合理提高补偿标准，逐步实现森林、草原、湿地、荒漠、海洋、水流、耕地等重点领域和禁止开发区域、重点生态功能区等重要区域生态保护补偿全覆盖，基本形成符合我国国情的生态保护补偿制度体系。2016 年，全国水利厅局长会议也明确提出要加快水资源用途管制、取水权转让等水权制度建设，稳步开展水资源使用权确权登记，探索建立水生态补偿机制，构建河湖绿色生态廊道，打造安全型、生态型河流。

随着经济社会的快速发展，水生态、水环境问题越来越突出，建立水生态补偿机制，有利于进一步促进水资源可持续利用、维护水生态安全，对于加快转变经济发展方式、促进生态文明建设、构建和谐社会、实现经济社会发展与资源环境相协调具有重要意义。本书建立健全了珊溪水库的水生态补偿机制，探索了符合太湖流域片特点的饮用水水源地生态补偿管理机制，对在全国类似地区开展水生态补偿工作起到示范作用。

3.2　水生态补偿需求分析

3.2.1　水生态补偿需求分析是水源地治理保护成效维持的需要

围绕珊溪水源保护，开展实施了畜禽养殖污染治理工程、生活污水治理工程、生活垃圾治理工程、主要支流生态保护与修复工程、水质自动在线监测与预警应急体系工程五大工程，水源地治理成效显著。整治之前部分群众的收入主要依靠规模化的畜禽养殖（图 3-1），而经过水源地保护畜禽养殖污染集中整治（图 3-2），共拆除养猪场 2286 户，拆除栏舍面积 63.71 万 m^2，削减生猪当量 22.55 万头，大大影响了该部分群众的收入，所以应当建立生态补偿机制，引导该部分群众转产转业。同时，为了巩固水源地治理成效，防止污染反弹，应通过生态补偿建立水源保护的长效机制。

(a) 奇空山养殖小区

(b) 水黄垟养殖小区

图 3-1　整治前的规模化养殖小区

(a) 拆除后的生猪养殖场

(b) 对生猪养殖场进行土地平整及退耕复绿

图 3-2　整治后的退耕复绿

3.2.2　水生态补偿需求分析是保护温州“大水缸”的需要

目前，库区生态环境经过近几年的整治已经得到显著改善，但在维持和巩固现状整治措施的成果，特别是在开展长效管理和推进水生态补偿方面形势依旧不容乐观，现行的措施已不能适应水源保护工作的需要。珊溪水库水源地的治理保护已逐步从工程措施阶段过渡到长效管理阶段，因此应同步转变珊溪水库水源地的水生态补偿思路。但现状的水生态补偿还有诸多不完善的地方，如保护者和受益者的权责落实不到位、多元化补偿方式尚未形成、政策法规建设滞后、水生态补偿范围偏窄、补偿标准偏低、补偿资金来源渠道单一、补偿资金支付和管理办法不完善等。因此，从进一步保护温州大水缸，让温州人民喝上优质的放心水，推进区域生态发展的角度看，建立完善的珊溪水库水生态补偿显得尤为迫切和重要。

3.2.3　水生态补偿需求分析是库区经济社会发展的必然要求

自把珊溪水库划定为水源保护区之后，相关法律法规设定了一系列禁止性和限制性的行为，库区政府及库区群众因此损失了一些发展的机遇，间接造成了一定的经济损失和生态环境价值损失。不管是人均 GDP、人均财力还是人均纯收入，处于保护区内的都远远低于下游生态受益区的。随着经济社会的发展，库区工业经济受到珊溪水库水源地生态环境保护的制约越来越大，生态保护区与生态受益区域之间的发展机会越来越不平等、发展条件越来越不平衡、发展差距越来越大，为此，有必要开展研究，摸清具体情况，得出科学结论，有针对性地提出库区的补偿对策措施。

同时，泰顺县、文成县位于浙江省主体功能区划中的重点生态功能区，应严格控制开发强度，这种定位使其只能发展生态产业，提供生态服务功能。在实现这一主体功能的过程中，不仅要承担丧失发展高效益经济的机会成本，而且还要为修复和维护生态环境支出一笔额外成本，进一步增加了该区域经济发展的负担，这就需要通过政府财政或其他途径进行相应的水生态补偿。

3.2.4 水生态补偿需求分析是长江经济带经济发展的要求

2016 年，《长江经济带发展规划纲要》正式印发，长江经济带横跨我国东中西三大区域，覆盖上海、江苏、浙江、安徽、江西、湖北、湖南、重庆、四川、云南、贵州 11 个省（直辖市），面积约 205 万 km^2，约占我国陆地面积的 21%，人口和经济总量均超过全国的 40%。浙江省温州市珊溪水库应按照长江经济带“创新、协调、绿色、开放、共享”的发展理念，按照生态优先、绿色发展的要求，在保护生态的条件下推动库区经济发展，通过建立生态补偿，优化产业布局，实现更高质量、更有效率、更加公平、更可持续的发展。

3.2.5 水生态补偿需求分析是建设生态文明的内在需求

保护生态环境是生态文明建设的重要内容，必须建立生态环境保护的长效机制，将生态保护区内地方政府和人民群众的切身利益与生态环境保护有机结合起来，才能使生态环境的保护从根本上和制度上得到保证。因此，建立水生态补偿机制，从制度上进一步保护生态环境，是建设生态文明的重要内涵，也是建设库区生态文明的必然要求。

3.3 温州市水生态补偿总体要求

全面贯彻党的十八大和十八届三中、四中、五中、六中全会精神，深入贯彻习近平总书记系列重要讲话精神，紧紧围绕统筹推进“五位一体”总体布局和协调推进“四个全面”战略布局，牢固树立创新、协调、绿色、开放、共享的发展理念，认真落实党中央、国务院决策部署，根据“节水优先、空间均衡、系统治理、两手发力”的治水思路，遵循水生态系统性、整体性原则，通过完善转移支付制度，落实生态环境保护责任，理清相关各方利益关系，探索建立多元化生态保护补偿机制，逐步扩大补偿范围，合理提高补偿标准，重点突破、有序推进、力求实效，充分调动全社会参与生态环境保护的积极性，保护和改善生态环境质量与保障饮用水安全，促进生态文明建设。

3.3.1 “谁受益、谁补偿”原则

坚持“谁受益，谁补偿”原则，明晰权责、保障权益。水源地水源的用水者和水资源利用单位是第一受益人，他们有责任向水源保护区提供适当的补偿，是水生态补偿的主体。坚持“谁受偿、谁保护”原则，库区上游为保护水源作出了重大牺牲，理应得到补偿，他们是生态补偿的客体。受补偿的水源保护区应切实用好补偿资金，严格落实水源保护责任，制止一切危害水源地环境安全的行为，并对产生的污染进行治理。

3.3.2 统筹兼顾原则

兼顾水源保护区和用水区共同利益，统筹推进不同区域环境保护和经济社会发展，合理补偿水源保护区因落实水源环境保护责任而产生的经济损失和发展机会损失，促进区域间共同发展。

3.3.3 政府主导原则

市人民政府代表用水受益方统筹市财政资金和社会资金，向水源地所在的县级人民政府实施生态补偿，转移支付补偿资金；受偿区县级人民政府要根据保护区受损人群实际情况和水源地环境保护任务，建立定向和统筹相结合的分配机制，合理分配补偿金。

3.3.4 循序渐进原则

立足现实，着眼当前，根据受益地区和单位的财力条件，逐步完善补偿政策，分阶段提高补偿额度，努力实现精准补偿、损益相当。

3.4 温州市水生态补偿的目标和任务

3.4.1 水生态补偿目标

研究建立价值导向明确，公平、公正、合理，权责利清晰且具有可操作性的珊溪水库水生态补偿标准体系，有效调动全社会参与生态环境保护的积极性，实现让受益

者付费、保护者得到合理补偿，促进保护者和受益者的良性互动，为温州市水源地水生态补偿实践工作开展提供重要支撑，为全国其他地区开展水生态补偿积累经验。

3.4.2　水生态补偿任务

按照水利部积极推进水生态补偿试点的要求，充分考虑水资源作为自然资源资产的特殊性和属性，开展现状水管理评价，库区生态功能价值核算，补偿资金筹集、补偿方式和标准研究，完善水源保护和水生态补偿管理长效体制机制，提出水生态补偿方案，协调珊溪水库水源保护与地方经济发展之间的关系，满足经济社会发展和维系良好生态环境对水源地合理开发利用的需求。

3.5　珊溪水库水生态补偿总体思路

3.5.1　补偿依据

3.5.1.1　法律法规

（1）《中华人民共和国宪法》（2004 年）；
（2）《中华人民共和国水法》（2016 年修订）；
（3）《中华人民共和国环境保护法》（2014 年修订）；
（4）《中华人民共和国水污染防治法》（2008 年修订）；
（5）《中华人民共和国水土保持法》（2010 年修订）。

3.5.1.2　相关政策文件

（1）《中共中央国务院关于加快水利改革发展的决定》（中发〔2011〕1 号）；
（2）《国务院关于印发水污染防治行动计划的通知》（国发〔2015〕17 号）；
（3）《关于健全生态保护补偿机制的意见》（国办发〔2016〕31 号）；
（4）《国务院关于印发“十三五”脱贫攻坚规划的通知》（国发〔2016〕64 号）；
（5）《国务院关于印发“十三五”生态环境保护规划的通知》（国发〔2016〕65 号）；
（6）《关于构建绿色金融体系的指导意见》（中国人民银行、财政部等七部委）；
（7）《浙江省人民政府关于进一步完善生态补偿机制的若干意见》（浙政发〔2005〕44 号）；
（8）《浙江省饮用水水源保护条例》（2011 年）；

（9）《关于做好农村生活污水治理设施长效运维管理的通知》（温政办〔2015〕117号）；

（10）《关于印发珊溪水利枢纽饮用水水源地畜禽养殖污染长效管理八条禁令的通知》（温委办法〔2012〕124号）。

（11）《湖泊生态安全调查与评估技术指南（试行）》（环办〔2014〕111号）；

（12）《泉州市人民政府关于印发晋江洛阳江上游水资源保护补偿专项资金管理规定（2012-2015年）的通知》（泉政文〔2013〕118号）；

（13）《苏州市生态补偿条例》（2014年）；

（14）《温州市生态补偿制度调查研究》（温州市环境保护局、温州大学，2015年12月）。

3.5.2　基本原则

坚持绿色发展，以保护为主，落实最严格的水资源管理制度，严守生态保护红线；以“谁受益、谁补偿”为主要原则，以珊溪水库生态功能价值评估为基础，以人文关怀为导向，通过政府引导、市场推进、社会参与，调动各方积极性，保护好生态环境，形成“保护优先、价值量化、利益均衡、和谐发展”的水生态补偿机制。

3.5.3　主要内容

生态补偿机制涉及自然资源学、生态学、环境经济学和环境学等多个学科。生态补偿是指对人类行为产生的生态环境负外部性给予补偿的活动，通常称为生态服务付费，包括对维护并提供生态服务功能的活动给予补偿，为提高或者降低生态服务功能支付的合理费用。其研究方法是通过补偿制度的建立，实行生态环境外部资源内部化，让生态环境保护的受益者支付相应费用，给予生态环境保护投资者和保护者合理回报，保证自然资源和生态环境公共物品的足额提供和可持续利用。

根据确定的研究目的、意义与任务，收集现状的相关基础资料，查阅调研国内外有关水生态补偿的案例，分析国内外生态补偿的相关经验与启示，分析珊溪水库水生态环境与生态补偿现状、水源保护成效与存在的问题，运用DPSIR模型开展珊溪水库的水管理评价，采用经济核算办法开展库区生态价值功能评估，根据水管理评价与功能价值评估的结果提出相应的资金筹集、补偿方式与体制机制建设方案。

3.5.4　技术路线

确定珊溪水库水生态补偿研究的目标、任务、指导思想和研究范围，通过基础资料收集、珊溪水库各利益群体调研、国内水生态补偿机制调研、国外水生态补偿机制文献调研等，掌握水生态补偿机制的基本现状，分析存在的问题与相应的启示。收集基础资料，开展库区的水管理评价，分析水生态补偿取得的主要成效与经验，以及相关政策机制在水管理评价中发挥的作用，分析现状补偿过程存在的问题。水管理评价运用 DPSIR 指标体系进行评价，在此基础上，提出珊溪水库水管理的改进措施。采用综合评估法、机会成本法、参照区对比分析法等开展库区水生态功能价值评估，根据结果确定补偿标准。研究资金筹集方式，探索具有可操作、可落地的多元化的资金筹集方式；研究水生态补偿的范围，明确补偿的方式。开展管理体制、管理机制、配套制度、奖惩体系等政策机制研究，形成规范性、法律性文件。综合研究成果，探索建立具有指导作用的水生态补偿试点体系。

水生态补偿的主要技术路线如图 3-3 所示。

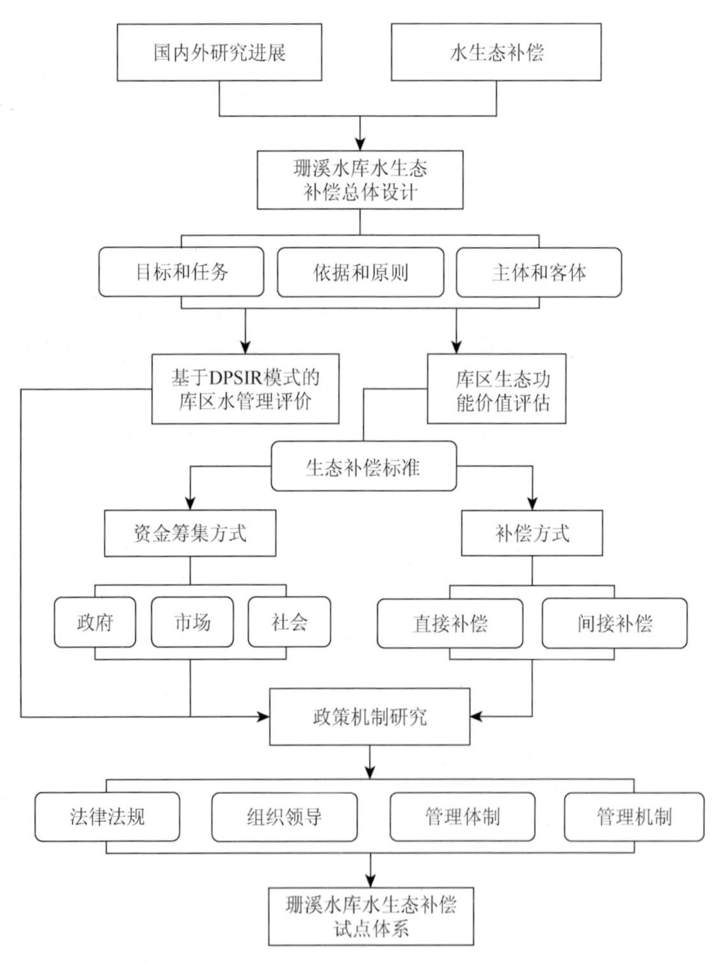

图 3-3　水生态补偿实施方案研究主要技术路线

3.6 珊溪水库水生态补偿范围与主客体

3.6.1 补偿范围

本书的研究范围主要是珊溪水库的上游保护区和下游受益区。其中，上游保护区主要涉及集水区范围的文成县、泰顺县、瑞安市，共涉及 18 个镇 7 个乡。其中，文成县 12 个镇 5 个乡，分别为大峃镇、周壤镇、西坑畲族镇、铜铃山镇、百丈漈镇、二源镇、珊溪镇、峃口镇、玉壶镇、南田镇、黄坦镇、巨屿镇、双桂乡、平和乡、公阳乡、桂山乡、周山畲族乡；泰顺县 5 个镇 2 个乡，分别为罗阳镇、百丈镇、筱村镇、司前畲族镇、南浦溪镇、包垟乡、竹里畲族乡；瑞安市 1 个镇，为高楼镇。

下游受益区主要是针对供水的受益区域，涉及鹿城区、龙湾区、瓯海区、洞头区、瑞安市、平阳县、苍南县及经济技术开发区（浙南产业集聚区）。

3.6.2 补偿主客体

3.6.2.1 补偿主体

珊溪水库作为饮用水水源地生态系统中的一部分，属于公共产品、稀缺资源，一般由上级政府进行调配，库区的属地政府直接参与库区资源的分配，应作为补偿主体；同时，为了更好地保护生态系统，上级政府应从政策上给予一定的支持，且珊溪水库跨泰顺县、文成县、瑞安市等行政区域，也需要上级政府进行协调，因此国家、浙江省、温州市政府应作为水生态补偿实施的主体；按照水生态补偿基本理论和“受益者补偿”原则，水源地上游和周边是生态环境的治理者和保护者，下游是生态环境的受益者，下游的鹿城区、龙湾区、瓯海区、洞头区、瑞安市、平阳县、苍南县、经济技术开发区是珊溪水库的受水区，也是受益者，因此下游受益地区的政府应提供相应的补偿，其也应是水生态补偿实施的主体。

因此，补偿主体为中央政府、浙江省、温州市政府与受益地区政府［主要包括鹿城区、龙湾区、瓯海区、洞头区、瑞安市、平阳县、苍南县、经济技术开发区（浙南产业集聚区）］，以及属地政府（文成县、泰顺县、瑞安市）。

3.6.2.2 补偿客体

水源地上游政府及周边居民是生态环境的治理者和保护者，应当对其保护水源地所做出的牺牲提供适当的补偿，属于受偿对象，也就是补偿客体。珊溪（赵山渡）水库内各相关水源保护设施的运行管理单位为水环境改善的直接管理单位，也为补偿客体。

因此，补偿客体为文成县、泰顺县、瑞安市等库区政府，为保护水源地生态环境做出牺牲的当地居民，以及珊溪（赵山渡）水库内各相关水源保护设施的运行管理单位。

4　基于压力–状态–响应模式的珊溪水库水管理评价

DPSIR 模型［驱动力（driving forces）、压力（pressure）、状态（state）、影响（impact）和响应（response）］是一个在国际上被很多机构所广泛采用的评价模型，如欧洲环境署（European Environment Agency，EEA）、联合国环境规划署（United Nations Environment Programme，UNEP）和瑞士联邦环境办公室（FOEN）。在国内，DPSIR 模型目前主要应用于地学、环境学、生态学等领域。DPSIR 模型涵盖经济、社会、资源和环境四大领域，能有效地评价人类活动与实际环境的关系，并整合相应的资源、发展和人类健康。

4.1　DPSIR 模型简介

4.1.1　DPSIR 模型发展历史

4.1.1.1　发展历程

科学家设计了很多概念模型来描述、研究生态环境与可持续发展等问题。1979 年，加拿大统计学家 David J. Rapport 和 Tony Friend 首次提出状态–响应（SR）模型。该模型在 20 世纪 80 年代末，由经济合作与发展组织（Organization for Economic and Co-operation and Development，OECD）与联合国环境规划署进一步发展为压力–状态–响应（PSR）模型，该模型应用“为什么—是什么—怎么做”的线性因果关系，揭示了人与自然相处过程中相互作用的逻辑关系，即人类活动对自然资源产生压力，导致自然资源和环境状态发生变化，并最终会产生应对变化的响应。PSR 模型出现后，在环境质量评价学科下的生态系统健康评价子学科中得到广泛应用。

在 PSR 模型的基础上，1996 年联合国可持续发展委员会（United Nations Commission on Sustainable Development，UNCSD）提出了驱动力–状态–响应（DSR）模型，作为对 PSR 模型的改进，该模型用驱动力指标对压力指标进行了优化，形成了驱动力–状态–响应的指标体系。DSR 模型可操作性强，能用于可持续发展水平的监测并具有预警作用，可为决策者提供重要的决策依据和指导。与 PSR 模型相比，DSR 模型中驱动力指标覆盖的范围更加全面，除人类活动产生的压力外，还包括自然系统及社会经济系统中的客观条件和因素。由于 DSR 模型中加入了对社会经济指标的反映，较 PSR 模型在自然资源可持续发展角度的评价能力更强，也更为客观。对于“状态”指标和“响应”两个指标，DSR 模型和 PSR 模型相差并不大。

1999 年，欧洲环境署综合分析环境问题和社会发展之间的关系，在 PSR 模型的基础上添加了驱动力指标和影响指标，最终提出了驱动力-压力-状态-影响-响应（DPSIR）模型。完整的 DPSIR 模型涵盖经济、社会、资源与环境四大要素，是评价环境系统所处状态的评价指标体系的概念模型，它从系统分析的角度看待人类和环境系统之间的相互作用。该模型不仅表明了社会和人类行为对生态环境的影响，以及这些影响所导致的生态系统的变化；同时，该模型也包括人类为应对环境的恶化，以及避免对人类生存环境造成不利影响而采取的相关措施。与之前的模型相比，完整的 DPSIR 模型从简单的线性因果关系变成了一个相互作用和相互影响的复合系统。在继承了以往模型的优点的基础上，DPSIR 模型的指标选取更加全面，具有直观、综合和可操作性强的优势。一方面，相关指标能够把自然系统时空上的定性信息定量化，定性与定量相结合，有助于我们更好地理解自然系统和人类活动之间的关系；另一方面，响应类指标能反映出国家和政府的相关政策和法律是否完善到位，所以指标在描述环境和可持续发展问题上起着很重要的作用。

典型的 DPSIR 模型逻辑框架如图 4-1 所示。以水资源状况为例，由于社会经济的快速发展和城市化进程的加快，这些因素作为驱动力（D）长期作用于水资源系统，对水资源系统产生了更高的需求，同时也带来了各种压力（P）；经驱动力（D）和压力（P）的共同作用，造成水资源系统状态（S）的变化；某些不好的变化将会对水资源系统等造成各种消极影响（I）；这些影响需要人类对水资源系统的变化采取相应的响应（R）措施；响应（R）措施又反过来作用于驱动力（D）、压力（P）、状态（S）和影响（I），使得社会、经济和人口所构成的复合系统向着更好的方向发展。

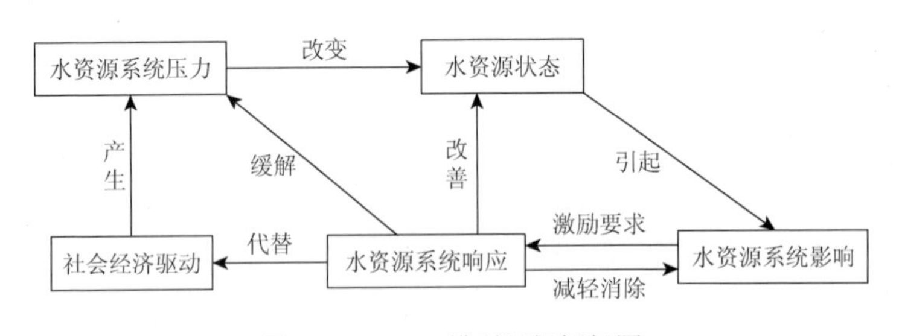

图 4-1　DPSIR 模型逻辑框架图

4.1.1.2　应用领域

DPSIR 模型从形成到现在也只有十几年的时间，但其在地学、环境学、生态学等领域得到了广泛应用。在涉水领域，由于西方发达国家河湖流域生态系统受人为活动干扰的程度较低，因此研究对象主要关注重要的河口流域，多集中于生物多样性、生境的完整性、灾害预警等。在国内，河湖流域生态系统大多已处于或正处于比较强烈的人为活动干扰中，国内学者的研究多关注流域生态环境的结构、功能、承载力及人类活动对流域生态系统造成破坏的评估，以及在此基础上做出预警和建议。

1）水环境领域

国外学者利用DPSIR模型，对亚洲城市的城市化和地下环境问题进行了分析。以曼谷、雅加达、马尼拉等城市为例，总结了大城市存在的地下环境问题，如地下水短缺、地面沉降、地下水污染等，进而用DPSIR模型分析各指标层中存在的问题（Jagoon et al.，2009）。国内学者喻立等（2014）根据DPSIR模型的原理，综合利用野外实测和社会统计数据，建立沙湖湿地健康评价指标体系，并采用层次分析法确定指标权重，采用模糊综合评价法计算沙湖湿地综合评价值。王哲等（2010）在研究和确定水环境安全评价指标体系及其评价方法时，以海河流域的水环境状况及社会经济发展状况为依据，采用DPSIR模型提出了海河流域水环境安全评价指标体系，该体系包含39个指标，涵盖社会经济发展、水质水量及生态建设等诸多方面。

2）水资源领域

Sun等（2016）利用DPSIR模型，以巴彦淖尔市为研究对象，采用层次分析法对水资源系统的可持续性进行了分析，结果显示，本地水资源系统的可持续有减退趋势，尽管用水效率提高，但经济社会增长仍然反映了杰文斯悖论。肖新成等（2013）基于DPSIR模型框架，以重庆市的统计年鉴、水资源公报、环境质量公告等数据为基础，根据DPSIR模型框架原理，运用结构方程模型，分析了三峡库区重庆段农业面源污染与流域水资源安全演进变化的过程与内在机制，并评价了2000～2011年流域水资源安全程度。

3）水生态领域

为揭示经济效率，Pinto等（2013）用DPSIR模型整合生态价值、水资源消耗和生态系统服务等因素，计算了蒙德古（Mondego）河口生态系统的变化情况，对成因和结果进行了分析，结果显示，对水问题复杂性的理解和对生态、经济、社会目标的权衡是开展管理及保护生态的基础。金中彦等（2012）基于DPSIR模型构建了岚漪河流域生态安全评估体系，结果显示，影响晋西北黄土高原地区河流生态安全的关键控制因子为河流水量、水质和廊道空间。王玲玲和张斌（2012）基于DPSIR模型，依据水库生态安全综合评估方法的分级标准、综合指标判断标准，对丹江口库区生态安全状态进行综合评估，并结合DPSIR模型测评结果，针对薄弱项提出丹江口库区综合治理对策及建议。

4）水管理领域

王浩文等（2016）构建了涵盖 48 个指标的浙江省“五水共治”绩效评价体系，应用该评价体系对 2014 年和 2015 年浙江省“五水共治”绩效进行测算，结果表明，2015 年浙江省“五水共治”总体绩效有明显提高，总得分涨幅为 5.1%，该指标对发现“五水共治”中的问题和不足有一定启示作用。曹琦等（2013）基于系统动力学建模方法，应用 DPSIRM 因果网模型建立指标体系，构建黑河流域水资源管理模型，并仿真模拟了黑河流域甘州区 3 种不同的未来水资源管理模式，结果表明，基于系统动力学（SD）构建的 DPSIR 水资源评价模型能够有效地模拟研究区水资源系统。

5）可持续发展

欧盟委员会通过推广绿色基础设施建设保护自然资源，Marinella 等（2016）利用 DPSIR 模型对政策的实施效果进行了研究，以确保该方式能够实现土地可持续利用的目的。考虑到环境问题的复杂性和决策过程中要涉及广泛的利益群体，DPSIR 模型简单易行，且能够为土地的可持续利用提供有效的战略规划对策。苑清敏和崔东军（2013）从低碳经济视角出发，基于 DPSIR 概念模型，结合当前低碳经济发展以区域为主要着力点的现实情况，构建区域低碳经济可持续发展评价指标体系，并运用主成分分析法确定指标体系中各指标权重，得出天津市低碳经济发展等级。熊鸿斌和刘进（2009）将 DPSIR 模型应用于安徽省生态可持续发展综合评价中，根据改进的熵值法对其指标进行赋权，并计算出生态可持续发展综合评价指数，还分析了 2001～2006 年安徽省生态可持续发展水平，得出的结果与实际相符。

4.1.2　DPSIR 模型相关定义

4.1.2.1　指标体系构建

基于 DPSIR 模型概念，自上而下、逐层分解，所建立的评价层次分为目标层（评价指数）、准则层（DPSIR）、指标层三大部分，具体如图 4-2 所示。目标层是研究对象的总体，代表着人水和谐、人与自然和谐相处的总体效果。准则层依据评价内容的内涵，按对评价内容的影响分为驱动力、压力、状态、影响和响应 5 个因子来表述评价状态。驱动力指标是造成环境变化的最原始的潜在因素，一般用来描述造成环境变化的潜在原因，也就是描述推动区域环境状况发生变化的动力，主要指区域的经济活动与社会产业结构的发展动态和内在潜力，如 GDP 增长率、人口密度、环境本底状况。压力指标是通过驱动力作用之后直接施加在环境系统上的促使环境发生变化的各种因素，是环境的直接压力因子，包括人类活动对环境、资源、生态建设等产生的阻碍力，如生态资源消耗、工业烟尘、固态和液体排放量等。压力指标与驱动力指标类似的是它们两者都产生作用力，然而压力作用的方式是显式的，主要体现为对环境产生的负荷力；驱动力则是隐式的。状态指标是自然系统在各种压力下所处的状态，描述自然系统由于受到各种压力所表现的物理、化学和生物状态。状态指标主要反映了那些在人类活动压力的影响下，导致社会、资源、自然环境要素的状态变化，主要是指生态健康状态、能源排放、生态健康状态等。影响指标指自然系统所处的状态对人类健康、生态环境和社会经济的影响，它是前 3 个因子综合作用的结果。响应指标指人类面临生态现状、生态压力，为预防、减轻或者消除不好的影响而采取的相关措施，如对目前的经济增长、社会经济结构、资源能源消耗量、环境污染等方面的调整力。指标层用来具体表述各个准则层评价的要素指标，采用可以获得的定量指标或定性指标表征研究对象某一特性的状况。通过权重分配，可反映社会-经济-资源-环境系统之间的相互关系，即四者之间相互的“驱动力-压力-状态-影响-响应”关系。

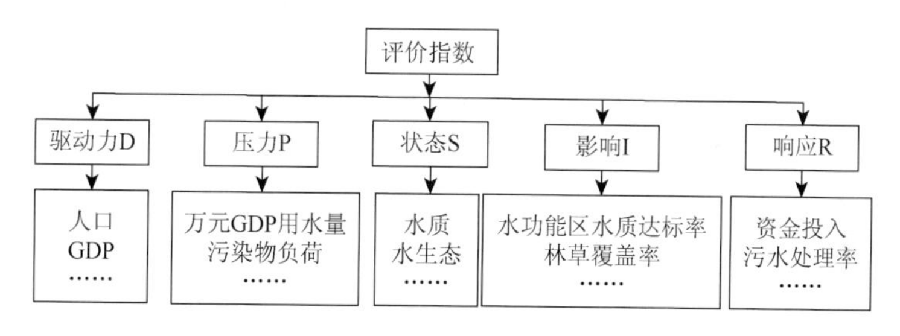

图 4-2　评价层次分级图

4.1.2.2　指标筛选原则

1）系统性原则

评价指标体系本身就是一个系统，具有多层次、多元化的特征，即指标应符合全面性、系统性的要求，每一项单项指标均反映某一方面的具体特征，而不同指标之间又存在一定的相关性，多项指标或分类指标又可以共同构成一个有机整体，达到能反映共性和综合性的目的。

2）代表性原则

所确定的指标应充分体现研究对象的本质特征，评判指标应建立在对评估对象综合分析的基础上，考虑不同方面的要求。

3）可比性原则

所获取的数据和资料无论在时间上还是在空间上都应具有可比性。因而，所采用指标的表征和方法都必须做到统一和规范。

4）实用和易达性原则

指标必须概念明确，易测易得，有明确的物理意义。指标应可度量，或在某一范围内，或逼近某一值，或在某一值左右，以易于定量赋值。

4.1.2.3 指标权重

权重问题的研究占有重要地位，因为权重的合理性直接影响着多属性决策排序的准确性。属性权重的确定分为主观法和客观法两大类。主观法是根据决策人对各属性的主观重视程度而赋权的一类方法，主要有层次分析法（AHP）、专家咨询法（Delphi）、主成分分析法、偏好比率法、环比评分法、二项系数法、重要性排序法等。主观法具有主观色彩，体现了决策者的工作经验和对指标的偏好程度。其评价过程的透明度、再现性差，指标权重具有一定的可继承性，计算较简单，但决策者有时会由于缺乏经验等而无所适从，或给出的权重系数比较粗略。

客观法是根据决策问题本身所包含的数据信息而确定权重的一类方法，其中熵值法是常用的方法之一，此外还有离差最大化法、均方差法、多目标规划法等。客观法不依赖于决策者的主观态度，突出了被评价对象在评价指标间的差异性。其评价过程的透明度、再现性强，指标权重不具有可继承性，在不同阶段，若评价指标值发生变化，则各指标的权重将会改变。其计算一般依赖于比较完善的数学理论，尤其是最优化理论方面的知识，计算过程较为复杂。

为提高赋权的准确性，许多组合赋权法相继被应用，如主客观组合赋权法、客观组合赋权法等。本书的权重计算，即采用了层次分析法与熵权法的组合。

1）层次分析法

层次分析法（AHP）最早是由美国运筹学家 Saaty 于 20 世纪 70 年代提出的。层次分析法是将与决策有关的元素分解成目标、准则、方案等层次，并在此基础上进行定性和定量分析的决策方法。其判断体系主要来自于人们对每一层次中各个元素相对重要性的两两比较判断，将复杂的问题进行层次化细分，将原有问题简单化，并在层级的基础上进行分析，从而实现决策者的主观和经验判断量化，通过具体数据考核的形式进行展示和数量处理。该方法具有系统、灵活、简洁的优点。

运用层次分析法建模解决实际问题时大体上可按以下 4 个步骤进行。

（1）建立递阶层次结构。应用层次分析法分析决策问题时，首先要把问题条理化、层次化，构造出一个有层次的机构模型。这些层次可以分为 3 类：最高层（目的层）、中间层（准则层）、最底层（方案层）。递阶层次结构中的层次数与问题的复杂程度及需要分析的详尽程度有关，一般层次数不受限制，每一层次中各元素所支配的元素不超过 9 个。

（2）构建比较判断矩阵。基于 DPSIR 模型建立结构体系，构建比较判断矩阵，比较判断矩阵表示的是相对于上一层某一要素而言，与该要素有关联的本层要素之间的相对重要程度，假设要素层 B 的指标 C 中的因子包括 $C_1, C_2, C_3, \cdots, C_n$，则将 C 指标层中的各个因子两两相互比较，构建而成的判断矩阵见表 4-1。表 4-1 中 C_{ij} 指的是指标层中的 C_i 与 C_j 相比较而得到的两两比较的量化值，具体指的是对于要素层 B 的重要程度。对 C_{ij} 的赋值采用 9 级标度表示法（表 4-2），采用数字及其倒数的方式来表示因子之间两两相比较的重要程度，同时采用具有一定实际代表性的比值作为实现定量化评价的依据。

表 4-1　指标层判断矩阵表

C	C_1	C_2	C_3	…	C_j	…	C_n
C_1	C_{11}	C_{12}	C_{13}	…	C_{1j}	…	C_{1n}
C_2	C_{21}	C_{22}	C_{23}	…	C_{2j}	…	C_{2n}
…	…	…	…	…	…	…	…
C_i	C_{i1}	C_{i2}	C_{i3}	…	C_{ij}	…	C_{in}
…	…	…	…	…	…	…	…
C_n	C_{n1}	C_{n2}	C_{n3}	…	C_{nj}	…	C_{nn}

表 4-2　9 级标度法及其含义

标度	程度	说明
1	相同	表示 C_i 和 C_j 两个因素相比，具有同样的重要性
3	稍微	表示 C_i 和 C_j 两个因素相比，C_i 比 C_j 稍微重要
5	明显	表示 C_i 和 C_j 两个因素相比，C_i 比 C_j 明显重要
7	强烈	表示 C_i 和 C_j 两个因素相比，C_i 比 C_j 强烈重要
9	极端	表示 C_i 和 C_j 两个因素相比，C_i 比 C_j 极端重要
2, 4, 6, 8	中间值	介于 2 个相邻标度间的重要程度
倒数	—	若 C_i 和 C_j 两个因素的重要性之比为 C_{ij}，则 C_j 与 C_i 的重要性之比为 $C_{ji}=1/C_{ij}$

（3）计算权重。主要方法有几何平均法、算数平均法、特征向量法和最小二乘法 4 种。

根据比较判断矩阵，运用方根法和乘积法计算出权重顺序：①计算每一行元素的乘积，然后开 n 次方，得到向量 $A^* = (a_1^*, a_2^*, \cdots, a_n^*)^{\mathrm{T}}$，其中 $a_i^* = \sqrt[n]{\prod_{j=1}^{n} C_{ij}}\ (i = 1, 2, \cdots, n)$；②对 W^* 作归一化处理，得到权重向量 $A = (a_1, a_2, \cdots, a_n)^{\mathrm{T}}$，其中 $a_i = a_i^* \Big/ \sum_{i=1}^{n} a_i^*$；③对每一列元素求和，得到向量 $S = (s_1, s_2, \cdots, s_n)$，其中 $s_i = \sum_{i=1}^{n} C_{ij}$；④计算 $\lambda_{\max}$ 的值，$\lambda_{\max} = \sum_{i=1}^{n} s_i a_i$。

（4）判断矩阵的一致性及其检验。判断矩阵中各判断指标间重要性关系均为人为判断的结果，指标间的重要性有时并不完全符合逻辑，特别是指标较多时可能存在误差，因此需对计算出的权重系数进行逻辑检验。采用随机一致性指标（CI）及一致性比率（CR）进行逻辑检验，随机一致性指标 CI 由式（4-1）求得

$$\mathrm{CI}=\frac{\lambda_{\max}-n}{n-1} \tag{4-1}$$

RI 为平均随机一致性指标，可由表 4-3 查得。CR = CI/RI，当 CI=0 时，表示矩阵满足完全一致性；当 CI≠0，且 CR≤0.1 时，认为矩阵具有相对满意的一致性，否则需要检查和重新调整矩阵的标度值。

表 4-3　判断矩阵平均随机一致性指标

矩阵介数 m	1	2	3	4	5	6	7	8	9
随机一致性指标（RI）	0	0	0.58	0.90	1.12	1.24	1.32	1.41	1.45

2）熵权法

熵值是系统无序程度或混乱程度的度量，表示了系统某项属性的变异度。系统的熵值越大，则它所蕴含的信息量越小，系统某项属性的变异程度越小；反之，系统的熵值越小，则它所蕴含的信息量越大，系统某项属性的变异程度越大。熵值法确定客观权重的基本思想是若某项属性的数据序列的变异程度越大，则它相对应的权系数就越大。

用熵值法确定客观权重的步骤如下。

（1）指标标准化。因为评价指标体系中各项指标的系数的量纲不统一，不具有可比性，所以需进行数据无量纲统一化。

建立 n 个样本 m 个评估指标的判断矩阵 Z：

$$Z=\begin{vmatrix} X_{11} & X_{12} & \cdots & X_{1m} \\ X_{21} & X_{22} & \cdots & X_{2m} \\ \vdots & \vdots & \ddots & \vdots \\ X_{n1} & X_{n1} & \cdots & X_{nm} \end{vmatrix} \tag{4-2}$$

第 i 个样本的指标处理如下。

正向型指标：
$$r_{ij}=\frac{x_{ij}-\min(x_{ij})}{\max(x_{ij})-\min(x_{ij})} \tag{4-3}$$

负向型指标：
$$r_{ij}=\frac{\max(x_{ij})-x_{ij}}{\max(x_{ij})-\min(x_{ij})} \tag{4-4}$$

式中，r_{ij} 为评估指标的无量纲化值，此处需满足 $0\leqslant r_{ij}\leqslant 1$，大于 1 的按 1 取值。

（2）求解熵权。根据熵的定义，n 个样本 m 个评估指标，可确定评估指标的熵为

$$H_i = \frac{1}{\ln}\left[\sum_{j=1}^{n} f_{ij} \ln f_{ij}\right]$$

$$f_{ij} = \frac{r_{ij}}{\sum_{j=1}^{n} r_{ij}} \tag{4-5}$$

式中，$0 \leqslant H_i \leqslant 1$，为使 $\ln f_{ij}$ 有意义，假定 $f_{ij}=0$，$f_{ij}\ln f_{ij}=0$；$i=1, 2,\cdots, m$；$j=1, 2,\cdots, n$。

评估指标熵权（W_i）的计算：

$$W_i = \frac{1-H_i}{m-\sum_{i=m}^{m} H_i} \tag{4-6}$$

式中，W_i 为评估指标的权重系数，且满足 $\sum W_i = 1$。

3）综合权重

结合层次分析法及熵权法，计算综合权重：

$$\beta_i = \frac{a_i W_i}{\sum_{i=1}^{n} a_i W_i} \tag{4-7}$$

4.1.2.4 指标评价

为了综合体现各评价指标的结果，需要将多项评价指标加以综合，形成一个综合指标，这时就用到统计学中的多指标综合评价方法。多指标综合评价方法主要分为常规方法、多元统计方法、运筹方法三大类，其中常规方法包括德尔菲法、功效系数法和综合指数法，多元统计方法主要包括主成分分析法、因子分析法、聚类分析法和判别分析法，运筹方法包括数据包络分析（DEA）法、层次分析法、逼近理想解排序法（TOPSIS）等，此外，广泛使用的还有模糊评判法、灰色评价法、信息熵评价法、神经网络评价法和遗传算法等。这些评价方法在不同领域和不同时期都各有侧重，由于功效系数法和综合指数法具有较为简单的数学过程，近年来被广泛应用于政府部门设计的各类基于综合思想的评价体系中。

综合指数法作为使用范围广泛的多指标综合评价方法，是指在确定综合评价所需的各层次评价指标，并对每一项评价指标数值进行指标数值标准化和对指标赋权的基础上，对所有评价指标求加权平均和，然后计算出所评价目标体系的综合值，从而进行综合评价的一种方法，即在完成指标标准化和指标权数赋值的基

础上，通过求加权和的方法计算综合指标值。本书采用综合指数法对珊溪水库水管理水平进行评价。

1）方案层评估

各指标的无量纲化值和指标权重确定后，求得各方案层得分值：

$$A_k = \sum_{i}^{m} \beta_i \times r_{ij} \times 100 \tag{4-8}$$

式中，A_k为第 k 个方案层得分值计算结果；m 为第 k 个方案层的样本个数；β_i为第 i 个指标的权重系数；r_{ij}为第 i 个指标的无量纲化值。

2）目标层评估

目标层评估即水管理评价，采用加权求和法计算水管理水平指数 WM，其结果是 1 个 1～100 的数值：

$$\mathrm{WM} = \sum_{k=1}^{4} A_k \times W_k \tag{4-9}$$

式中，WM 为水管理水平指数；W_k为第 k 个方案层权重。

4.2 DPSIR 模型构建及权重确定

4.2.1 指标选取及体系构建

4.2.1.1 驱动力指标

驱动力是指可能造成自然资源和环境变化的最基础的影响因素，如经济发展状况、人口、自然资源及环境状况等。本书选取珊溪水库库区常住人口及库区 GDP 作为珊溪水库水管理评价的驱动力指标。

1）库区常住人口

流域涉及文成、泰顺和瑞安“两县一市”，2015 年，流域行政区户籍总人口 54.37 万人，农业人口约 48.69 万人，占流域总人口数的 89.5%，占温州市总人口的 6.2%，非农业人口 5.68 万人，占流域总人口的 10.4%，占温州市总人口的 0.7%。库区人口沿入库河流两岸分布比较密集，库区人口在外务工人数众多，占户籍总人口的 30%～40%。

对于珊溪水库水管理而言，库区人口越多，人类活动对库区的影响也越大，同时也在一定程度表明，珊溪水库水管理对库区人类发展的影响是正面可持续的。由表 4-4 及图 4-3 可知，相比 2013 年，2014 年和 2015 年珊溪水库的水管理压力变大。

表 4-4　2013～2015 年库区常住人口分布　（单位：万人）

县域	2013 年	2014 年	2015 年
文成县	21.3370	25.8095	21.2000
泰顺县	5.8706	5.7415	8.8654
合计	27.2076	31.5510	30.0654

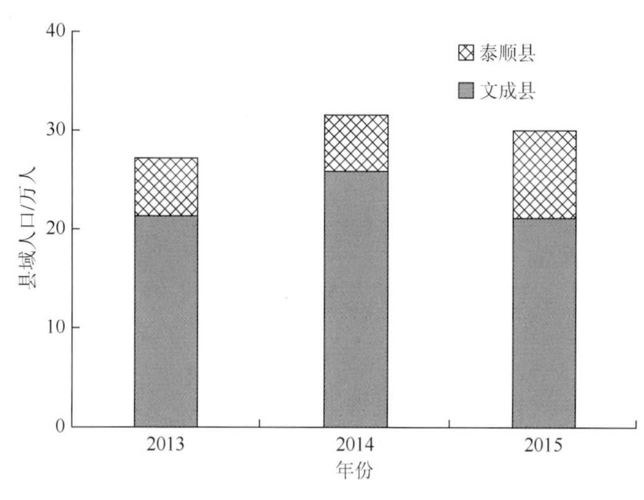

图 4-3　2013～2015 年库区人口变化图

2）库区 GDP

流域涉及泰顺、文成和瑞安“两县一市”，各乡镇经济特征仍以农业经济为主，工业基础较薄弱。

文成县，2015 年实现地区生产总值 71.76 亿元，其中，第一产业增加值 7.18 亿元、第二产业增加值 23.68 亿元、第三产业增加值 40.90 亿元。三次产业结构比例为 10∶33∶57。大力实施全流域景区化战略，重点推进百丈漈、安福寺、刘基故里等重点景区开发提升，2015 年全县接待游客量超过 500 万人次，实现旅游总收入 26 亿元。全力推进农业“两区”建设，集中资源做大做优高效生态农业，累计建成粮食生产功能区 55 个、省（市）现代农业园区 31 个，形成以“文成杨梅、文成贡茶、文成高山蔬菜”为核心的农业区域公用品牌。

泰顺县，2015 年全县生产总值 73.59 亿元，人均地区生产总值 19998 元。全县实现农林牧渔业总产值 10.53 亿元，其中，农业产值 7.68 亿元、林业产值 0.64 亿元、牧业产值 2.14 亿元、渔业产值 0.07 亿元。全年农作物种植面积 1.4887 万 hm^2，其中，粮食种植面积 8100hm^2、油料种植面积 835hm^2、药材种植面积 1348hm^2、蔬菜种植面积 4604hm^2。全年粮食总产量 4.48 万 t，茶叶总产量 3049t，蔬菜产量 7.96 万 t。全县实现工业总产值 41.25 亿元，工业增加值 9.47 亿元。

瑞安市，2015 年全市地区生产总值 720.51 亿元，人均生产总值 58580 元。全市实现农业总产值 34.17 亿元，其中，种植业产值 13.82 亿元，林业产值 0.37 亿元，牧业产值 5.04 亿元，渔业产值 14.39 亿元，农林牧渔服务业产值 0.54 亿元。全市粮食播种面积 24.3 万亩（粮食监测口径），粮食总产量 10.89 万 t。全市工业总产值 1277.9 亿元，其中规模以上工业产值 885.83 亿元。

库区 GDP 主要涉及泰顺县、文成县，它是库区人类一定时期内生产活动的最终成果，也是库区人类生存发展的内在动力。GDP 作为衡量库区经济发展及人类生活水平的一个重要指标，一般而言，数值越大，对珊溪水库水管理的影响也会越大。现阶段库区经济特征仍以农业经济为主，工业基础较薄弱。由表 4-5 及图 4-4 可知，库区流域的 GDP 逐年增长，说明在 GDP 增长的驱动压力下，珊溪水库的水管理是正面的。

表 4-5　2013～2015 年库区 GDP　　（单位：亿元）

县域	2013 年	2014 年	2015 年
文成县	58.6287	64.5204	71.7500
泰顺县	14.7287	15.0950	27.9642
合计	73.3574	79.6154	99.7142

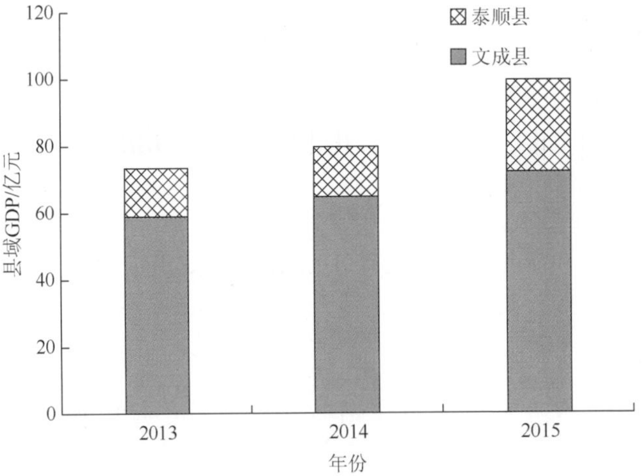

图 4-4　2013～2015 年库区 GDP 变化图

4.2.1.2　压力指标

压力是由驱动力作用而产生的、会对自然资源和环境造成压力的各因素，相比驱动力，这些因素对自然资源和环境状况的影响更为直接。本书选取万元 GDP

用水量、库区污染物负荷及河道内生态需水保证率作为珊溪水库水管理评价的压力指标。

1）万元 GDP 用水量

万元 GDP 用水量由库区总用水量除以总 GDP 得出，它表征库区社会经济发展对水资源消耗的压力，属于负向型指标，即越小越优。由表 4-6 及图 4-5 可知，库区万元 GDP 用水量逐年下降，水资源消耗压力越来越小。

表 4-6 2013～2015 年万元 GDP 用水量 （单位：m^3/万元）

县域	2013 年	2014 年	2015 年
文成县	106.6	89.29	71.93
泰顺县	151.3	141.11	69.12
平均	115.57	99.12	71.14

注：平均数据由库区两县 GDP 加权求得。

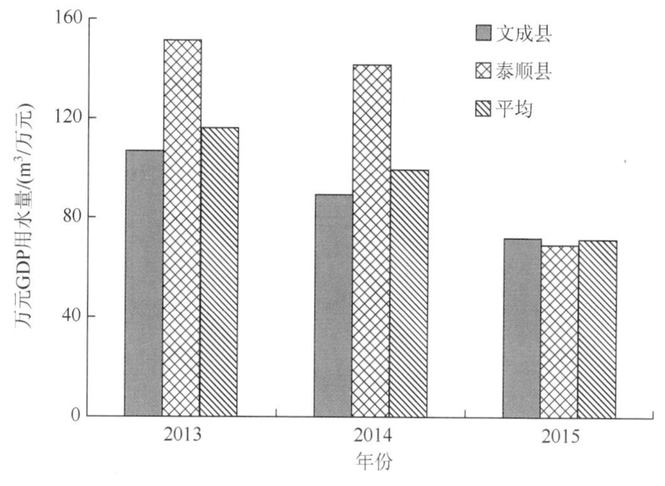

图 4-5 2013～2015 年万元 GDP 用水量变化图

2）库区污染物负荷

水环境容量的核算采用模型试错法，即在水质模型的基础上，调整各排污单元的入河污染物量，直到控制断面水质满足水质目标，此时对应的排污单元的入河污染物即为对应的水环境容量。经计算，珊溪水库各支流的控制断面水质目标和对应的水环境容量见表 4-7。

表 4-7 流域各控制单元环境容量 （单位：t/a）

河流	水质目标	COD	氨氮	总氮	总磷
峃作口溪流域	II	519	60	90	16
黄坦坑流域	II	328	40	70	19

续表

河流	水质目标	COD	氨氮	总氮	总磷
三插溪流域	II	317	43	62	12
洪口溪流域	II	381	59	75	16
莒江溪流域	II	368	53	82	11
里光溪流域	II	1192	172	205	47
玉泉溪流域	II	960.7	107.2	143.9	12.8
泗溪流域	III	2333.3	147.9	173.8	16.8
珊溪坑流域	II	383.3	28.5	44	5.1
李井溪流域	II	47.6	3.2	3.8	0.5
平和溪流域	II	88.2	8.2	9	1.3
九溪流域	II	45.6	2.6	2.9	0.3
桂溪流域	II	53.2	5.9	6.8	2.6
合计	—	7016.9	730.5	968.2	160.4

珊溪水库 COD 的环境容量为 7016.9t/a，氨氮的环境容量为 730.5t/a，总氮的环境容量为 968.2t/a，总磷的环境容量为 160.4t/a，污染物实际入湖量不能超过环境容量的核定值。

库区污染物负荷是人类活动影响水质的主要方式，表征污染物排放的指标，主要指点源或面源的入库总量，属于负向型指标。由表 4-8 及表 4-9 可知，近 3 年库区的点源污染负荷逐年下降，2014 年及 2015 年库区总的面源污染负荷压力相较 2013 年加大，但 2015 年比 2014 年有所降低。

表 4-8　2013～2015 年库区面源污染负荷　（单位：t/a）

县域	污染负荷	2013 年	2014 年	2015 年
文成县	COD 负荷	673.87	725.92	613.20
	TN 负荷	205.45	221.32	186.95
	TP 负荷	18.08	19.48	16.45
泰顺县	COD 负荷	173.93	170.11	256.01
	TN 负荷	53.03	51.86	78.05
	TP 负荷	4.67	4.56	6.87
合计	COD 负荷	847.80	896.03	869.21
	TN 负荷	258.48	273.18	265.00
	TP 负荷	22.75	24.04	23.32

表 4-9 2013～2015 年库区点源污染负荷 （单位：t/a）

县域	污染负荷	2013 年	2014 年	2015 年
文成县	COD 负荷	2676.73	2023.85	1598.32
	TN 负荷	358.70	270.47	213.54
	TP 负荷	36.03	27.24	21.52
泰顺县	COD 负荷	782.86	767.76	752.53
	TN 负荷	104.94	102.91	100.63
	TP 负荷	10.54	10.34	10.13
合计	COD 负荷	3459.59	2791.61	2350.85
	TN 负荷	463.64	373.38	314.17
	TP 负荷	46.57	37.58	31.65

3）河道内生态需水保证率

河道内生态需水指维持河流基本功能（生态、水环境、冲沙等）所需水量，主要包括河道生态基流，河流水生生物需水，维持河流一定稀释净化能力、保持河道水流泥沙冲淤平衡和湖泊湿地生态所需的水量等。河道内生态需水保证率为河道内年生态需水量得到满足的天数与年总天数的比值。

本次计算的河道内生态需水主要指生态基流，生态基流是指维持河流基本形态和基本生态功能的河道内最小流量，由于汛期生态基流多能满足要求，通常生态基流指非汛期生态基流。生态基流计算方法采用 90%保证率法和田纳特（Tennant）法，比较 90%保证率最枯月平均流量和 10%的多年平均天然流量，取二者之间的较大值作为最终生态基流的取值，选取峃口为控制断面。

通过统计 2013～2015 年的水文数据（表 4-10），2013～2015 年珊溪水库流域内生态需水保证率见表 4-11，指标逐年上升。

表 4-10 生态基流成果表

控制断面	年均天然径流量/万 m^3	河道生态基流/(m^3/s)	非汛期
峃口	235456	3.5	11 月至翌年 3 月

表 4-11 2013～2015 年河道内生态需水保证率 （单位：%）

项目	2013 年	2014 年	2015 年
河道内生态需水保证率	95	98	99

4.2.1.3 状态指标

状态是指自然资源或环境系统在压力下所表现出的状态，这里的状态与所评价的目标紧密相关，是所评价目标的直接反映。本书选取入库支流水质、水库水质作为珊溪水库水管理评价的状态指标。

1）入库支流水质

入库支流的水质直接影响库区的水质，库区主要有玉泉溪、九溪、泗溪、双桂溪、渡渎溪、李井溪、珊溪坑、平和溪、黄坦坑、峃作口溪、莒江溪、洪口溪、三插溪、里光溪14条主要支流及飞云江干流。生态环境问题分析以各支流或干流为独立单元，通过对各主要控制单元的监测数据及现场周边实际走访调查分析，各控制单元的环境问题分析见表4-12。

表4-12　珊溪水库干支流环境问题分析表

控制单元	控制范围	现状问题
飞云江干流	文成县飞云江干流，主要乡镇涉及珊溪镇、巨屿镇	该断面水环境功能目标为Ⅱ类，现状水质为Ⅱ类，存在的薄弱环节为区间乡镇的污水管网建设滞后，影响生活污水的收集；生活垃圾的处理不及时，造成生活垃圾污染
泗溪	文成县泗溪小流域，主要乡镇为大峃镇、百丈漈镇	该断面水环境功能目标为Ⅲ类，现状水质为Ⅱ～Ⅲ类，2015年的水质情况满足水功能区要求，但上游地区人口集中，生活污染负荷较大，污水处理压力较大，且乡镇的污水管网建设滞后，沿河生活污染源、农业面源直接入河，影响断面水质
玉泉溪	文成县泗溪小流域，主要乡镇为大峃镇、百丈漈镇	该断面水环境功能目标为Ⅱ类，现状水质为Ⅰ～Ⅱ类，2015年的水质情况满足水功能区要求。影响水功能区水质的因素为上游主要乡镇污水管网建设滞后及城镇污水处理厂的尾水排放
莒江溪	泰顺县莒江溪小流域，主要乡镇为筱村镇	该断面水环境功能目标为Ⅱ类，现状水质为Ⅱ类，2015年的水质较好，存在的薄弱环节主要是区间乡镇的污水管网建设滞后，影响生活污水的收集；生活垃圾未及时处理，造成生活垃圾污染
黄坦坑	文成县黄坦坑小流域，主要乡镇为黄坦镇	该断面水环境功能目标为Ⅱ类，现状水质为Ⅱ～Ⅲ类，该断面水质主要受以下几个方面的影响：一是上游畜禽养殖整治后有效遏制了污染源，但由于早期沉淀的污染物逐步释放，对枯水期的水质有一定影响；二是农村生活污水处理的基础设施还比较薄弱；三是黄坦镇人口密度较大，生活污染负荷较大，污水处理压力较大，同时上游地区之前存在大量的畜禽养殖，虽经大力综合整治，但仍存在少部分反弹的污染源影响断面水质
珊溪坑	文成县珊溪坑小流域，主要乡镇为珊溪镇	该断面水环境功能目标为Ⅱ类，现状水质为Ⅱ类，2015年的水质较好。流域内主要污染源是地表径流，以及上游地区沿河生活污染源、农业面源的污染
九溪	文成县九溪小流域，主要乡镇为公阳乡	该断面水环境功能目标为Ⅱ类，现状水质为Ⅱ类，对2015年的水质情况进行分析，该断面水质较好，流域内主要污染源是地表径流，以及上游地区沿河生活污染源、农业面源的污染
双桂溪	文成县双桂溪小流域，主要乡镇为双桂乡	该断面水环境功能目标为Ⅱ类，现状水质为Ⅱ类，对2015年的水质情况进行分析，水质情况基本满足水功能区要求，但枯水期水质有下降趋势，该断面水质影响的因素主要问题以下几个方面：一是支流为山区性河道，植被类型丰富，在降水汇流初期，大量腐殖质进入河道，影响水质；二是上游地区沿河部分生活污染源、农业面源影响断面水质

的世界环境与发展委员会（WCED）发表了报告《我们共同的未来》。这份报告正式使用了可持续发展的概念，并对之做出了比较系统的阐述，产生了广泛的影响。可持续发展的定义被广泛接受，影响最大的是世界环境与发展委员会在《我们共同的未来》中的定义。该报告中，可持续发展被定义为："能满足当代人的需要，又不对后代人满足其需要的能力构成危害的发展。它包括两个重要概念，需要的概念，尤其是世界各国人们的基本需要，应将此放在特别优先的地位来考虑；限制的概念，技术状况和社会组织对环境满足眼前和将来需要的能力施加的限制。"1997年，中共十五大把可持续发展战略确定为我国"现代化建设中必须实施"的战略。可持续发展的基本内涵包括经济的可持续发展、社会的可持续发展和生态的可持续发展。

经济的可持续发展：是指不仅重视经济数量的增长，更追求质量的改善和效益的提高。经济的可持续发展是条件。

社会的可持续发展：改善人类生活质量，提高人类健康水平，创造一个人人享有平等、自由的社会环境。社会的可持续发展是目的。

生态的可持续发展：包括环境保护和自愿利用两个方面，在发展经济的同时必须保护好生态环境，包括防治环境污染、改善环境质量、保护生物多样性等，特别是保证以持续的方式使用自然资源。生态的可持续发展是基础。

可持续发展就是建立在社会、经济、人口、资源、环境相互协调和共同发展的基础上的一种发展，是实现资源环境可持续性利用和社会经济永续性发展的最佳切入点，能够最大限度地体现着人类的共同利益。其在流域生态补偿方面的应用包括两个方面，一是生态服务的跨区服务的公平，二是生态服务的代际拓展。从代内看，依据可持续发展理论，代内发展要讲求公平，就整个流域而言，流域上游居民保护生态的行为（如限制企业排污等）为下游提供了跨区生态服务（如下游水质改善），在这个过程中流域上游居民付出了牺牲发展机会的代价，本着代内公平的原则，下游地区居民应给予上游居民补偿。从代际看，流域上游保护生态的行为应拓展到后代人，也就是说，当代人的保护行为不仅使同代处于流域下游地区的居民受益，而且还为后代人的生存和发展造福，为了使后代人拥有和当代人同样的生存和发展环境，应采取多种方式和手段对当代人有可能向后代人传递的外部不经济性进行调节（张乐勤，2010）。因此，生态补偿在实现经济可持续发展与社会可持续发展两方面都发挥着重要的作用，是可持续发展理论的必然要求。

5.2.2 流域水生态补偿标准

生态补偿问题由外部性理论引起。生态资本理论和可持续发展理论对于生态价值的确定、资源开发利用状态的延续起到重要的调控作用。为实现水生态环境对经济社会发展的持续促进作用，通过对损害（或保护）水环境的行为进行收费（或补偿），提高该行为的成本（或收益），激励损害（或保护）行为的主体减少（或增加）因其行为带来的外部不经济性（或外部经济性），从而达到保护资源的目的。

水生态补偿标准确定的主要依据：水生态环境的保护、建设、修复等各种行为的实际费用支出；因保护水生态环境而丧失发展机会的居民生活水平和政府财政收入减少的部分；因他人合法使用水生态环境资源而受到的相关损失；因使用水生态环境资源而通过合同约定应当补偿的费用；水生态环境保护和自然资源利用的宣传、教育、科研等的相关投入；因使用绿色节能产品、技术而应给予的扶持、鼓励、奖励等；合法享用水生态环境和利用自然资源应当缴纳的费用。

水生态补偿标准的来源主要有以下 4 类：流域水生态保护者的投入和机会成本损失(一般作为生态补偿的最低标准和理论下限值)；流域水生态受益者的获利；流域水生态破坏的恢复成本；流域水生态系统的服务价值（一般作为生态补偿的参考标准和理论上限值）。

5.2.3 基于生态服务价值的补偿标准——补偿上限

生态服务价值评估本质上是对外溢于传统市场之外的成本和效益的测度，并通过相应的补偿方式将外部性纳入经济行为人的决策之中，从而实现社会不同主体生态友好的行为方式。但就当前的实际情况来看，由于采用的指标、价值的估算尚缺乏统一的标准，且按照现有的计算理论和方法所得出的生态效益计算结果往往偏大，难以为社会所接受。因此，水库水生态补偿主要针对珊溪水库库区及周边生态系统涵养水源、均化洪水、发电、保持水土、净化水质等 6 个方面的生态价值进行补偿，确定补偿标准上限。

5.2.4 基于社会成本投入的补偿标准——补偿下限

5.2.4.1 森林生态系统

研究将天然林保护工程、退耕还林工程、重点生态公益林建设列入生态效益补偿的范畴。

研究根据当前新造林及现有林的森林类型特征，确定森林生态效益补偿标准。影响因素包括营造林的直接投入和保护森林生态功能放弃经济发展的机会成本。

5.2.4.2　农田生态系统

农田生态系统服务价值作为农田生态补偿标准的测算准则之一，目前尚无统一的测算体系和机制。研究从外部性基本理论出发核算农田生态系统补偿标准。

研究以当前支付意愿为基础，在进行农业生态补偿标准测算的过程中，难以考虑载体的变动、时间和风险因素等对补偿标准实施可操控性上的影响，借助功能与经济价值间的对应关系，确定基于农业可持续发展的以农业生态保护成本为依据的补偿标准。

5.2.4.3　水库生态系统

珊溪水库水源地周边居民为保护生态而出让其部分权利，属于受到损害的一方，应得到补偿。

目前，水库生态补偿标准下限的研究方法主要有两种：一是基于支付意愿或受偿意愿；二是从保护生态环境行为的机会成本出发研究生态补偿的标准。研究主要依据第二种方法确定珊溪水库库区生态补偿标准，同时考虑当地经济发展水平。

5.2.4.4　河流生态系统

河流生态补偿标准的核心是既要反映河流水生态价值及其成本投入，又要被河流上、下游接受，实现河流生态功能的恢复或改善。研究中的河流生态补偿标准应由流域上、下游依据流域水环境污染治理投入，以及为保护水质丧失经济发展的损失，通过共同协商后确定。

5.3　水生态价值评估指标

目前，国内外已有不同的水生态服务功能评估指标，但大多根据各自的研究目的和实际需求建立起对应的评估体系，在区域层面具有一定的合理性与科学性。在珊溪水库所在的库区，主要包含河流、水库、农田、森林四大类生态系统，每类生态系统具备不同的水生态服务功能。根据水利枢纽水陆生态系统的特点，价值评估重点关注水源涵养、大气调节、供水、生物多样性维持、调蓄洪涝、发电、净化环境、土壤保育 8 项功能指标。

5.3.1　森林生态系统

珊溪水库库区森林在维持生态平衡方面具有重要功能和作用。库区的森林生态系统不仅为民众生存提供各种原料、产品，还具有净化污染、调节气候、保持水土、涵养水源等多种生态服务价值，对流域及周边区域民众生存和社会活动有所贡献的所有森林生态系统提供的产品和服务统称为森林生态系统服务。

为确保珊溪水库库区的生态平衡，进而保护生物多样性，保护植物种质资源，使植物资源得到永续利用，所以对珊溪水库库区的森林植被进行重点研究。珊溪水库所在流域的森林植被类型主要包括中亚热带常绿阔叶林、中亚热带常绿-落叶阔叶混交林、中亚热带落叶阔叶林、中亚热带针叶林、中亚热带针阔混交林、竹林、灌丛和灌草丛 8 种，其中，中亚热带常绿阔叶林为地带性森林植被类型。珊溪水库库区森林植被现状如图 5-7 所示。

(a)

(b)

图 5-7　珊溪水库库区森林植被

研究借助遥感技术对森林生态系统类型进行划分，综合利用数字化分析技术，评估珊溪水库库区森林生态服务价值，评估内容包括气候调节、营养物质积累、净化环境、提供产品、涵养水源、保育土壤、保护生物多样性、文化旅游、森林防护 9 个方面。

1）气候调节

森林林冠茂密的枝叶可以吸收反射太阳光，削弱太阳辐射，此外，植被的蒸腾作用可增加大气的相对湿度，森林在大气和地表之间调节温度和湿度，形成林内小气候，一般而言，林内气温年较差和日较差均小于无林地，这对于缓解城市热岛效应具有重要作用。此外，森林生态系统还具有固碳释氧的功能。

2）营养物质积累

森林植被在生长过程中不断地从周围环境中吸收氮、磷、钾等营养物质，并储存在体内各器官，这些营养物质一部分通过生物地球化学循环以枯枝落叶形式归还土壤，另一部分以树干淋洗和地表径流的形式流入江河湖泊，还有一部分以林产品的形式输出生态系统，再以不同形式释放到周围环境中。本书中森林生态系统营养物质积累实物量主要通过计算每年树木吸收的营养物质（N、P、K）来体现。

3）净化环境

森林对水化学物质具有物理、化学和生物的吸附、调节和滤贮作用。森林的根系一旦和土壤结合，形成生物凝聚力，则有利于稳定土壤，从而有效防止面蚀和滑坡；此外，森林地被物的存在增加了径流的阻力，减缓了水流的速度，有利于大多数固体颗粒的沉淀。森林对降水和径流中的化学元素也有重要影响。降水中挟带的化学物质经过林冠层的截留与淋溶、地被物和土壤层的作用，在森林生态系统输出水中（地表水和地下水总和）的重量均小于穿透水。雨水流经地被物和土壤层后，不仅系统外输入的有机物被进一步净化，而且系统内淋溶的各类物质也不同程度地被过滤。

4）提供产品

森林通过光合作用将太阳能转化为生物能量，它是生物链中的第一性生产者。森林生态系统通过第一性生产与次级生产，生产了人类所需的有机质及其产品，这对人类社会生存和发展具有重要贡献。

5）涵养水源

森林生态系统通过林冠层、林下灌木和草本层截留，枯落物截持和土壤储蓄，增加了降水到达地面的时间，并将部分降水储存在森林生态系统内部，从而起到延缓洪峰、调节河川径流和补充地下水的作用。研究表明，小流域森林覆盖率每增加 2%，约可以削减洪峰 1%，当流域森林覆盖率达到最大值 100%时，森林削减洪峰的极限值为 40%～50%。

6）保育土壤

森林植被的存在基本上可消除雨滴对表层土的侵蚀，可划分为森林固土和森林保肥两个指标对保育土壤功能进行评估，其对应的效益价值即为减少土地资源损失（固土）效益和保护土壤肥力效益（减少肥料损失）两部分。

7）保护生物多样性

生物多样性是指生物与其所在环境形成的生态复合体，以及与此相关的各种生态过程的总和，其为人类社会生存发展的基础。森林生态系统不仅为各类生物提供繁衍生息的场所，而且还为生物进化及生物多样性的产生与形成提供条件。

8）文化旅游

森林生态系统的文教科研服务功能虽包含许多方面，但通常将文教科研服务价值分解为青少年科普教育和科学研究两方面价值。依据相关研究数据的可获取性，本书中的研究只计算森林生态系统的科学研究价值。

森林的游憩功能是森林的主要生态服务功能之一，是指森林生态系统提供休闲和娱乐场所而产生的价值。

9）森林防护

森林通过降低林缘农田风速、降低地表蒸发、调节空气湿度、抵御和防范自然灾害等作用创造良好的生长条件，促进农作物高产稳产。

5.3.2 农田生态系统

农田生态系统服务是指农田生态系统及其生态经济过程向人类所提供的一系列功能与效益和所维持的人类赖以生存的环境，它是在农田生态系统的自然过程（自然资源禀赋与农业生物互作）和人工活动（人类对原有农田环境的改良，包括良种、化肥、灌溉、机械、农药等外部投入，以提高系统生产力）的双重影响下表现出来的对人类直接和间接的效应。

目前，还没有成熟的农田生态系统服务功能评价框架和完善的评价指标体系。农田生态系统能为人类提供诸如生产产品、保障社会、保持土壤、调节气候、净化大气、循环养分和观光体验等服务功能。本书根据有效数据，结合珊溪水库农田生态系统的实际情况，将水库农田生态系统服务功能收益价值界定为提供产品、蓄水功能、保持土壤、净化大气、循环养分、调节大气成分等价值。

研究重点评估珊溪水库库区农田生态系统的价值。第一，农田生态系统最主要的目的是进行农产品生产，满足人类社会生存和发展的需要，因此其提供农产品的功能相当重要。第二，农田生态系统是半人工半自然的生态系统，人类管理活动对农田生态系统服务功能造成巨大损害，如水体富营养化与温室效应。第三，农田生态系统同样带来巨大的环境效益，如水体净化、蓄涵水源。第四，近年来，农田生态旅游日益火爆，农田生态系统可以为人们提供旅游观光、休闲娱乐等服务。

珊溪水库库区农田生态系统服务功能主要包括生产产品、调节大气成分、净化环境、土壤保持、农业观光游憩、维持养分循环、蓄水功能、维持生物多样性、维持文化多样性 9 项功能。考虑到库区农作物种植类型，结合区域农田发展规划，本书主要对水稻田的生态服务功能进行评估。

1）生产产品

本书界定的农田生态系统包括粮食作物（水稻）、经济作物（大豆、棉花、花生等）、蔬菜、瓜类、各种果园的生产经营，以农业增加值表示珊溪水库库区农田在一定时期内给人类提供的农产品服务价值。

2）调节大气成分

农田生态系统具有气温、湿度、降水、蒸发等方面的调节功能及价值。农田生态系统绿色植物通过光合作用，吸收 CO_2 释放出 O_2，发挥生态效益。本书考虑了农田生态系统各类作物在生长期间所提供的调节大气成分功能，收获物中碳进入各种生态系统转化中的汇效应或源效应不在考虑范围之内。

3）净化环境

农业，特别是种植业，具有降解污染物和清洁环境的显著效应。许多农田植物能吸收空气中的有害气体并分解，如水稻能吸收大气中的 SO_2、NO_2。农田还具有很强的消解畜禽废弃物的功能。

农田减轻土壤侵蚀的同时也截留了土壤中的 N、P 等营养物质，以及泥沙向水体的输移，减缓了水体的富营养化进程及泥沙淤积量。

4）土壤保持

珊溪水库农田土壤有机物质积累主要指农田生态系统保持土壤肥力、积累有机质的功能价值。本书采用土壤有机质持留法对农田生态系统保持的有机质物质量进行量化，而后运用机会成本法将农田系统土壤有机质持留量价值化，从而评价农田生态系统保持土壤肥力、积累有机质的价值。

5）农业观光游憩

珊溪水库农业观光游憩价值主要指各种农业景观的生态旅游效益。结合珊溪水库所在流域的瑞安美丽田园一日游（玉女谷休闲农庄—神洲农家乐园—雅林现代农业园）、文成生态农庄二日游（天顶湖生态农庄—月老山怡情农庄—仙人居生态农庄—左右逢源生态农庄—丰农现代农业观光园）、泰顺云山秀水休闲二日游（司前山里人家农业园—百丈文荟观光园—凤垟云海农庄）等活动，采用旅行费用法将游客前往各农田景观时支付的费用（交通费、食宿费、娱乐费等）作为农田观光游憩的旅游价值。

6）维持养分循环

珊溪水库农田维持养分循环价值主要指农田生态系统保持营养物质的效益。农田对营养物质循环保持的价值主要体现在保持土壤肥力方面。通过对农田土壤肥力的研究，历年土壤肥力变化非常小。保持土壤肥力的价值实质上是每年农田的净经济效益，即农田减少氮磷钾有机质等流失所带来的经济效益，利用影子价格法进行计算。

7）蓄水功能

水文调节是农田生态系统重要的生态服务功能，宏观层面主要体现在借助人类耕作和水肥管理，依托植物-土壤的交互作用，实现对旱灾或洪涝灾害的有效调节。农田生态系统涵养水源指农田生态系统土壤可持留的水分量。由于目前对珊溪水库库区农田水量调节研究较少，而且流域尺度水量调节功能计算仅靠在局部地区的定点实验数据作用有限，因此农田蓄水功能的参数主要借助相关研究成果确定。

8）维持生物多样性

珊溪水库农田生态系统生物多样性维持主要指农田生态系统维持生物多样性的功能及价值。农田生态系统中各种生境类型的存在为栖息的野生动物提供了庇护所和栖息地。多样性的作物结构可以为各类有益生物提供栖息地，直接表现就是通过传粉播种和防止病虫草害，对农业生产力起到稳定或提高的作用。

9）维持文化多样性

珊溪水库农田生态系统采用不同的耕作方式，由此形成教育、美学等知识系统并具备相应的价值。景观视觉美学评价是分析景观视觉特征及其空间格局和对人类的审美重要性的系统过程，并提出一个与景观可视美学指标相联系的等级框架。通常的研究采用管护水平、干扰性、复杂度、尺度 4 个景观可视美学概念和指标衡量农田生态系统文化多样性。

5.3.3 水库生态系统

水库是一种半人工半自然水体，兴建水库是人类调节自然水资源在时间和空间上分布的主要手段。水库作为半自然半人工水体，为人类提供了饮水、发电、灌溉农田、净化环境及维护生物多样性等各类服务功能，但在水库、水电站的建设过程中，也对生态系统造成了一些负面影响，如泥沙淤积、水土流失等。对水库生态系统服务功能进行评估有助于人们全面地认识水库水资源的价值，有助于决策者寻求合理的水库水资源的配置和管理办法，其也是制定流域水生态补偿等管理办法的重要依据。

通过对珊溪水库生产、生态、信息功能的全面分析，明确了水库在功能运用上除具有传统的供水、防洪等功能外，还可以更多地为周边提供生态系统服务。通过对珊溪水库水生态产品的提供、区域小气候的调节、生物多样性的保障以及旅游景观建设的投入的研究，核算出珊溪水库生态系统服务功能的价值。综合考虑珊溪水库的生态系统结构特征、数据的可得性及评价方法的适用性，并结合实际调查研究，将水库生态系统服务功能划分为生产与供给、环境调节和休闲娱乐三大类进行研究。珊溪水库现状如图 5-8 所示。

综合考虑珊溪水库库区生态系统结构特征、数据的可得性及评价方法的适用性，并结合实际调查数据，将珊溪水库库区生态系统服务功能划分为生产与供给、环境调节和休闲娱乐三大类（9 个子功能）。其中，生产服务功能包括产品供给、供水、发电 3 个子功能；环境调节功能包括涵养水源、调蓄洪水、净化水质、调节气候及维护生物多样性 5 个子功能；休闲娱乐功能主要指旅游休闲功能。

(a)

(b)

图 5-8 珊溪水库现状

1）产品供给

珊溪水库生态系统通过初级生产和次级生产，生产了丰富的水生植物和水生动物产品，为人类生存需要提供了物质保障，包括初级生产的原材料及畜牧养殖业的饲料、优质的碳水化合物和蛋白质。

2）供水

珊溪水库水资源量丰富，担负着周边地市工农业生产及生活用水供应的任务。珊溪水库为温州市城镇居民饮水、工业用水、农业灌溉，以及城市生态与环境用水等提供了保证。

3）发电

珊溪水库坝址因地势地貌的落差产生并储蓄了丰富的势能，水力发电是该功能的有效转换形式。库区大型及小型发电型水库的兴建，为温州市提供了大量电能资源。

4）涵养水源

珊溪水库具有囤蓄洪水的功能，其使温州市少受洪水之灾。囤蓄洪水后，改变了降水的时空分布，让人们享受灌溉之利，促进农田生态系统功能更好的发挥。同时，囤蓄洪水促进了降水资源向地下水转化。

5）调蓄洪水

珊溪水库在旱季可以调节旱情，在汛期可以均化洪水。

6）净化水质

珊溪水库具有屏障和过滤器作用，可以减少水体污染和沉积物转移。珊溪水库生态系统在一定程度上能够通过自然稀释、扩散、氧化等一系列物理和生物化学反应来净化由径流带入水库的污染物和沉积物。珊溪水库通过减缓地表水流速，使水中的泥沙得以沉降，并使径流中的各种有机的和无机的溶解物和悬浮物被截留。

7）调节气候

珊溪水库对气温、云量和降水进行调节，在一定尺度上影响局部气候。水库筑坝形成的大型人工湖改善了局部小气候环境，有利于水库周围区域农业的发展。

8）维护生物多样性

珊溪水库作为栖息地为生物群落提供了生命所必需的水体、食物、庇护所等生存条件，使之能够正常的生活、生长、觅食、繁殖，以及进行生命的循环。水库生态系统中的沿岸带、消落区、溪流区、敞水区等多种多样的生境不仅为各类生物物种提供了繁衍生息的场所，还为生物多样性的产生与形成提供了条件，为天然优良物种的种质保护及其经济性状的改良提供了基因库。另外，珊溪水库还是水生生物繁衍的场所，一些特定的生境是许多鱼类等水生动物的产卵场。

9）旅游休闲

珊溪水库拥有丰富的水土资源、旅游资源。库区滩地成为郁郁葱葱的绿化带；当地独具特色的民族文化及民风民俗对温州市等浙江大中城市的人们具有强烈的吸引力；便利的交通为开发旅游业提供了便利条件。珊溪水库与百丈漈、刘伯温故里、安福寺、铜铃山等景区景观相互映衬，为库区带来直接的社会效益和经济收益。大力开发以赏景、垂钓、观鸟、民俗风情游、休假疗养等为主题的休闲娱乐服务功能，将使珊溪水库成为众多旅游爱好者，尤其是生态旅游爱好者的新宠，成为区域性的旅游活动中心。

5.3.4 河流生态系统

河流生态系统是指河流内生物群落和河流环境相互作用的统一体，属于水体生态系统的一个重要类型，具有鲜明的组成特征和独特的结构特征。河流生态系统服务功能是指人类直接或间接从河流生态系统功能中获取的利益。根据河流生态系统的组成特点、结构特征和生态过程，珊溪水库库区河流生态系统的服务功能主要体现在供水、发电、水产养殖、水生生物栖息、纳污、降解污染物、调节气候、防洪泄洪、输沙、景观、文化等多个方面。珊溪水库库区河流现状如图 5-9 所示。

根据珊溪水库库区河流生态系统提供服务的类型和效用，借鉴国内外相关研究成果，将河流生态系统服务功能划分为河流生态系统产品和河流生态系统服务两方面，包括 15 项功能（图 5-10）。河流生态系统产品的经济价值可通过直接市场法进行核算，河流生态系统服务的经济价值则需通过替代市场法或模拟市场法进行核算。

根据目前研究的实际情况和基础数据资料的可收集性，本书仅对河流生态系统产品中的供水、水产品生产、水力发电、休闲娱乐和河流生态系统服务中的调蓄洪水、河流输沙、蓄积水分、净化环境、生物多样性维持共 9 项功能进行评价。

(a)

(b)

图 5-9 珊溪水库库区河流

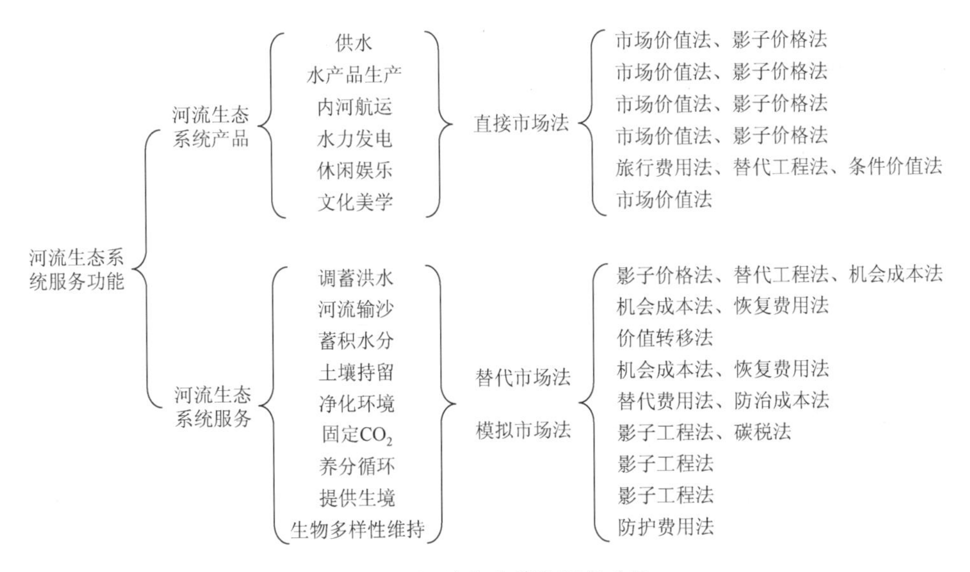

图 5-10 河流生态系统服务功能

根据目前对珊溪水库研究的实际情况，结合库区水量、水质、水生态基础数据资料可获取性及准确性、有效性，本书仅对河流生态系统产品中的供水、水产品生产、水力发电、休闲娱乐 4 项功能；河流生态系统服务中的调蓄洪水、河流输沙、蓄积水分、净化环境、生物多样性维持 5 项功能进行评价。

5.4 水生态价值评估方法

生态服务价值的合理测算是确定生态补偿标准限值的前提。生态系统及其服务功能的特征尺度决定了生态补偿问题的空间尺度。本书的研究以流域水生态服务价值种类及计算方法为依据，在综合比较多种计算方法适用范围和计算成果可靠性的基础上，结合珊溪水库库区景观特性，给出流域水生态价值评估方法。

生态系统的服务功能指生态系统在生态产品形成过程中所形成及所维持的人类赖以生存的自然环境条件与效用。劳动价值论、效用价值论、能量价值论、能值价值论、服务价值论、补偿价值论等理论知识的发展及广泛应用，为生态服务价值的计算提供了依据。本书的研究针对不同的评估目的、库区发展状况及流域生态恢复目标，通常采用静态价值评估法（市场价值法、费用支出法、影子工程法、费用分析法、旅行费用法、条件价值法）和动态价值评估法（预测性评估、回顾性评估）进行生态服务价值评估。

当前对生态服务价值的计算一般根据生态服务的类型和属性，采用相应的经济核算方法，实现其内在价值的外部性显现（表 5-3）。对生态系统服务进行价值评估，首先应将复杂系统分解为满足经济社会需求意愿的几种生态服务或产品。流域的生态服务价值主要包括直接价值和间接价值两类，直接价值主要包括物质生产价值、供水及水源涵养价值、科研文化价值、休闲旅游价值，通常采用市场价值法、资产价值法、旅行费用法等对其进行价值量化；间接价值主要包括水土流失防护、气候调节、环境污染防护、水文调节价值等，通常采用影子工程法、固碳价值法、生态价值法进行价值测算。其次，针对流域生态服务价值的分类，采用系统的价值核算方法进行生态服务价值的计算。研究中对于生态价值的核算，借鉴国内外成功的实践经验，主要对当前普遍采用的市场价值法、影子工程法（替代费用法）、旅行费用法、资产价值法、费用分析法和替代花费法等方法的计算特点进行阐述。

表 5-3　生态服务价值核算方法

<table>
<tr><th>流域生态服务价值</th><th>服务类别</th><th>服务项目</th><th colspan="2">功能指标</th><th>评估方法</th></tr>
<tr><td rowspan="11">直接价值</td><td rowspan="11">供给</td><td rowspan="5">物质生产</td><td rowspan="2">农业</td><td>农副产品</td><td rowspan="5">市场价值法</td></tr>
<tr><td>水产品</td></tr>
<tr><td>林果业</td><td>林副产品</td></tr>
<tr><td rowspan="2">畜牧业</td><td>牲畜</td></tr>
<tr><td>农副产品</td></tr>
<tr><td rowspan="6">供水及水源涵养</td><td rowspan="2">供水</td><td>供水</td><td rowspan="6">资产价值法、影子工程法</td></tr>
<tr><td>水力发电</td></tr>
<tr><td rowspan="4">水源涵养</td><td>拦蓄降水</td></tr>
<tr><td>增加地表有效水</td></tr>
<tr><td>改善水质</td></tr>
<tr><td>削减洪水</td></tr>
</table>

续表

<table>
<tr><th>流域生态服务价值</th><th>服务类别</th><th>服务项目</th><th colspan="2">功能指标</th><th>评估方法</th></tr>
<tr><td rowspan="4">直接价值</td><td rowspan="4">文化</td><td>休闲旅游</td><td colspan="2">旅游收入</td><td>旅行费用法</td></tr>
<tr><td rowspan="3">科研文化</td><td rowspan="2">科学研究</td><td>学习培训</td><td rowspan="3">费用支出法</td></tr>
<tr><td>参观宣传</td></tr>
<tr><td colspan="2">文化娱乐</td></tr>
<tr><td rowspan="15">间接价值</td><td rowspan="2">支持</td><td rowspan="2">生物栖息</td><td rowspan="2">生物多样性</td><td>物种保护</td><td rowspan="2">旅行费用法</td></tr>
<tr><td>生态系统保护</td></tr>
<tr><td rowspan="13">调节</td><td rowspan="4">水土流失防护</td><td colspan="2">改善土壤条件</td><td rowspan="4">资产价值法</td></tr>
<tr><td colspan="2">减少土地损失</td></tr>
<tr><td colspan="2">改善土壤养分</td></tr>
<tr><td colspan="2">减少肥力损失</td></tr>
<tr><td rowspan="5">环境污染防护</td><td>环境保护</td><td>减少垃圾/污水</td><td rowspan="5">生态价值法</td></tr>
<tr><td rowspan="4">净化环境</td><td>吸收污染物</td></tr>
<tr><td>阻滞降尘</td></tr>
<tr><td>杀灭细菌</td></tr>
<tr><td>降低噪声</td></tr>
<tr><td rowspan="2">气候调节</td><td colspan="2">固碳制氧</td><td rowspan="2">固碳价值法</td></tr>
<tr><td colspan="2">转化太阳能</td></tr>
<tr><td rowspan="2">水文调节</td><td colspan="2">河流输沙</td><td rowspan="2">影子工程法</td></tr>
<tr><td colspan="2">水利工程</td></tr>
</table>

1）市场价值法

市场价值法（marketing value method）又称生产率法，指利用因环境质量变化引起的区域产值或利润变化来计量环境质量变化对应的经济效益或损失。该方法将流域生态环境看成生产要素，用获得生态产品的市场价格来计算环境质量变化导致的生态保护效益和投入成本的变化，从而估算生态环境保护（破坏）所带来的经济效益（损失）。市场价值法主要用于生态系统物质产品价值的评估、动物栖息地及生物多样性保护价值的核算。当前，针对生态产品的种类及价值计算方法上的差异性，市场价值法主要有直接市场价值法和间接市场价值法两种。直接市场价值法是从生产者的角度出发，以开发、保护、经营流域内的各种生态资源所投入的人力、物力和劳务的总和作为流域生态系统的服务价值，是生产性评估类别的一种主要方法。当生态环境发生变化时，虽不会对实物性质的商品和劳务输出量产生影响，但却会间接影响商品的替代物或劳务消费品的市场价值，此时，可运用间接市场价值法估算生态环境条件变化导致的价值或效益变化。

市场价值法相对简单，但市场价格的选取对评价结果的影响较大：平均价格能够容易地反映生态产品的“真实价格”，但忽略了有效市场假设的前提；选用研究期内当日市场价格，利于对生态产品的价值进行精确估算，但难以反映市场价值的长期波动性。

2）影子工程法

影子工程法（shadow project method）又称替代工程法。为估算某个不可能直接得到损失结果的项目，假设采用某项实际效果相近但实际上并未进行的工程，以该工程建造成本替代待评估项目的经济损失。影子工程法通常用于计算经济价值难以直接估算的森林涵养水源、防止水土流失的生态价值。其计算依据为

$$V = f(x_1, x_2, \cdots, x_n) \tag{5-1}$$

式中，V 为需要评估的生态功能价值；$x_1, x_2, \cdots, x_n$ 为替代工程的成本投入。

影子工程法将难以量化的生态价值转化为可计算的经济价值，实现生态内在价值的外部性显现。但由于替代工程的非唯一性、替代工程与原生态系统功能效用的异质性，造成影子工程法的计算结果在生态价值评估中存在一定偏差。影子工程法用恢复被破坏的生态功能费用表示该功能的价值：如果这种恢复行为发生，则该费用小于需恢复的生态功能价值，将费用作为环境影响价值的最低估值；如果这种恢复行为不发生，则该费用可能大于或小于需恢复的生态功能价值。

3）旅行费用法

旅行费用法（travel cost method）是西方国家最流行的森林游憩价值评估方法，它以“游憩商品”的消费者剩余作为游憩区的经济价值。该方法作为一种评价无价格商品价值的方法，通过计算生态补偿后，环境质量改善给旅游场带来效益上的增加，间接估算生态补偿造成的经济收益。

旅行费用法通过人们的旅游消费行为来对非市场环境产品或服务进行价值评估，并把生态环境服务的直接费用与消费者剩余之和作为生态产品的价格，该价格在一定程度上反映了消费者对旅游景点的支付意愿。当前，游客旅行实际总支出费用的数额的计算方法为

$$V_t = C_p + S_c + V_s + V_o = (C_t + E_t + C_b) + S_c + (T_t \times C_o) + (C_f + C_g) \tag{5-2}$$

式中，V_t 为旅游价值；C_p 为游客旅行费用支出；S_c 为消费者剩余；V_s 为时间花费价值；V_o 为其他费用；C_t 为交通费用；E_t 为门票及服务费用；C_b 为食宿费用；

T_t 为游客旅行总小时数；C_o 为游客每小时的机会工资；C_f 为摄影费用；C_g 为购物费用。

旅行费用法以效用价值论和消费者剩余理论为基础，从消费者角度出发，以游客为获得区域的生态景观服务功能，实际支出的各种费用作为生态的景观价值。旅行费用法的核心是确定消费者剩余，即净支愿支付。旅行费用法主要借助游客对户外娱乐活动的支出，间接评价旅游景点的生态价值。

4）资产价值法

资产价值法（method of assets value）是根据人们对生态服务价值的支付愿望，利用市场价格间接地反映人们对生态服务产品的需求变化过程，并计算出因流域水生态保护（破坏）导致的生态增益（损益）的变化量。资产价值法在评估流域生态环境的一个因素变化对生态服务价值造成的影响时，通常将影响生态服务价值的其他因素作为不变量，采用环境质量变化引起资产价值的变化额来估计环境保护（污染）所造成的经济增加（损失）量。

5）费用分析法

生态系统的变化最终会影响到费用的改变。人类为了更好地生存，对生态系统的退化不会不闻不问，而且还会采取必要的措施以应付生态系统的变化，而这些实际行动都要花费一定的费用，因此，可通过计算这些费用的变化来间接推测生态系统服务功能的价值。费用分析法根据实际情况的不同，可分为防护费用法和恢复费用法两类。

（1）防护费用法。防护费用是指人们为了消除或减少生态系统退化的影响，而愿意承担的费用。

（2）恢复费用法。生态系统受到破坏后会给人们的生产、生活和健康造成损害，为了消除这种损害，最直接的办法就是采取措施将破坏了的生态系统恢复到原来的状况，恢复措施所需的费用即为该生态系统的价值，这种方法称为恢复费用法。

6）替代花费法

某些环境效益和服务虽然没有直接的市场可买卖交易，但具有这些效益或服务的替代品的市场和价格，通过估算替代品的花费而代替某些环境效益或服务的价值称为替代花费法。它是以使用技术手段获得与生态系统功能相同的结果所需的生产费用为依据的。

5.4.1 森林生态系统

珊溪水库库区森林生态系统具有供给、调节、文化和支持服务 4 种服务功能，由此衍生出的评估指标体系及方法见表 5-4。

表 5-4　珊溪水库森林生态系统服务功能价值评估计算方法

服务类别	服务项目	功能指标	评估方法	计算方法
供给	水源涵养	调节水量	替代工程法	蓄积水量×用水价格
		净化水质	替代工程法	蓄积水量×净化费用
	提供产品	物质产品生产	市场价值法	物质产品量×市场价值
调节	保育土壤	固土	影子工程法	流失量单位蓄水量水库造价成本
		保肥	影子价格法	N、P、K 等养分流失量×化肥价格
	大气调节	固定 CO_2	市场价值法/影子价格法	CO_2 固定量×固碳价格或造林成本
		释放 O_2	市场价值法/影子价格法	O_2 释放量×工业制氧价格或造林成本
	净化大气环境	吸收污染气体	费用分析法	吸收污染气体量×去除单位污染气体的成本
		滞尘	费用分析法	滞尘量×消减单位粉尘的成本
支持	营养积累	林木持留养分	影子价格法	林分持留 N、P、K 量×化肥价格
	生物多样性维持	物种保育	费用分析法	香农-维纳指数、濒危指数及特有种指数计算
	森林防护	森林防护	费用分析法	森林面积×单位面积森林的各项防护成本
文化	文化旅游	科研服务	文献评估	文献论文数量×文献价值
		森林游憩	旅行费用法	旅游收入

5.4.1.1　水源涵养

森林涵养水源指通过林冠、地被物及土壤截留降水、缓和地表径流、增强下渗、削减洪峰等调整森林水量的“时空”分布格局。公益林通过林冠截留、枯枝落叶层截持、林地土壤对水分调节 3 个过程发挥生态防护效能。

1）生态效益计算上限

根据水库工程的蓄水成本来确定调节水量价值。其计算公式为

$$V_{\mathrm{d}}=10\times C_{\mathrm{R}}\times S\times(P-E) \tag{5-3}$$

式中，V_{d} 为森林调节水量价值（元/a）；C_{R} 为珊溪水库的库容造价（元/m^3）；S 为珊溪水库库区森林面积（hm^2）；P 为珊溪水库库区林外降水量（mm）；E 为珊溪水库库区森林蒸发量（mm）。

净化水质价值的计算公式为

$$V_{\mathrm{q}}=10\times M_{\mathrm{w}}\times S\times(P-E) \tag{5-4}$$

式中，V_{q} 为珊溪水库库区森林年净化水质价值（元/a）；M_{w} 为温州居民、工业用水的平均价格（元/t）；S 为珊溪水库库区森林面积（hm^2）；P 为珊溪水库库区林外年降水量（mm）；E 为珊溪水库库区森林年蒸发量（mm）。

2）生态效益计算下限

本书利用有林地和无林地蓄水能力的差异情况，对珊溪水库库区公益林调蓄水功能进行评价，以调蓄水量衡量公益林净水能力。综合蓄水能力法，即综合考虑林冠层、枯枝落叶层和土壤层对降水的截留和储存，该方法能较为全面地反映森林的水源涵养功能，计算公式如下：

$$w = \sum \left(C_i + L_i + S_i \right) \times A_i \tag{5-5}$$

式中，w 为森林调节水量（t）；A_i 为不同森林类型面积（hm^2）；C_i 为不同森林类型林冠截留量（t/hm^2）；L_i 为森林枯枝落叶层的饱和持水量（t/hm^2）；S_i 为森林土壤蓄水量（t/hm^2）。

对公益林涵养水源效益采用《森林生态系统服务功能评估规范》（lY/T1721—2008）中的影子工程法进行计算。公益林涵养水源的功能价值主要从调水效益和改良水质效益两方面进行测算，其计算公式为

$$V_w = w \times (P_1 + P_2) \tag{5-6}$$

式中，V_w 为公益林涵养水源价值（元）；w 为公益林调蓄水量（m^3）；P_1 为调蓄水效益影子价格（6.11 元/m^3）；P_2 为净水效益影子价格（2.65 元/m^3）。

5.4.1.2　提供产品

森林生态系统服务功能的直接经济价值主要是林产品、林副产品，包括木材、药材、水（干）果、笋竹等方面的产品。采用市场价值法按照式（5-7）进行计算：

$$V_p = \sum S_i \times V_i \times P_i \tag{5-7}$$

式中，V_p 为森林生态系统提供产品总价值（元）；S_i 为第 i 种森林类型或果品的分布面积（hm^2）；V_i 为第 i 种森林类型单位面积净生长量或产量（m^3/hm^2）；P_i 为第 i 种森林类型木材或果品的市场价格（元/m^3）；i 表示不同的森林类型。

5.4.1.3　保育土壤

珊溪水库库区森林固土保肥和改良土壤效益的评价，从森林固土效益、森林保肥效益和森林改良土壤效益 3 个方面进行衡量。森林固土能力用特定面积的森林固土量来表示；森林固土量通过该面积森林减少同等面积的无林地土壤侵蚀的量来衡量，计算公式为

$$D_i = A_i \times (S_w - S_i) \tag{5-8}$$

式中，D_i 为林型 i 的固土量（t/a）；A_i 为不同森林类型面积（hm^2）；S_w 为无林地土壤侵蚀模数[$t/(hm^2 \cdot a)$]；S_i 为林型 i 林地土壤侵蚀模数[$t/(hm^2 \cdot a)$]。

珊溪水库库区森林固土的生态效益为

$$V_g = D_i \times \frac{C_r}{\rho_i} = A_i \times (S_w - S_i) \times \frac{C_r}{\rho_i} \tag{5-9}$$

式中，V_g 为森林的年固土价值（元/a）；D_i 为林型 i 的固土量（t/a）；C_r 为水库库容造价（元/m^3）；ρ_i 为泥沙的平均密度（t/m^3）。

本书以等价于森林固定土壤中纯 N、P、K 量的碳酸氢铵、过磷酸钙和硫酸钾的货币化价值计量森林保肥效益，其计算公式为

$$V_s = K_n \times \sum \frac{D_i}{\rho_i} + \sum D_i \times \left(N_s \times \frac{C_1}{R_1} + P_s \times \frac{C_2}{R_2} + K_s \times \frac{C_3}{R_3} + m \times C_3 \right) \tag{5-10}$$

式中，V_s 为森林每年保育土壤的价值（元/a）；K_n 为挖掘泥沙的费用（12.6 元/m^3）；ρ_i 为林型 i 的土壤容重（t/m^3）；N_s、P_s、K_s 分别为森林土壤中氮、磷、钾含量（%）；m 为森林土壤中有机质含量（%）；R_1 为磷酸氢二铵含氮量（%）；R_2 为磷酸氢二铵含磷量（%）；R_3 为氯化钾含钾量（%）；C_1 为市场上磷酸氢二铵平均价格（2400 元/t）；C_2 为氯化钾平均价格（2200 元/t）；C_3 为有机质平均价格（320 元/t）。

5.4.1.4 大气调节

珊溪水库库区周边植被的纳碳吐氧作用能有效地增加大气中游离态氧离子含量，改善空气环境质量，易于民众安居乐业。本书的研究主要依据市场价值法，对库区森林固碳释氧的经济价值进行估算：

$$V_{air} = V_c + V_o = \sum Q_{c(i)} \times P_c + \sum Q_{0(i)} \times P_0 \tag{5-11}$$

式中，V_{air} 为森林固碳释氧总价值（元/a）；V_c 为森林固碳总价值（元/a）；V_o 为森林释氧总价值（元/a）；$Q_{c(i)}$为第 i 类林木的碳固定量（t/a）；$Q_{0(i)}$为第 i 类林木的氧气释放量（t/a）；P_c 为碳固定量的单位价值（元/t）；P_0 为氧气释放量的单位价值（元/t）。

研究表明，植物每生产 162g 干物质可固定 264gCO_2，并释放出 193gO_2，即植物每生产 1g 的干物质需要吸收 1.63g 的 CO_2，并释放 1.19g 的 O_2。鉴于此，本书依据物料平衡法进行固碳、释氧量的计算：

$$\begin{cases} Q_c = 1.6123 \times B_i \\ Q_o = 1.1724 \times B_i \end{cases} \tag{5-12}$$

式中，Q_c 为森林固碳量（t/a）；Q_o 为森林释氧量（t/a）；B_i 为森林年净生长生物量（t/a）。

5.4.1.5 净化大气环境

森林净化大气环境的生态效益主要从吸收污染气体、滞尘、提供负离子价值 3 个方面进行计算。

（1）吸收二氧化硫生态价值计算公式：

$$U_{SO_2,i}=K_{SO_2}\times Q_{SO_2,i}\times A_i \tag{5-13}$$

式中，$U_{SO_2,i}$ 为 i 类森林植被每年吸收 SO_2 的价值（元/a）；K_{SO_2} 为治理 SO_2 污染的费用（元/kg）；$Q_{SO_2,i}$ 为单位面积森林每年吸收 SO_2 的量[kg/(hm²·a)]；A_i 为 i 类森林面积（hm^2）。

（2）吸收氟化物生态价值计算公式：

$$U_{HF,i}=K_{HF}\times Q_{HF,i}\times A_i \tag{5-14}$$

式中，$U_{HF,i}$ 为 i 类森林植被每年吸收氟化物的价值（元/a）；K_{HF} 为治理氟化物污染的费用（元/kg）；$Q_{HF,i}$ 为单位面积森林每年吸收氟化物的量[$kg/(hm^2 \cdot a)$]；A_i 为 i 类森林面积（hm^2）。

（3）吸收氮氧化物生态价值计算公式：

$$U_{NO,i}=K_{NO}\times Q_{NO,i}\times A_i \tag{5-15}$$

式中，$U_{NO,i}$ 为 i 类森林植被每年吸收氮氧化物的价值（元/a）；K_{NO} 为治理氮氧化物污染的费用（元/kg）；$Q_{NO,i}$ 为单位面积森林每年吸收氮氧化物的量[$kg/(hm^2 \cdot a)$]；A_i 为 i 类森林面积（hm^2）。

（4）滞尘生态价值计算公式：

$$U_{S,i}=K_S\times Q_{S,i}\times A_i \tag{5-16}$$

式中，$U_{S,i}$ 为 i 类森林植被每年阻滞降尘的价值（元/a）；K_S 为清理降尘费用（元/kg）；$Q_{S,i}$ 为单位面积森林的年滞尘量[$kg/(hm^2 \cdot a)$]；A_i 为 i 类森林面积（hm^2）。

（5）提供负离子生态价值计算公式：

$$U_f=5.256\times 10^{15}\times\sum\left[A_i\times H_i\times K_m\times\frac{(Q_m-600)}{L_m}\right] \tag{5-17}$$

式中，U_f 为森林每年提供的负离子价值（元/a）；A_i 为 i 类森林面积（hm^2）；H_i 为林型 i 高度（m）；K_m 为负离子的价值（元/个）；Q_m 为负离子的浓度（个/cm^3）；L_m 为负离子的寿命（min）。

5.4.1.6　营养积累

珊溪水库库区森林植被不断从环境中吸收各种营养物质，并储存在自身器官内，研究选取林木营养积累（氮、磷、钾）指标来反映此项功能。其计算公式为

$$V_m=\sum A_i\times B_i\times\left(N_s\times\frac{C_1}{R_1}+P_s\times\frac{C_2}{R_2}+K_s\times\frac{C_3}{R_3}\right) \tag{5-18}$$

式中，V_m 为森林植被年积累营养物质价值（元/a）；A_i 为 i 类型的森林面积（hm^2）；B_i 为 i 类型森林植被的年净生产力[$t/(hm^2 \cdot a)$]；N_s、P_s、K_s 分别为森林土壤中氮、磷、钾含量（%）；R_1 为磷酸氢二铵含氮量（%）；R_2 为磷酸氢二铵含磷量（%）；

R_3为氯化钾含钾量（%）；C_1为市场上磷酸氢二铵平均价格（2400 元/t）；C_2为氯化钾平均价格（2200 元/t）；C_3为有机质平均价格（320 元/t）。

5.4.1.7 生物多样性维持

珊溪水库库区森林生态系统的年保护生物多样性价值计算公式为

$$U_{\mathrm{b}} = \sum (S_{\mathrm{b}i} \times A_i) \tag{5-19}$$

式中，U_{b}为森林年保护生物多样性价值（元）；$S_{\mathrm{b}i}$为单位面积森林年保护物种资源价值（元/hm^2）；A_i为i植被类型的森林面积（hm^2）。

5.4.1.8 森林防护

本书以公益林降低水灾、旱灾等自然灾害的发生和相应损失（直接和间接损失）来衡量公益林森林防护效益。生态公益林森林防护效益评价公式为

$$U_{\mathrm{r}} = K_{\mathrm{z}} \times \sum A_i \tag{5-20}$$

式中，U_{r}为森林每年的防护价值（元/a）；A_i为i植被类型的森林面积（hm^2）；K_{z}为单位面积森林的减轻灾害价值（元/hm^2），通过温州市历年水库直接经济损失、泥沙损失量及江河湖库引起的库容损失来换算。

5.4.1.9 文化旅游

随着社会的发展，森林生态旅游越来越受到人们的欢迎，森林提供休闲娱乐的功能也越来越强。针对珊溪水库库区的实际情况，生态旅游产业比较发达，本书对森林游憩功能的价值评估通过旅游人次及其消费水平来进行。森林游憩价值计算公式为

$$U_{\mathrm{t}} = \sum N \times c_i \times \rho_i \tag{5-21}$$

式中，U_{t}为库区森林游憩的价值（元）；N为年库区森林参观人次（人）；c_i为游客平均消费（元/人）；ρ_i为第i类游客所占比例（%）。

珊溪水库作为温州市的水源保护区，其生态服务价值较大，文教科研价值相对较小，本书中暂不考虑文教科研价值。

5.4.2 农田生态系统

对农田生态系统服务功能进行评价是量化农田生态系统服务功能的重要环节，可以为农田生态系统管理和区域生态安全管理提供科学依据。但由于农田生态系统服务功能内涵丰富，各服务功能之间存在着多重联系，以及人类活动频繁干预等，目前还没有成熟的农田生态系统服务功能评价框架和完善的评价指标体系。

借鉴自然生态系统服务功能的评价指标和方法，农田生态系统主要具有产品提供功能、调节功能、文化功能、支持功能 4 种服务功能。在对珊溪水库库区农田生态系统服务功能进行分析的基础上，由此衍生出的评估指标体系及方法见表 5-5。

表 5-5 珊溪水库库区农田生态系统服务功能内涵及评价方法

服务类型	功能指标	评价内容	计算方法
产品提供功能	产品生产	农田生态系统提供的各种产品价值	市场价值法
调节功能	大气调节	农田生态系统在气温、湿度、降水、蒸发调节等方面的功能及价值	影子工程法 碳税法
	净化环境	农田生态系统吸收有害气体、截留土壤中污染物	影子工程法
	土壤保持	通过植物根系和土壤生物系统持留土壤的效益	机会成本法
	涵养水源	农田生态系统蓄积水分量	影子工程法 替代成本法
	营养物质保持	农田生态系统保持营养物质的效益	影子工程法
文化功能	文化多样性	农田生态系统不同耕作方式及其由此产生的教育、美学等知识系统及价值	条件价值法
	观光游憩	各种农业景观的生态旅游效益	旅行费用法 意愿调查法
支持功能	维持生物多样性	农田生态系统维持生物多样性的功能及价值	条件价值法 生态价值法

5.4.2.1 产品生产

珊溪水库库区农田生态系统产品生产价值采用作物平均单产和单价乘积表示：

$$V_1 = (M_1 \times P_1 + M_1' \times P_1') \times A \tag{5-22}$$

式中，V_1 为产品生产生态功能价值（元）；M_1、M_1' 为单位面积粮食、副产品（如秸秆）的产量（t/hm^2）；A 为粮食作物种植面积（hm^2）；P_1、P_1' 为单位面积粮食产品、副产品单价（元/hm^2）。

5.4.2.2 大气调节

根据生态系统每生产 1.00g 植物干物质能固定 1.63gCO_2 的价值，采用造林成本法（260.9 元/t C）和碳税法（150 美元/t C，按 1 美元≈6.6 元人民币汇率）估算固定 CO_2 的价值，以其平均值作为农田生态系统固定 CO_2 的价值；采用造林成本法（352.93 元/t O_2）和工业制氧法（制氧工业成本 400 元/t O_2）估算释放氧气的价值，以其平均值作为农田释放 O_2 的价值。由净初级生产力（net primary productivity，NPP）计算结果可估算得到农田生态亚类的固碳释氧价值：

$$V_2 = E_1 + E_2 = H \times 1.62 \times 450 + H \times 1.2 \times 377.64 \quad (5\text{-}23)$$

式中，V_2 为在固碳释氧方面的功能价值（元）；E_1 为吸收 CO_2 的价值（元）；E_2 为释放 O_2 的价值（元）；H 为干物质量（t）；1.62、450 为生产 1t 干物质吸收的 CO_2 量和碳税价格（元/t）；1.2、377.64 为生产 1t 干物质释放的 O_2 量和工业制氧价格（元/t）。

5.4.2.3　净化环境

珊溪水库库区农田生态系统种植的作物类型主要为水稻，当水稻田位于城市郊区，且当地不存在大面积的森林和草地生态系统时，水稻田生态系统对于改善当地空气质量具有非常重要的作用。水稻田具有吸收 SO_2、NO_x、HF 和消减飞尘等改善空气质量的作用。研究表明，水稻田生态系统吸收 SO_2 的平均通量为 45kg/(hm^2·a)、吸收 NO_x 的平均通量为 33kg/(hm^2·a)、吸收 HF 的平均通量为 0.57kg/(hm^2·a)、滞尘的平均通量为 33.2t/(hm^2·a)，而净化 SO_2 的成本为 0.6 元/kg、净化 NO_x 的成本为 0.6 元/kg、净化 HF 的成本为 0.9 元/kg，以及吸收粉尘的成本为 170 元/t。水稻田生态系统净化空气质量的价值的计算公式为

$$V_3 = (Q_s \times P_s + Q_n \times P_n + Q_f \times P_f + Q_c \times P_c) \times A \quad (5\text{-}24)$$

式中，V_3 为水稻田生态系统净化空气质量的价值（元）；Q_s 为水稻田生态系统吸收 SO_2 的平均通量[kg/(hm^2·a)]；P_s 为水稻田生态系统净化 SO_2 的成本（元/kg）；Q_n 为水稻田生态系统吸收 NO_x 的平均通量[kg/(hm^2·a)]；P_n 为水稻田生态系统净化 NO_x 的成本（元/kg）；Q_f 为水稻田生态系统吸收 HF 的平均通量[kg/(hm^2·a)]；P_f 为水稻田生态系统净化 HF 的成本（元/kg）；Q_c 为水稻田生态系统吸收粉尘的平均通量[kg/(hm^2·a)]；P_c 为水稻田生态系统吸收粉尘的成本（元/t）；A 为评价区域水稻田的面积（hm^2）。

目前，许多城市郊区的水稻田采用污水灌溉，当然灌溉的污水水质必须达到国家规定的农用灌溉水标准，此时，水稻田生态系统可以发挥其净化作用，净化污水中的污染物，减少污染物的处理费用。前人研究证实，水稻田可以去除富营养化水体中的 N 和 P，其中凯氏氮的去除率为 29%～58.7%，TP 的去除率为 32.1%～49.1%。此外，水稻田对于漫灌污水中 TN 的去除率可达到 84%。一般采用替代成本法来估算水稻田生态系统净化污水的价值。珊溪水库库区农田生态系统种植业灌水多采用库区周边河道中的地表径流，水质类别为Ⅱ～Ⅲ类，水质较好，完全能够达到稻田浇灌所需的水质标准。因此，本书暂不考虑稻田净化水质的生态服务功能。

5.4.2.4 土壤保持

研究采用土壤有机质持留法对农田生态系统保持的有机质物质量进行量化，而后运用机会成本法将农田生态系统土壤有机质持留量价值化，从而评价农田生态系统保持土壤肥力、积累有机质的价值。其价值计算公式为

$$V_4 = S \times T \times \rho \times \mathrm{OM} \times P \tag{5-25}$$

式中，V_4为农田生态系统土壤保持功能价值（元）；S 为作物种植面积（hm^2）；T 为表层土壤厚度（cm）；ρ 为土壤容重（kg/m^3）；OM 为土壤有机质含量（%）；P 为有机质价格（元/kg）。

5.4.2.5 涵养水源

本书运用影子工程法定量评价农田生态系统涵养水源功能价值。其计算公式为

$$V_5 = W \times C \tag{5-26}$$

式中，V_5为农田蓄水价值（元）；W 为水田和旱田的蓄水量（m^3）；C 为水库蓄水成本（0.67 元/m^3）。

5.4.2.6 营养物质维持

本书从生物库的角度来考虑珊溪水库库区水稻田生态系统的养分持留，由于水稻田生态系统中凋落物量较小，因此，可根据系统的净初级生产量来对该系统维持营养循环的价值进行评价。首先，利用测量数据计算水稻体内的 N、P、K 积累量，测量的数据主要包括 N、P、K 等营养元素在水稻体内的含量、播种面积、净初级生产力等；其次，运用影子价格法（我国化肥的平均价格为 2549 元/t，1990 年不变价）来估算水稻田生态系统中营养成分持留量的价值。其计算公式为

$$V_6 = (C_{\mathrm{N}} + C_{\mathrm{P}} + C_{\mathrm{K}}) \times P \tag{5-27}$$

式中，V_6为农田生态系统营养物质维持价值（元）；C_{N}为作物中 N 养分积累量（t）；C_{P}为各类型作物 P 养分积累量（t）；C_{K}为各类型作物 K 养分积累量（t）；P 为肥料价格（元/t）。

5.4.2.7 文化多样性

农田生态系统的文化多样性价值主要指生态系统给人类提供的精神文明的享受或者科研文化的功能价值，往往都利用科研投资或者用科研者的实际花费对其进行估算，但要对其价值进行准确的估算是非常困难的。因为在短期内科学研究的经济效益不明显，况且研究结果对人类自身的作用很难估算，再加上人为各方面的因素对投资力度的限制，如本地区的经济发展情况、研究人才和研究基础设

施等，因此，研究中暂不对珊溪水库库区农田生态系统的文化多样性的功能价值（V_7）进行计算。

5.4.2.8　观光游憩

研究采用旅行费用法，将人们前往各农田景观时支付的费用（交通费、食宿费、娱乐费等）作为珊溪水库库区农田生态的休闲旅游价值 V_8。

5.4.2.9　生物多样性维持

将农田生态系统每年生物多样性保护的单位服务价值（628.2 元/hm^2）作为各类农田生态系统维持生物多样性功能的评估系数。农田生态系统生物多样性维持价值计算公式为

$$V_9 = 628.2 \times A \tag{5-28}$$

式中，V_9 为农田生态系统生物多样性维持价值（元）；A 为种植面积（hm^2）。

5.4.3　水库生态系统

珊溪水库生态系统服务功能可划分为生产与供给、休闲娱乐和环境调节三大类。生产与供给功能包括渔业生产、供水、发电 3 个子功能；休闲娱乐功能主要是旅游休闲功能；环境调节功能包括涵养水源、调蓄洪水、净化水质、调节气候及维护生物多样性 5 个子功能。生产与供给功能及休闲娱乐功能的价值可以在市场上得以体现，研究中采用市场价值法或成果参照法来评估；环境调节功能的价值采用影子工程法或成果参照法来评估。珊溪水库生态系统各指标评估方法见表 5-6。

表 5-6　珊溪水库生态系统服务功能价值评估方法

服务功能		指标体系	评价方法	评价公式	参数及取值
直接功能	生产与供给功能	渔业生产	市场价值法	$V_f = Y_f \times P_f$	V_f 为渔产品价值；Y_f 为年均鱼产量；P_f 为当地鱼类平均价格
		供水	市场价值法	$V_w = Q_w \times P_w$	V_w 为水库供水价值；Q_w 为年均供水量；P_w 为研究地区平均水价
		发电	市场价值法	$V_e = Q_e \times P_e$	V_e 为水库水力发电价值量；Q_e 为水库年均发电量；P_e 为研究区平均电价
	休闲娱乐功能	旅游休闲	市场价值法、成果参照法	$V_t = A \times W_t$	V_t 为水库旅游价值；A 为水库的水域面积；W_t 为单位面积的娱乐文化价值

续表

服务功能		指标体系	评价方法	评价公式	参数及取值
间接功能	环境调节功能	涵养水源	影子工程法	$V_w = Q_w \times C_w$	V_w为水库涵养水源价值；Q_w为水库正常水位时水源涵养量；C_w为单位需水量库容成本
		调蓄洪水	影子工程法	$V_p = V \times C_p$	V_p为水库调蓄洪水的价值量；V为水库的调洪库容；C_p为单位库容成本
		净化水质	影子工程法	$V_{pw} = \sum Q_i \times C_i$	V_{pw}为水库净化水质服务功能价值量；Q_i为第i种污染物的环境容量；C_i为第i种污染物的单位去除成本
		调节气候	成果参照法	$V_a = A \times W_a$	V_a为水库调节气候功能价值量；A为水库的水域面积；W_a为单位面积气候调节功能价值
		维护生物多样性	成果参照法	$V_b = A \times W_b$	V_b为水库维护生物多样性功能价值量；A为水库的水域面积；W_b为单位面积维护生物多样性功能价值

5.4.4　河流生态系统

根据《千年生态系统评估》报告，通过对珊溪水库入库支流现状调查、各类文献和数据的收集整理、问卷调查、访谈调查等方法，结合河流生态系统提供服务的机制、类型和效用，珊溪水库河流生态系统服务功能划分为供给服务、调节服务、文化服务和支持服务四大类。本书以市场价值法、替代工程法为基础，定量核算各项生态服务功能价值。珊溪水库河流生态系统服务功能价值核算方法见表5-7。

表5-7　珊溪水库河流生态系统服务功能价值核算方法

服务功能	评价指标	服务价值计算方法	计算公式	参数及取值
供给	供水	市场价值法	$V_1 = \sum(Q_{1i} \times P_{1i})$	式中，V_1为水供给功能价值（元）；Q_{1i}为i种用途的水量（m^3）；P_{1i}为i种用途水价（元/m^3）
	水产品生产		$V_2 = \sum(Q_{2i} \times P_{2i})$	式中，V_2为水产品生产价值（元）；Q_{2i}为i河流的水产品生产量（t）；P_{2i}为i河流水产品价格（元/t）
	水力发电		$V_3 = \sum(Q_{3i} \times P_{3i})$	式中，V_3为水力发电的功能价值（元）；Q_{3i}为水力发电总量（kW·h）；P_{3i}为水力发电的电价[元/(kW·h)]

续表

服务功能	评价指标	服务价值计算方法	计算公式	参数及取值
调节	水资源蓄积	替代工程法	$V_4=(A+B)\times P_4$	式中，V_4为蓄水价值（元）；A为地表水资源总量（m^3）；B为地下水资源总量（m^3）；P_4为单位蓄水量的库容成本（元/m^3）
	净化环境-水质改善		$V_5=\sum(Q_{5i}\times P_{5i})$	式中，V_5为河流净化价值（元）；Q_{5i}为河流对第i类的纳污能力（t）；P_{5i}为处理第i类物质所需要成本（元/t）
	调蓄洪水	影子工程法	$V_6=\sum(Q_{6i}\times P_6)$	式中，V_6为洪水调蓄价值（元）；Q_{6i}为水库、河道的洪水调蓄能力（m^3）；P_6为单位水库库容造价（元/m^3）
	河流输沙	替代工程法	$V_7=Q_7\times P_7$	式中，V_7为河流输沙价值（元）；Q_7为河流年均输沙量（t）；P_7为人工清理河道成本费用（元/t）
文化	文化传承	意愿支付法	问卷调查	
	游憩	旅行费用法	$V_8=\sum T_i$	式中，V_8为永定河生态系统旅游娱乐服务价值（元）；T_i为游客在各旅游风景区的消费总数（元）
支持	生物多样性	支付意愿法	$V_9=\sum(Q_{9i}\times P_{9i})$	式中，V_9为生物多样性保护总价值（元）；P_{9i}为第i级保护物种的支付意愿（元）；Q_{9i}为第i级保护物种的物种数（种）

5.5 水生态价值评估结果

珊溪水库库区生态系统服务价值主要依托库区生态服务价值建设区（生态补偿受偿区）、生态服务价值受益区（生态补偿区）、生态服务价值共享区（生态补偿受偿区、补偿区）的保护成本投入及内在价值外部化技术手段予以体现。库区生态补偿受偿区依托补偿资金加强区域生态保护、建设区域基础设施、发展区域经济所增加的生态服务价值不在生态服务价值的计算范围内，不应获得生态补偿。此外，共享区的生态服务价值也不在生态补偿的计算范围内。

经济转型发展所获得的经济效益不在库区生态价值效益计算范围内。首先，经济社会活动带来的库区经济效益增加、生态价值提升并非天然生态本身发挥的生态价值，其价值是由外界成本投入后获得的，即便是由水库建设造成的库区上游生态效益增加，但其主体是库区资源的投入主体（一般为温州市政府），在上游没有成本投入的情况下也不应获得补偿，计算的生态效益价值理论上与水库建设主体的经济投入一致；其次，水库上游按照社会经济成本投入获得的生态服务经济价值一般为二次效益，并不能作为上游保护环境、维护生态成本付出的体现，其基本上是属于商业投入-经济获益的范畴，实质上与生态价值计算所需的外界条件不符；最后，外界投入对应的生态价值不具备价值的一般规律特征，因为无限的正向经济利益的驱动，导致外部边际投入、边际经济效益是递增的，从而容易导致过保护、过生态情况的出现。因此，研究计算的生态服务价值是从其自身的生态效益体现入手，借助相关的内在价值外部化手段，客观地反映生态系统本身的价值。

珊溪水库水生态服务功能价值评估中，不同生态类型单位面积价值评估以 Costanza（1997）等对全球生态系统服务价值评估的部分成果为参考，同时综合了对我国专业人士进行的生态问卷调查结果。在珊溪水库水生态服务功能价值计算过程中，不同生态功能敏感参数的取值适当地参考表 5-8 中的数据。

表 5-8 珊溪水库库区水生态系统单位面积生态服务价值（单位：元/hm^2）

生态功能	森林	草地	农田	湿地	水体	荒漠
气体调节	3097.0	707.9	442.4	1592.7	0	0
气候调节	2389.1	796.4	787.5	15130.9	407.0	0
水源涵养	2831.5	707.9	530.9	13715.2	18033.2	26.5
土壤形成与保护	3450.9	1725.5	1291.9	1513.1	8.8	17.7
废物处理	1159.2	1159.2	1451.2	16086.6	16086.6	8.8
生物多样性保护	2884.6	964.5	628.2	2212.2	2203.3	300.8
食物生产	88.5	265.5	884.9	265.5	88.5	8.8
原材料	2300.6	44.2	88.5	61.9	8.8	0
娱乐文化	1132.6	35.4	8.8	4910.9	3840.2	8.8

5.5.1 森林生态系统

5.5.1.1 水源涵养

1）生态价值上限

价值估算过程中，单位调节水价值参考《森林生态系统服务功能评估规范》（LY/T 1721—2008），温州市水库的平均建造成本为 6.11 元/t；净化水质价值量计算参考温州市居民、工业用水价格的平均值（2.65 元/t）。2015 年，温州市降水量为 2068.2mm，年蒸发量约为年降水量的 79%（年蒸发量为 1643.1mm），库区森林总面积为 166389hm^2，具有水源涵养功能的林地面积为 13.99 万 hm^2。

综合计算，珊溪水库库区森林调节水量价值为 36.33 亿元/a，净化水质价值为 15.76 亿元/a，水源涵养的总价值为 52.09 亿元/a。

2）生态价值下限

森林的蓄水主要来源于降水，降水进入森林即行再分配。首先进行林冠截留计算，截留率（截留量占同期降水量的百分比值）主要受降水量与林冠郁闭度的影响，计算时采用土壤蓄水能力法，并参考浙江省不同地类或森林类型蓄水能力；价值量计算采用替代成本法，即调节水量价值；净化水质价值量计算参考温州市居民用水价格的平均值。

通过查阅文献资料，收集与研究区气候和立地条件相似度较高的浙闽山地丘陵区的不同森林类型参数，并结合浙江、重庆等亚热带红壤山地区的数据进行参数修正和补充，给出珊溪水库库区水源涵养量估算所需的参数，见表 5-9。

表 5-9　珊溪水库库区森林水量调节计算参数　（单位：t/hm^2）

森林类型	林冠截留量	枯枝落叶层持水量	土壤蓄水量
阔叶林	2525.13	26.9	1282.6
针叶林	2673.14	10.5	1403.35
混交林	2647.67	42.9	1442.4
灌木林	1974.1	19.2	789.54

经计算，珊溪水库库区森林调蓄水总量为 56304 万 m^3，涵养水源的调水效益为 34.40 亿元/a，净化水质效益为 14.92 亿元/a，综合效益为 49.32 亿元/a。

3）参考值

依据相关研究中浙江省单位面积森林的生态服务价值（表 5-10），针叶林、阔叶林、针阔混交林水源涵养的生态服务价值分别为 18159 元/hm^2、25487 元/hm^2、11199 元/hm^2。结合珊溪水库库区不同森林植被分布面积，计算水库水源涵养的总价值为 26.92 亿元/a。依据参考值计算的珊溪水库库区森林生态服务价值较水源涵养效益的计算结果偏低，反映出森林水源涵养价值大小与参数选取、分布区域、价值类型及分类指标取值不同有关。

表 5-10　浙江省单位面积森林生态服务价值　（单位：元/hm^2）

植被类型	固碳释氧	有机物生产	水源涵养	营养物质循环	水土保持	合计
落叶针叶林	8393	2968	9380	962	1412	23115
常绿针叶林	7855	2778	8779	900	1322	21634
常绿阔叶林	12657	4476	14145	1450	2130	34858
落叶阔叶林	10149	3589	11342	1163	1708	27951
灌丛	8198	2899	9162	939	1380	22578
针阔混交林	10020	3543	11199	1148	1686	27596
其他	8234	2912	9202	943	1386	22677

经过综合分析，珊溪水库库区森林水源涵养价值上限为 52.09 亿元/a，下限为 49.32 亿元/a。

5.5.1.2 提供产品

1）生态价值上限

珊溪水库库区针叶林 8.38 万 hm^2、阔叶林 3.79 万 hm^2，以平均每公顷林木蓄积 $30m^3$、针叶林蓄积每公顷林价 175 元、阔叶林蓄积每公顷林价 120 元计算，其立木林价总值达到 43995 万元/a、13644 万元/a，合计 57639 万元/a。

珊溪水库库区生态公益林总面积为 13.99 万 hm^2，以平均生长率 9.7%计算，年立木生长量达 40 万 m^3，生态公益林区只能采用择伐、卫生伐方式采伐立木，采伐强度控制在 30%以内，年可采伐立木蓄积 12 万 m^3，折合木材 6 万 m^3，木材以 500 元/m^3 计算，木材产值 3000 万元/a。

上述两项生态价值合计 60639 万元/a。库区周边灌木本身具有一定的市场价值，为此，在计算库区现有毛竹、生态经济林产值的基础上，珊溪水库库区森林产品提供的价值将达 66000 万元/a（6.6 亿元/a）。

2）生态价值下限

珊溪水库库区森林具有提供人类直接利用的各种产品的能力，为此，本书中选择林产品采集和木材、竹材产品两项指标反映森林产品供应的生态价值，直接采用温州市林业局的统计数据进行计算。根据统计数据初步估计，珊溪水库库区生态价值为 1.5 亿元/a。

5.5.1.3 保育土壤

1）生态价值上限

土壤侵蚀模数参考浙江省、温州市、飞云江流域生态服务功能相关研究成果，将浙江省与温州市相同森林类型的平均生态功能指数作为调整系数，得出珊溪水库库区平均土壤侵蚀模数（表 5-11）。土壤养分含量参考浙江省森林土壤理化性质的研究成果。泥沙平均密度取 $2t/m^3$。对珊溪水库库区土壤成分进行分析，各类林地表土层平均养分含量情况如下：有机质 3.027%～4.859%、氮 0.141%～0.203%、磷 0.052%～0.065%、钾 1.511%～2.127%。不同森林植被对应下的森林表土层平均养分含量见表 5-12。磷酸氢二铵含氮量 R_1 为 14%，磷酸氢二铵含磷量 R_2 为 15%，氯化钾含钾量 R_3 为 50%。

表 5-11 珊溪水库不同森林构成情况下的土壤侵蚀模数[单位：$t/(hm^2 \cdot a)$]

森林类型	平均侵蚀模数
阔叶林	0.30
针叶林	1.29

续表

森林类型	平均侵蚀模数
针阔混交林	0.60
竹林	1.12
灌木林	1.84
无林地	35.00

表 5-12 珊溪水库森林植被对应下的土壤表土养分含量 （单位：%）

森林类型	阔叶林	针叶林	混交林
氮	0.203	0.148	0.141
磷	0.065	0.052	0.0535
钾	2.127	1.713	1.511
有机质	4.859	3.027	3.111

珊溪水库针叶林 8.38 万 hm^2、针阔混交林 1.82 万 hm^2、阔叶林（包括经济林竹林）3.79 万 hm^2，对应的固土生态效益分别为 402 万元/a、863 万元/a、191 万元/a，合计 1456 万元/a；对应的保肥效益分别为 87 万元/a、12326 万元/a、2609 万元/a，合计 15022 万元/a。因此，珊溪水库库区森林保育土壤的综合效益为 16478 万元/a（1.64 亿元/a）。

2）生态价值下限

依据相关研究成果，沿海地区每公顷森林防止土壤流失量为 28.5t/hm^2，珊溪水库库区生态公益林面积为 13.99 万 hm^2，由此可减少土壤流失量 399 万 t。据环境保护部门提供的资料反映，温州市流失的泥沙 75%淤积于水库、河网，其余进入海洋。本书按照 2.5t 比重换算容积为 0.76m^3/t，则淤积库容将达 91 万 m^3，水库造价以 6.11 元/m^3 计算，减少淤积间接效益达 556 万元/a。

生态公益林可减少土壤有机质、氮、磷、钾等养分的流失，按浙江省生态公益林中阔叶林、针叶林、混交林每公顷保土效益 672 元、478 元、590 元计算，保土效益分别为 2546 万元/a、4009 万元/a、1074 万元/a，合计 7629 万元/a。

综上所述，珊溪水库库区森林防止土壤流失的保土价值（包括土壤流失与土壤养分流失）总计为 8185 万元/a（0.82 亿元/a）。

5.5.1.4 大气调节

1）生态价值上限

本书中对固碳、造氧的价格分别取为 1200 元/t、1000 元/t。借鉴相关研究成果，珊溪水库库区森林的固碳、释氧参数见表 5-13。经计算，库区阔叶林、针叶林、混交林固碳效益分别为 18965 万元/a、53850 万元/a、11925 万元/a，释氧效益分别为 24161 万元/a、103451 万元/a、18892 万元/a，因此，珊溪水库库区森林的大气调节生态价值合计 231244 万元/a（23.12 亿元/a）。

表 5-13　珊溪水库固碳释氧情况　[单位：$t/(hm^2·a)$]

森林类型	阔叶林	针叶林	混交林	杉木林	毛竹林	灌木林
单位面积固碳	4.17	5.355	5.46	7.29	3.525	4.035
单位面积释氧	6.375	12.345	10.38	16.425	7.815	7.02

2）生态价值下限

据研究，每生产 1t 干物质释放氧气量为 1400kg 左右。水源区森林年生长量为 40 万 m^3，以每立方米木材转变为 0.48t 干物质计算，水源区森林释放氧气量为 26880 万 kg，并以医用氧气价格 1 元/kg 计算，森林制氧效益为 26880 万元/a。

森林植被每制造成 1t 干物质要固定 1.63t CO_2。珊溪水库森林共固定 CO_2 31.296 万 t，每固定 1t CO_2 的费用为 1200 元，固定 CO_2 的效益为 37555 万元/a。

经综合分析，珊溪水库库区固碳释氧的总价值为 64435 万元/a（6.44 亿元/a）。

5.5.1.5　净化大气环境

研究表明，阔叶树年平均吸收 SO_2、HF、氮氧化物和滞尘能力分别为 88.65kg/hm^2、4.65kg/hm^2、6.0kg/hm^2、10110kg/hm^2；针叶树年平均吸收 SO_2、HF、氮氧化物和滞尘能力分别为 215.60kg/hm^2、0.5kg/hm^2、6.0kg/hm^2、33200kg/hm^2；混交林平均吸收 SO_2、HF、氮氧化物和滞尘能力分别为 178.4kg/hm^2、4.0kg/hm^2、1.7kg/hm^2、27468kg/hm^2。二氧化硫、氟化物、氮氧化物的治理费用 1.20 元/kg、0.69 元/kg、0.63 元/kg，降尘清理费用为 0.15 元/kg。珊溪水库库区公益林负离子生产费用采用《森林生态系统服务功能评估规范》推荐的 5.8185×10^{-18} 元/个，各类林型平均浓度为 2000 个/cm^3，负离子寿命为 10min。珊溪水库阔叶林、针叶林、混交林对应树木的高度分别取为 15m、12m、12m。

珊溪水库库区阔叶林 3.79 万 hm^2、针叶林 8.38 万 hm^2、针阔混交林 1.82 万 hm^2，因此，针叶林吸收二氧化硫、吸收氟化物、吸收氮氧化物、滞尘的生态服务价值分别为 2168 万元/a、3 万元/a、32 万元/a、41732 万元/a；阔叶林吸收二氧化硫、吸收氟化物、吸收氮氧化物、滞尘的生态服务价值分别为 403 万元/a、12 万元/a、14 万元/a、5748 万元/a；混交林吸收二氧化硫、吸收氟化物、吸收氮氧化物、滞尘的生态服务价值分别为 390 万元/a、5 万元/a、2 万元/a、7499 万元/a，净化空气生态效益合计 58008 万元/a（5.8 亿元/a）。

珊溪水库阔叶林、针叶林、混交林产生负氧离子的生态效益分别为 261 万元/a、461 万元/a、100 万元/a，综合效益为 822 万元/a。

基于上述计算，珊溪水库库区森林净化大气环境的生态价值为 58830 万元/a（5.88 亿元/a）。

5.5.1.6 营养积累

借鉴相关研究成果，珊溪水库库区森林植被的年净生产能力见表 5-14。经计算，库区针叶林、阔叶林、混交林的营养积累价值分别为 101 万元、155 万元、29 万元，合计 285 万元。

表 5-14　珊溪水库库区森林植被年净生产能力　（单位：t/hm^2）

森林类型	年净生产力
针叶林	0.42
阔叶林	0.46
混交林	0.38
灌木林	0.07

5.5.1.7 生物多样性维持

1）生态效益计算上限

本书采用《森林生态系统服务功能评估规范》推荐的方法，森林年保护物种资源价值按香农-维纳（Shannon-Wiener）指数方法计算，将 Shannon-Wiener 指数（E）划分为 6 级：当 $E<1$ 时，年保护生物多样性价值为 5000 元/hm^2；当 $1\leqslant E<2$ 时，年保护生物多样性价值为 1 万元/hm^2；当 $2\leqslant E<3$ 时，年保护生物多样性价值为 2 万元/hm^2；当 $3\leqslant E<4$ 时，年保护生物多样性价值为 3 万元/hm^2；当 $4\leqslant E<5$ 时，年保护生物多样性价值为 4 万元/hm^2；当 $E\geqslant 5$ 时，年保护生物多样性价值为 5 万元/hm^2。

依据相关研究成果，珊溪水库上游的生物多样性指数 E 取值见表 5-15。由此计算，库区、阔叶林、针叶林、混交林森林植被的生物多样性维持价值分别为 113700 万元、167600 万元、72800 万元，合计 354100 万元（35.41 亿元）。

表 5-15　珊溪水库森林生物多样性指数

森林类型	多样性指数
针木林	2.8
阔叶林	3.6
混交林	4.3
毛竹林	1.7
灌木林	2.5

2）生态价值下限

借鉴前人对珊溪水库森林生态多样性维持效益的研究成果，结合库区生物种类多样性，本书将库区森林生态系统生物多样性的生态价值取为 0.05 亿元。

5.5.1.8 森林防护

珊溪水库库区森林在生态环境建设中具有降低台风风速、调蓄洪水等作用，可有效减轻台风和洪水的危害程度。经测算，库区森林平均减轻水旱灾的价值为 1700 元/hm^2，因此，森林防护的总价值为 23783 万元/a（2.38 亿元/a）。

5.5.1.9 文化旅游

1）价值上限

依据温州市统计资料，珊溪水库库区森林文化旅游价值为 78000 万元/a（7.8 亿元/a）。

2）价值下限

珊溪水库库区单位面积公益林的旅游价值为 3000 元/hm^2。综合计算，库区森林文化旅游价值为 41970 万元/a（4.197 亿元/a）。

5.5.2 农田生态系统

5.5.2.1 产品生产

珊溪水库库区所在的文成县及上游的泰顺县属多山县城，耕地面积很少，农田多分布在水库周边及山势平缓地区。文成县、泰顺县农业种植面积分别占温州市农业区域面积的 4%、4%。2015 年，珊溪水库库区农田种植面积为 49610hm^2，单位面积粮食产量为 5.8t/hm^2，价格为 2000 元/t。由此计算，库区农田生产的生态价值为 5.76 亿元/a。

5.5.2.2 大气调节

珊溪水库库区农田种植中主要作物水稻的干物质含量约占 40%。经综合分析，库区作物产量中干物质量为 115231t/a，由此计算农田大气调节的生态服务价值为 1.36 亿元/a。

5.5.2.3 净化环境

珊溪水库库区稻田面积约为 18585hm^2，由此计算库区农田净化环境的生态服务价值为 1.06 亿元/a。

5.5.2.4　土壤保持

研究中根据薪材转换成有机质的比例 2∶1 和薪材的机会成本价格 51.3 元/t，计算出有机质价格为 102.6 元/t。珊溪水库库区稻田表层土壤厚度为 20cm，土壤容重取为 1.5g/cm^2，土壤有机质含量为 2%，由此综合测算库区农田生态系统中土壤保持的生态价值为 1.15 亿元/a。

5.5.2.5　涵养水源

珊溪水库库区农田涵养水量约为 3717 万 m^3，由此计算农田涵养水源的生态价值为 0.25 亿元/a。

5.5.2.6　营养物质维持

珊溪水库库区农田生态系统中水稻干物质量为 115231t，其中，氮、磷、钾含量分别占 1.40%、0.60%、0.30%，由此综合计算库区农田生态系统营养物质维持的生态服务价值为 0.068 亿元/a。

5.5.2.7　文化多样性

珊溪水库库区农田生态系统当前的文化功能及历史文化特色开发得较少，尚不具备南方丰水地区梯田、丘陵农耕文化的典型特征，多样性生态服务价值暂不考虑。

5.5.2.8　观光游憩

珊溪水库库区农田生态系统缺少旅游价值方面的数据统计。本书在研究中借鉴文成县、泰顺县、瑞安市旅游部门的相关统计数据，结合农田观光休憩的内在价值及开发潜质，初步估算此项功能价值为 0.1 亿元/a。

5.5.2.9　生物多样性维持

珊溪水库库区农田生态系统生物栖息地的服务功能较小，计算中暂不考虑。农田生态系统对栖息于农田的本地物种资源的繁衍具有一定的庇护作用，同时农田作物的生长期较长，能够为小型哺乳类、鱼类、两栖类动物的生长提供稳定的营养物质来源，利于物种生物多样性的维持。结合区域已有研究成果，综合考虑农田生物对生态平衡的促进作用，珊溪水库库区农田生态系统的生物多样性维持价值为 0.31 亿元/a。

5.5.3　水库生态系统

在对珊溪水库水库生态系统生态价值进行计算的过程中，采用的数据主要来源于温州市泰顺县、文成县、瑞安市3县（市）的统计年鉴、水资源公报、环境质量公报，以及相关文献中测算的参数、职能部门的相关统计数据。

5.5.3.1　渔业生产

珊溪水库渔业年生产量约为500t，按照当地渔业平均价格18元/kg进行计算，珊溪水库渔业产品价值为0.09亿元/a。

5.5.3.2　供水

据统计，2015年珊溪水库对下游的温州市供水的总量为5.20亿m^3，其中生活供水3.01亿m^3，工业供水2.19亿m^3。生活、工业供水水价按照2.70元/m^3、2.60元/m^3进行计算，珊溪水库的供水价值为13.821亿元/a。

5.5.3.3　发电

据统计，2015年珊溪水库的发电量为4.17亿kW·h，电价参照浙江省物价局提供的0.64元/(kW·h)计算，因此库区的发电价值为2.6688亿元/a。

5.5.3.4　涵养水源

据统计，2015年珊溪水库正常蓄水位下的水源涵养量（水库库容）为18.24亿m^3，单位蓄水量库容成本取为0.67元/m^3，由此计算水库涵养水源价值为12.22亿元/a。

5.5.3.5　调蓄洪水

珊溪水库库区调洪库容为2.12亿m^3，单位库容成本取为0.67元/m^3，由此计算库区调蓄洪水价值为1.4204亿元/a。

5.5.3.6　净化水质

2015年珊溪水库水质为Ⅱ类，达到水源地保护区（飞云江水功能区）对应的水质标准，COD、氨氮、总氮、总磷的水环境容量分别为1192t/a、205t/a、172t/a、47t/a。依据我国现行单位污染物去除成本，COD、氨氮、总氮、总磷去除成本分别取为4000元/t、12000元/t、1500元/t、2500元/t。经计算，珊溪水库库区净化水质的生态价值为0.076亿元/a。

5.5.3.7　调节气候

珊溪水库的水域面积为11850hm^2。依据前人研究成果，库区单位面积气候调节功能价值为407元/hm^2。珊溪水库生态系统调节气候的生态价值为0.048亿元/a。

5.5.3.8　维护生物多样性

珊溪水库为各种水生生物提供生境，是野生动物栖息、繁衍、迁徙和越冬的基地。一些水体是珍稀濒危水禽的中转停歇站，还有一些水体养育了许多珍稀的两栖类和鱼类特有种。珊溪水库的水域面积为 11850hm^2。依据前人研究成果，库区单位面积维护生物多样性功能价值为 2203 元/hm^2。因此，综合计算珊溪水库维护生活多样性的生态价值为 0.261 亿元/a。

5.5.3.9　旅游休闲

珊溪水库水域面积为 11850hm^2。依据前人研究成果，库区单位面积娱乐文化价值为 3840 元/hm^2。因此，珊溪水库旅游休闲的生态价值为 0.455 亿元/a。

5.5.4　河流生态系统

5.5.4.1　供水

珊溪水库入库河流的供水价值评估采用市场价值法进行。借助现行水价，将各类用水量作为考核指标，依此衡量河道供水价值。入库支流、库区水量处于动态平衡中，因此，珊溪水库供水价值即为河流供水价值。因此，珊溪水库入库支流河道供水价值为 13.82 亿元/a。

5.5.4.2　水产品生产

珊溪水库河道中渔业、副业产品的生产与库区渔业、副产品生产具有明显的相关性。同时，入库河道中渔业资源市场价值相对不高。为此，库区河流水产品的生产价值为 0.09 亿元/a。

5.5.4.3　水力发电

珊溪水库的水量来自支流汇入。水库水力发电价值即为河流水力发电价值，取为 2.669 亿元/a。

5.5.4.4　水资源蓄积

珊溪水库入库河流水资源蓄积量与水库水资源蓄积量一致，即为 1.42 亿元/a。

5.5.4.5　净化环境-水质改善

珊溪水库水质的好坏与入库河流水质好坏关系密切。入库河流的水质状况多为Ⅱ～Ⅲ类，水质状况较好。水库水体对污染物的降解能力即为河流对水质的改善作用。因此，库区河流水体净化环境的生态服务价值为 0.076 亿元/a。

5.5.4.6 调蓄洪水

河流对洪水的调蓄与水库调蓄所起的作用一致。因此，珊溪水库库区河流调蓄洪水的价值为 1.42 亿元/a。

5.5.4.7 河流输沙

珊溪水库库区所在的飞云江流域水土流失类型多为水力侵蚀、重力侵蚀与混合侵蚀。库区坝址多年平均输沙总量为 43.0 万 t。一般人工清理河道成本费用为 1.5 元/t（北方）、4.7 元/t（南方），本书中取为 3.8 元/t。因此，珊溪水库河流输沙的生态价值为 0.0175 亿元/a。

5.5.4.8 文化传承

借鉴相关研究成果，温州市公民个人在珊溪水文化传承方面每年的平均支付意愿为 80 元，受访者认为，政府在珊溪水库库区所在流域河流水文化传承方面每年的平均支付费用为 200 元，其平均值为 140 元。因此，珊溪水库库区河流水文化传承价值为 0.77 亿元/a。

5.5.4.9 游憩

依据温州市旅游部门统计的数据，结合不同的旅游消费群体的消费水平，珊溪水库库区河流的生态系统游憩价值为 0.3 亿元/a。

5.5.4.10 生物多样性

生物多样性包括表征河流生态状况、表征河流生物多样性的指标。珊溪水库河流水体中的生物多样性暂取与水库库区生物多样性一致的结果，即为 0.261 亿元/a。

5.6 水生态服务价值评估结果分析

5.6.1 森林生态系统

依据 2015 年珊溪水库库区森林生态服务功能的评价结果，库区森林生态服务功能价值上限为 1349620 万元/a（134.96 亿元/a）、下限为 706200 万元/a（70.62 亿元/a）。珊溪水库库区森林生态服务功能价值汇总见表 5-16。在取森林生态效益上限的情况下，各生态服务功能总效益大小排序依次为水源涵养效益（38.60%）＞生物多样性保护效益（26.24%）＞大气调节效益（17.13%）＞文化旅游效益（5.78%）＞提供产品效益（4.89%）＞净化大气效益（4.36%）＞森林防护效益（1.76%）＞保育土壤效益（1.22%）＞营养物质积累效益（0.02%）；在取森林生态效益下限的情况下，各生态服务功能总效益大小排序依次为水源涵养效益（69.84%）＞大气调节效益（9.13%）＞净化大气效益（8.33%）＞文化旅游效益（5.94%）＞森林防护效益（3.37%）＞提供产品效益（2.12%）＞保育土壤效益（1.16%）＞生物多样性保护效益（0.07%）＞营养物质积累效益（0.04%）。

表 5-16 珊溪水库森林生态服务功能价值汇总

功能类别	服务项目	功能指标	生态服务上限/(万元/a)				价值合计/(万元/a)	价值比例/%
			阔叶林	针叶林	混交林	合计		
供给服务	水源涵养	调节水量				363300	520900	38.60
		净化水质				157600		
	提供产品	物质产品生产				66000	66000	4.89
调节服务	保育土壤	固土	191	402	863	1456	16478	1.22
		保肥	2609	87	12326	15022		
	大气调节	固定 CO_2	18965	53850	11925	84740	231244	17.13
		释放 O_2	24161	103451	18892	146504		
	净化大气	吸费滞尘	6177	43935	7896	58008	58830	4.36
		产生负氧	261	461	100	822		
支持功能	营养物质积累	林木持留养分	155	101	29	285	285	0.02
	生物多样性保护	物种保育	113700	167600	72800	354100	354100	26.24
	森林防护	森林防护				23783	23783	1.76
文化服务	文化旅游	科研服务					78000	5.78
		森林游憩				78000		
服务价值合计			166219	369887	124831	1349620	1349620	100.00

功能类别	服务项目	功能指标	生态服务下限/(万元/a)				价值合计/(万元/a)	价值比例/%
			阔叶林	针叶林	混交林	合计		
供给服务	水源涵养	调节水量				344000	493200	69.84
		净化水质				149200		
	提供产品	物质产品生产				15000	15000	2.12
调节服务	保育土壤	固土				556	8185	1.16
		保肥	2546	4009	1074	7629		
	大气调节	固定 CO_2				37555	64435	9.13
		释放 O_2				26880		

续表

功能类别	服务项目	功能指标	生态服务下限/(万元/a)				价值合计/(万元/a)	价值比例/%
			阔叶林	针叶林	混交林	合计		
调节服务	净化大气	吸费滞尘	6177	43935	7896	58008	58830	8.33
		产生负氧	261	461	100	822		
支持功能	营养物质积累	林木持留养分	155	101	29	285	285	0.04
	生物多样性保护	物种保育				500	500	0.07
	森林防护	森林防护				23783	23783	3.37
文化服务	文化旅游	科研服务					41970	5.94
		森林游憩				41970		
服务价值合计						706188	706188	100

在综合比较珊溪水库库区森林生态服务价值与以往研究数值的基础上，本书将森林生态系统服务功能价值下限 706188 万元/a 作为库区森林生态服务价值。其研究成果与相关研究人员对浙江省森林生态服务功能评估结果大致相同，符合地区生态服务功能特点，可为珊溪水库库区森林生态保护、生物多样性维持、生态价值发挥提供依据。

珊溪水库森林生态服务功能价值汇总见表 5-16。

5.6.2 水库生态系统

依据珊溪水库库区评价结果，库区提供的生态服务功能总价值为 31.060 亿元/a，其中，直接价值为 17.035 亿元/a，间接价值为 14.025 亿元/a。在水库生态系统 3 类生态价值中，环境调节功能价值为 14.025 亿元/a（占 45.16%），生产与供给功能价值为 16.580 亿元/a（占 53.38%），娱乐文化功能价值为 0.455 亿元/a（占 1.46%）。珊溪水库生态服务功能价值见表 5-17。

表 5-17 珊溪水库生态服务功能价值

服务功能		指标体系	价值量/(亿元/a)	所占比例/%
直接功能	生产与供给功能	渔业生产	0.090	0.29
		供水	13.821	44.50
		发电	2.669	8.59
		小计	16.580	53.38
	娱乐文化功能	旅游休闲	0.455	1.46

续表

服务功能		指标体系	价值量/(亿元/a)	所占比例/%
间接功能	环境调节功能	涵养水源	12.220	39.34
		调蓄洪水	1.420	4.57
		净化水质	0.076	0.25
		调节气候	0.048	0.16
		维护生物多样性	0.261	0.84
		小计	14.025	45.16
合计			31.060	100

通过比较珊溪水库库区各项生态服务功能的价值，各子功能价值大小依次为供水（44.50%）＞涵养水源（39.34%）＞发电（8.59%）＞调蓄洪水（4.57%）＞旅游休闲（1.46%）＞维护生物多样性（0.84%）＞渔业生产（0.29%）＞净化水质（0.24%）＞调节气候（0.16）。总体而言，珊溪水库库区在供水、涵养水源、发电及调蓄洪水等方面发挥着重要作用。

珊溪水库库区集供水、水力发电、旅游、渔业生产等功能于一体，其丰富的水资源量对温州市经济社会发展具有重要影响，因此，库区的生产与供给功能占其总服务价值的53.38%。珊溪水库库区的生产与供给功能是其核心服务功能。娱乐文化功能在水库各项功能价值中所占比例不高。珊溪水库为温州市饮用水水源地，虽具有娱乐休闲的潜在价值，但该功能受到较大限制，因而产生的实际价值相对较低。

珊溪水库环境调节价值作为库区隐形的间接功能，在库区生态服务功能中占有重要地位，环境调节功能价值达 14.025 亿元/a，所占比例超过 45%。

5.6.3　河流生态系统

根据河流生态系统服务功能评价指标和评价方法，分别对珊溪水库库区入库支流各项生态服务功能进行了评估。珊溪水库入库河流生态系统服务功能包括供给、调节、文化、支持功能，总价值为 31.645 亿元/a（与水库生态系统服务功能价值重合量为 30.557 亿元/a），其中，供给功能价值为 16.580 亿元/a、调节功能价值为 13.734 亿元/a、文化功能价值为 1.070 亿元/a、支持功能价值为 0.261 亿元/a。计算数据表明，在珊溪水库库区河流生态系统服务功能价值中，供给和调节功能价值占主导地位，约占总价值量的 95.8%。珊溪水库库区河流生态系统服务功能价值见表 5-18。

表 5-18 珊溪水库河流生态系统服务功能价值

服务功能	评价指标	服务价值计算方法	生态价值/(亿元/a)	所占比例/%
供给	供水	市场价值法	13.821	43.68
	水产品生产		0.090	0.28
	水力发电		2.669	8.43
	小计		16.580	52.39
调节	水资源蓄积	替代工程法	12.220	38.62
	净化环境-水质改善		0.076	0.24
	调蓄洪水	影子工程法	1.420	4.49
	河流输沙	替代工程法	0.018	0.06
	小计		13.734	43.41
文化	文化传承	意愿支付法	0.770	2.43
	游憩	旅行费用法	0.300	0.95
	小计		1.070	3.38
支持	生物多样性	支付意愿法	0.261	0.82
合计			31.645	100

5.6.4 农田生态系统

珊溪水库库区农田生态系统服务功能总价值为 10.06 亿元/a，生态系统服务功能价值从大到小的顺序为产品生产（57.26%）＞大气调节（13.52%）＞土壤保持（11.43%）＞净化环境（10.54%）＞维持生物多样性（3.08%）＞涵养水源（2.49%）＞观光游憩（0.99%）＞营养物质保持（0.70%）（文化多样性暂不进行计算）。从服务类型上进行分类，生态系统服务功能价值大小为产品提供功能（57.26%）＞调节功能（38.68%）＞支持功能（3.08%）＞文化功能（0.99%）。珊溪水库农田生态系统服务功能价值计算结果见表 5-19。

表 5-19 珊溪水库农田生态系统服务功能价值

服务类型	功能指标	生态价值/(亿元/a)	所占比例/%
产品提供功能	产品生产	5.76	57.26
调节功能	大气调节	1.36	13.52
	净化环境	1.06	10.54
	土壤保持	1.15	11.43
	涵养水源	0.25	2.48
	营养物质保持	0.07	0.70
	小计	3.89	38.67

续表

服务类型	功能指标	生态价值/(亿元/a)	所占比例/%
文化功能	文化多样性	—	—
	观光游憩	0.1	0.99
	小计	0.1	0.99
支持功能	维持生物多样性	0.31	3.08
合计		10.06	100.0

珊溪水库库区农田生态系统在为飞云江下游的温州市提供丰富的物质产品及生态价值的同时，依然担当着提供重要的生态服务功能的作用。尽管产出农产品的价值可以由其他地区替代，但农田的生态屏障作用或服务功能是其他地区的农田所无法替代的。因此，在后续的库区农田生态环境保护政策制定过程中，不能仅重视其农产品的经济产出，还应注重和保护其生态服务功能。在生态服务价值计算中，直接经济价值（根据温州市农田布局及特色农产品生产和销售战略需求，珊溪水库库区农田直接经济价值取为农产品价值和游憩价值之和）为 5.86 亿元/a，间接价值（珊溪水库除农产品价值和游憩价值外的其他生态价值总和）为 4.2 亿元/a，大约为直接价值的 71.7%。从农田生态系统服务价值组成来看，在温州市珊溪水库库区现有的耕作制度下，提供农产品的生态价值所占份额较大；调节大气、净化环境、土壤保持价值占据重要地位，三者之和占农田生态系统总服务价值的 35.4%；营养物质保持价值最小，仅占 0.7%。

在研究中，由于个别指标难以获取（如文化多样性价值），因此，计算过程中借鉴前人研究成果，间接获取相关数据资料，由此导致个别生态功能价值比实际价值偏大，在后续的研究中将继续对其改进。

5.6.5 水生态价值综合评估

综合珊溪水库森林、农田、水库、河流生态系统服务功能价值计算结果，借助 4 类生态系统的服务类型、功能指标进行归类，在扣除部分生态价值重复计算量的基础上，确定珊溪水库库区水生态服务价值为 117.7428 亿元/a，其中，产品供给、调节功能、文化功能、支持功能价值分别为 23.84 亿元/a、89.2785 亿元/a、1.625 亿元/a、2.9993 亿元/a；水源涵养功能所占比例最高，为 39.81%；其次为水环境治理，占 12.74%。珊溪水库水生态价值具体见表 5-20，图 5-11。

表 5-20　珊溪水库水生态价值评估

服务类型	功能指标	指标解释	生态价值/(亿元/a)	所占比例/%
产品供给	产品生产	森林产品	1.5	1.27
		水产品	0.09	0.08
		农产品	5.76	4.89
		小计	7.35	6.24
	供水	行业供水	13.821	11.74
	发电	水力发电	2.669	2.27
	小计		23.84	20.25
调节功能	水源涵养	水量调节	46.87	39.81
	水环境治理	水质改善	14.996	12.73
	大气环境治理	空气质量提升	16.104	13.68
	大气调节	纳碳吐氧	7.8035	6.63
	调蓄洪水	洪水削峰	1.42	1.20
	河流输沙	输沙清淤	0.018	0.02
	保育土壤	固土、保肥	1.9685	1.67
	营养物质积累	土壤养分持留	0.0985	0.08
	小计		89.2785	75.82
文化功能	文化传承	科研文化	0.77	0.65
	观光游憩	休闲娱乐	0.855	0.73
	小计		1.625	1.38
支持功能	生物多样性	物种保育	0.621	0.53
	森林防护	森林减灾	2.3783	2.02
	小计		2.9993	2.55
合计			117.7428	100

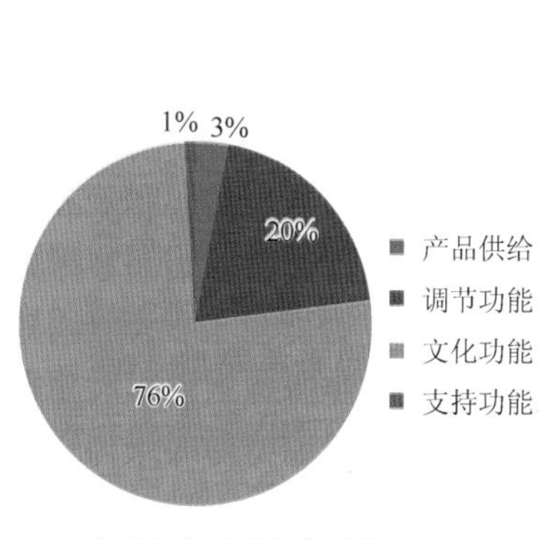

生态价值构成(基于服务类型)

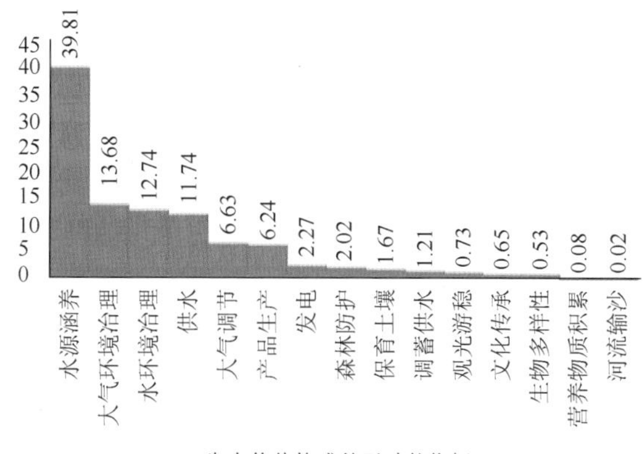

生态价值构成基于功能指标/%

图 5-11　珊溪水库水生态价值评估

5.7　生态补偿标准确定

5.7.1　基于生态服务价值的补偿标准

珊溪水库生态补偿的主要目标是为温州市区提供更多的清洁用水，保证水量与水质。因此，研究选择淡水供给和水质净化两项生态系统服务进行核算，其增加值作为库区上游民众经济、物力投入给下游居民增加的生态系统服务收益，是生态补偿的上限标准。珊溪水库库区水生态服务价值由均化洪水、涵养水源、发电、净化环境功能、森林及农田的减少土壤废弃功能、河流的减少泥沙淤积功能构成。此外，珊溪水库库区上述生态价值功能的发挥均需要库区上游民众的成本投入，同时下游地区对于上游的投入尚没有反馈行为。

依据珊溪水库库区水生态价值内涵与水生态补偿标准计算涵盖内容的对应关系，珊溪水库库区基于生态价值的补偿标准（上限）的计算结果见表 5-21。

表 5-21　珊溪水库库区基于生态价值的补偿标准计算结果

<table>
<tr><th colspan="2" rowspan="2">水生态系统服务功能类型</th><th colspan="4">水生态系统服务功能受益者</th><th rowspan="2">是否补偿范围</th><th rowspan="2">补偿标准/(亿元/a)</th></tr>
<tr><th>库区</th><th>下游</th><th>全国</th><th>全球</th></tr>
<tr><td colspan="2">物质生产功能</td><td>√</td><td></td><td></td><td></td><td>否</td><td>—</td></tr>
<tr><td colspan="2">大气调节功能</td><td></td><td></td><td></td><td>√</td><td>否</td><td>—</td></tr>
<tr><td rowspan="4">水分调节功能</td><td>均化洪水</td><td>√</td><td>√</td><td></td><td></td><td>是</td><td>1.42（水库）</td></tr>
<tr><td>水供应</td><td>√</td><td>√</td><td></td><td></td><td>否</td><td>—</td></tr>
<tr><td>涵养水源</td><td>√</td><td>√</td><td></td><td></td><td>是</td><td>0.25（农田）</td></tr>
<tr><td>发电</td><td>√</td><td>√</td><td></td><td></td><td>是</td><td>2.67（水库）</td></tr>
<tr><td colspan="2">净化环境功能</td><td>√</td><td>√</td><td></td><td></td><td>是</td><td>0.076（河流）</td></tr>
<tr><td colspan="2">生物多样性维持功能</td><td></td><td></td><td></td><td>√</td><td>否</td><td>—</td></tr>
<tr><td rowspan="3">土壤保护功能</td><td>减少土地废弃</td><td>√</td><td>√</td><td></td><td></td><td>是</td><td>1.969（森林+农田）</td></tr>
<tr><td>减少土壤养分损失</td><td>√</td><td></td><td></td><td></td><td>否</td><td>—</td></tr>
<tr><td>减少泥沙淤积</td><td>√</td><td>√</td><td></td><td></td><td>是</td><td>0.018（河流）</td></tr>
<tr><td colspan="2">休闲文化功能</td><td></td><td></td><td>√</td><td></td><td>否</td><td></td></tr>
<tr><td colspan="2">合计</td><td></td><td></td><td></td><td></td><td></td><td>6.403</td></tr>
</table>

基于表 5-21 的结果，珊溪水库库区基于生态价值的补偿标准（上限）为 6.403 亿元。

5.7.2 基于社会成本投入的补偿标准

5.7.2.1 森林生态补偿

2015 年，珊溪水库库区人工造林面积 6 万亩，新造林地面积 2 万亩。库区已有面积 40 万亩，按照国家的公益林管护补助标准 97.5 元/hm^2、新造林地费用为 3000 元/hm^2 进行计算，库区营造林的直接投入为 660 万元/a。

2015 年，珊溪水库库区森林保护区的人均收入为 19681 元，保护区内从事林业生产的人均收入为 24635 元，库区从事林业生产的人口为 3.92 万人。山区民众伐木收入占全部总收入的 40%。由此初步估算珊溪水库库区民众因涵养水源丧失的机会发展成本为 7768 万元/a。本项补偿为林区人员的劳力及投入补偿，并非指国家主体功能区民众应有的义务。依据平等发展的原则，区域收入差距的是衡量受偿区民众对生态服务贡献的一个重要的判定指标，与区域定位的主观发展策略无关。综合测算，珊溪水库库区森林生态保护及养护费用补偿的下限为 8428 万元（0.84 亿元）。依据我国的森林生态补偿标准 75 元/hm^2，确定珊溪水库库区生态补偿量为 1050 万元（0.105 亿元），远低于实际的森林生态功能服务价值，仅为森林产权人的基本维护成本。

5.7.2.2 农田生态补偿

水土流失的原因和其所造成的农田生态系统的失衡正是影响库区农业可持续与否的关键。因此，从预防农业生态退化的角度考虑，库区当前水土流失的保护经济效益为 1.15 亿元/a（土壤流失价值）。每年温州市人民政府均向上游农民治理水土流失、减少面源污染的投入给予一定的补偿。因此，为实现珊溪水库库区农业生产对环境破坏程度最小化，当地政府和下游受益部门应对农户的治理投入和田间管理措施进行补偿，按照政府和农户投入比例 7∶3 进行划分，农田生态补偿标准为 0.805 亿元/a。在珊溪水库库区土壤疏松的山区，农业种植采取的梯田护田措施是有效减少水土流失的重要举措，也是减少面源污染的一种有效措施。研究提出的农田生态补偿正是对农民治理水土流失的外部性成本投入的补偿。

5.7.2.3 水库生态补偿

珊溪水库库区农业人口为 48.69 万人。文成县农业人口为 35.52 万人，城镇居民人均可支配收入 27419 元，农村为 11943 元；泰顺县农业人口为 13.17 万人，城镇居民人均可支配收入为 19998 元，农村为 9158 元。按照居民的支付意愿调查，文成县、泰顺县居民的支付能力为可支配收入的 0.27%。珊溪水库库区水面面积为总面积的 0.12%，库区水生态补偿量为 0.25 亿元/a。水库生态补偿正是对非政府组织或个人参与水库管护行为正向价值的肯定和成本投入的补偿，是利用经济激励措施实现水库源头生态良好、水质稳定的重要举措。

5.7.2.4　河流生态补偿

珊溪水库库区水土流失经济损失评估采用机会成本法进行计算，补偿标准为 0.076 亿元。

经过综合测算，珊溪水库库区基于社会成本投入的补偿标准（下限）为 1.9738 亿元/a。

5.7.3　生态补偿标准实施方案

通过对珊溪水库库区植被、水土保持、水量蓄积功能价值等相关要素投入进行计算，结合水库建设和保护给上游发展造成的机会成本损失，珊溪水库库区水生态补偿标准的上限为 6.40 亿元/a，下限为 1.97 亿元/a。

根据上游生态保护投入水平、下游经济发展能力、区域资源协调分配能力、民众的支付意愿、社会公平发展需求、温州市对库区生态补偿的定位、飞云江水资源丰富程度、珊溪水库库区生态现状和保护力度，研究确定基于社会公平、基于流域生态最大化保护、基于生态保护占优层面的 3 种生态补偿标准。

5.7.3.1　基于社会公平补偿标准

本书从生态效益、社会效益、经济效益，以及社会接受性、实施可操作性等方面确定基于社会公平的流域水生态补偿标准。在合理分配流域环境资源权属的基础上，合理分配库区的环境、资源保护投入和产生的生态效益，充分考虑泰顺县、文安县、瑞安市、温州市区经济发展水平不同带来的支付意愿和支付能力的差异，通过区域间充分协商，以区域间协约的形式确定补偿标准。研究借鉴新安江、太湖流域、东江、三江源、黄河流域实施生态补偿标准的成功经验，确定珊溪水库库区生态补偿标准为 3 亿～3.5 亿元/a。

基于社会公平的生态补偿方案在珊溪水库上下游区域的人均 GDP 的差距小于 10%，该方案在温州市生态补偿法生效后实施。

5.7.3.2　基于流域生态最大化保护补偿标准

研究表明，珊溪水库库区生态补偿有效性问题变得越发重要：①因为生活在流域上游地区的森林和保护区附近的民众可能比流域下游的生态受益者贫穷；②随着对生物多样性保护和碳储存之间协同增效的证据越来越多，如流域上游此类贫困和生物多样性一致的地区将逐步被划为生物多样性保护计划的目标区域；③因机会成本较低，流域上游民众更倾向于出售生态服务功能，因此，生态补偿利于鼓励上游民众的生态保护行为。基于此，研究在探讨生态补偿实施的有效性、效率和公平性评价框架的基础上，结合库区下游支付能力，确定实现流域最大化生态保护的补偿标准为 1.97 亿元/a。

在当前经济社会发展水平及流域生态保护的状况下，基于流域最大化生态保护的补偿标准应严格实施，以实现珊溪水库库区生态最大化程度的改善。

5.7.3.3 基于生态保护占优层面补偿标准

为调动珊溪水库库区上游民众生态保护的积极性，建议温州市区每年的生态补偿标准应高于水源区生态环境保护投入的直接成本，具体的补偿标准可由泰顺、文成、瑞安、温州市区 4 县（市、区）共同协商后确定。结合温州市生态补偿标准的上限值，在考虑 10%～20%的生态价值变化的范围内，珊溪水库库区生态补偿标准下限浮动区间为 5.12 亿～5.76 亿元/a，上限浮动区间 7.04 亿～7.68 亿元/a。

基于生态保护占优层面的生态补偿标准方案应在库区上下游实现区域一体化发展、水量充足（供水保障率 100%）、河道生态水量需求满足、上游生态良好、库区非水域区实现森林全覆盖等经济发展良好、水生态系统可持续发挥功能的前提下实施。

珊溪水库生态补偿标准的确定应结合广泛的调研数据，根据生态系统服务补偿方支付意愿及受偿方的期望补偿值等确定。借鉴相关地区的研究，北京市每年提供上游官厅水库地区怀来县 4 亿～7 亿元的补偿额度，北京市实际补偿标准为 0.2 亿元，补偿标准实现率为 2.85%～5%；新安江流域下游补偿上游标准为 9.9 亿～14 亿元/a，实际支付能力为 5 亿元/a，补偿标准实现率为 35.7%～50.5%；东江下游地区需要对上中游地区进行补偿的费用为 50.32 亿元/a，实际补偿量为 1.5 亿元/a，补偿标准实现率为 2.98%。温州市人民政府每年提供 1.5 亿～3 亿元的财政用于补偿珊溪水库上游生态保护投入，补偿标准实现率为 100%，符合珊溪水库水生态补偿标准额度落实的实际情况。

在考虑到珊溪水库下游受益区的支付能力和支付意愿的前提下，结合珊溪水库的生态功能定位，为保证温州市大水缸的一汪清水，建议对珊溪水库实施的补偿标准采用基于流域生态最大化保护的补偿标准，即为 1.97 亿元/a。

6　水生态补偿资金筹集研究

6.1　流域水生态补偿资金筹集概述

6.1.1　流域水生态补偿有关概念辨析

按照《现代汉语词典》的解释：赔偿是指“因自己的行为使他人或集体受到损失而给予补偿”。法律上规定，赔偿构成的要件有行为的违法性、对合法权益的损害、违法行为与损害结果之间有因果关系。例如，因“国家行政机关、审判机关、检察机关、监狱管理机关及其工作人员在行使职权时，违法侵犯公民、法人或者其他组织的合法权益造成损害，国家负责向受害人赔偿”所形成的国家赔偿（包括刑事赔偿、行政赔偿）；因民事侵权所引起的民事赔偿；因公民、法人或者其他组织违反行政管理秩序的某些行为，由行政机关给予罚款，或违法行为构成犯罪，由司法机关给予罚金的，也有赔偿的属性。然而，法律规定上的补偿（如刑事补偿、行政补偿、民事补偿）是因合法行为引起的，补偿发生的原因是合法行为对他人产生的损失或行为者有目的地使他人获益。对于前一种行为，需对损害者弥补损失；对于后一种行为，需对有目的的利益提供者给予回报。所以，补偿与赔偿的最大区别是发生的原因和性质不同：赔偿一定是因违法行为所引起的，对加害者具有惩罚性；而补偿是因合法行为所引起的，因为合法行为对他人产生损失的补偿不具有惩罚性，行为者有目的地使他人获益的补偿甚至还具有感恩的意味。

“补偿”不同于“补助”，补助是指“从经济上帮助（多指组织上对个人）：补助费，事务补助。”除事务补助，如公差补助外，补助一般有救助目的，如组织上对个人在年老、疾病、丧失劳动能力或其他特殊的情况下，提供经济上的救助。补助者多指组织，被补助者多指个人。由此可知，补助与补偿的最大区别在于：补助是组织上以一种高高在上的姿态对个人施以恩惠，带有救济与帮助的目的，这种恩惠具有很大的随意性和有限性；而补偿不是一种施恩与受恩行为，而是补偿实施者的法定义务，获得公平的补偿也是补偿接受者的法定权利，这种补偿应是法定的和公平的。

“补偿”不同于“补贴”，按照《现代汉语词典》的解释：补贴是指“①贴补（多指财政上的）；②贴补的费用”。实践中，补贴一般是指政府或公共机构，以公益为目的，为引导经济发展使接受者得益的财政资助行为。补贴是以公益为目的，旨在促进产业发展、技术升级和经济繁荣等。使受补贴者个人受益不是补贴的目的，而是补贴的媒介。补贴者是政府或公共机构，受补贴者均为企业或某些产业。

对以上几个概念比较分析后可知，补偿具有鲜明的特征：①补偿是对权益损失的弥补和有目的的利益提供的回报；②行为主体一般是体现公共利益的政府；③补偿是依法行使的一种法律行为，并产生一定的法律后果。

生态补偿是指为了维护社会公平正义，国家或生态受益者通过政府或市场补偿的途径，对生态系统本身的恢复、维护和修复，以及对为改善、维持或增强生态服务功能做出特别牺牲者给予经济和非经济形式的补偿（赵春光，2009）。

补偿主体是国家（政府）和流域生态的受益者，即主要是流域下游的地区、企业和个人。受补偿的对象主要有两个，一是流域内为维持良好水环境而发挥着重要作用的水生态系统，包括山地生态系统、丘陵生态系统、平原生态系统、森林生态系统、草地生态系统、湖泊与湿地生态系统等。二是为改善、维持或增强水生态服务功能做出特别牺牲者，既包括为保护上游水源而丧失发展机会的地区，也包括流域上游地区的企业，以及整个流域内为保护水环境而做出特别牺牲的个人，如退耕还林（草）在一些流域内可以全流域实施，而不是仅仅在流域的上游地区。

流域生态补偿的两种类型：一是以中央政府代表国家对流域生态的恢复、维持、修复所进行的各种投入，这是一种垂直的，也就是说纵向的生态补偿。二是流域内的各区域所进行的区际生态补偿，这是一种横向的生态补偿，即主要流域上中下游之间各行政区域、企业和个人之间所进行的生态补偿。这种生态补偿关系是双向的，一种是生态受益地区，包括流域内各级政府、企业对流域上游生态保护地区的政府、企业和个人所进行的生态补偿，但如果流域上游水环境不达标，应按照约定给予流域下游赔偿。另一种是流域上游可以通过保护水环境，与流域下游进行取水许可权交易，也可以通过减少排污，与流域下游进行排污权交易，以此来调动流域上游地区保护水环境的积极性，获取流域生态保护所需的大量资金，更好地保护流域水资源（王金南，1994）。

6.1.2 流域水生态补偿的特征

（1）流域生态补偿主体的多元性。从理论上讲，流域生态补偿的主体应该是受益者，这些受益者有程度上的区别，有直接受益者，有间接受益者。让所有流域良好水环境的受益者都成为补偿主体难度较大，支付意愿不高。其主要原因如下：一是大多数人认为环境是公共物品，应由政府免费提供；二是路径依赖，免费或低费享有良好环境已经成为大多数人的潜意识；三是希望免费“搭便车”。因此，在让所有受益者均成为补偿主体有相当难度的情况下，不如先将主要的直接受益者作为补偿主体，增加可操作性。国家（政府）是流域生态补偿最主要的主体，由国家（政府）作为最主要的补偿主体也符合由国家提供公共物品的职能。国家（政府）不仅包括中央政府，也包括各级地方政府，如长江、黄河上游的公益林保护涉及省市较多，补偿主体应包括中央政府和流域内各省市政府（唐文浩和唐树梅，2006）。

（2）流域生态补偿对象的特定性。流域生态补偿的对象：一是流域内为维持良好水环境而发挥着重要作用的水生态系统，既包括原生水环境，又包括次生水环境。二是为改善、维持或增强水生态服务功能做出特别牺牲者，既包括为保护上游水源而丧失发展机会的地区，也包括流域上游地区的企业，以及整个流域内为保护水环境而做出特别牺牲的个人。西方国家对于自然资源产权清晰，补偿的对象一般是私有业主和农民。由于我国产权不够清晰，补偿对象较为复杂，首先是流域上游地区的地方政府，其一方面需要加大本地区的生态补偿，是补偿主体，另一方面又接受流域下游地区政府的财政转移支付，成为受补偿的对象。其次包括流域上游的企业，如国有林场，也包括村集体、林农和农民等。

（3）流域生态补偿领域的广泛性。流域生态补偿的范围是相当广泛的，包括整个流域的上中下游区域。除了对已破坏的水环境实施补偿外，如退耕还林、退耕还草，恢复植被，防止水土流失，涵养水源，促进水体恢复，还要对未遭到破坏的流域生态环境进行污染防治和保护支出一部分费用，对因环境保护而丧失发展机会的流域上游地区进行经济和非经济补偿。同时，必须看到，流域生态补偿是一个系统工程，如果仅就流域水体开展生态补偿、防止水污染，并不能解决流域环境问题，必须将流域作为一个整体来考虑，如对流域森林、草地、矿产开发、流域内的自然保护区、重要生态功能区进行统筹考虑，才能真正解决流域水环境问题（贾绍凤等，2006）。

（4）流域生态补偿方式的多样性。市场失灵与政府失灵是导致环境问题的两个方面。首先是市场失灵。在完全竞争的市场上，供求通过价格的自由波动实现资源的最优配置。在市场均衡点，消费者的边际支付意愿等于生产者的边际成本（显强等，2002）。因此，正常运作的市场通常是资源在不同用途之间和不同时间上配置的有效机制。然而，在涉及资源和环境的很多情况下，市场机制是不完善的，甚至是不存在的。大多数环境恶化和低效使用资源的原因在于市场机制不健全、市场机制扭曲，或根本就不存在市场，市场不能有效地配置资源，就是说市场失灵了。其次是政府失灵。市场有效配置资源上的失灵为政府干预提供了借口。市场经济中为克服市场失灵，需要政府的介入，但这种介入是有限度的，如果政府干预的范围和力度过大，超出了纠正市场失灵和维护市场机制正常运行的合理需要，就会人为地扭曲市场机制，资源的效益就无从保证，市场活力将被扼杀。生态问题的两面性决定了流域生态补偿方式的多样性，主要包括政府补偿与市场补偿两种方式。只有通过政府与市场的双向调节、双重补偿，充分发挥政府与市场的作用，才能维持生态和经济社会的可持续发展。在政府补偿上主要有资金补偿、实物补偿、政策补偿等。当前，我国的流域生态补偿主要是政府补偿，而市场补偿尚未完全展开。因此，我国流域生态补偿应借鉴发达国家通过市场手段实施生态服务付费的先进经验，推广运用自发组织的私人交易、开放式的贸易体系、公共支付体系等生态补偿的方式，来实施流域生态补偿，保护流域环境，促进经济社会的全面协调可持续发展。

（5）流域生态补偿的法定性。流域生态补偿作为一种全新的环境经济手段和实现流域可持续发展的制度载体，要从系统理论研究的后台顺利走上全国范围内大规模实践操作的前台，必须寻求相关法律法规的支撑和保障，做到有法可依，名正言顺，也就是说，只有通过法律手段保障流域生态补偿的方针政策的贯彻执行，才能确保这项政策的连续性，而不至于落入“换一届市长换一张规划，换一任书记换一套办法”的窠臼，才能确保流域水资源的可持续利用。因此，从长远来说，生态补偿或流域生态补偿立法是解决流域环境问题的根本之道。首先，补偿标准应当法定。国家应依据生态系统规律，并结合其自净能力的强弱和经济发展的需要，以法律的形式，合理确定流域水生态保护补偿的基本标准，并允许各地区、各流域根据本地区、本流域的实际情况，在不违背上位法的情况下，适当调整补偿标准。其次，补偿程序应当法定。对于政府的生态补偿，应以法律的形式明确规定中央与流域管理机构、地方政府在生态补偿方面的权限、职责，生态费（税）的征求，财政支付转移的方式等。在市场的生态补偿上，对各种生态服务付费方式也应有明确的法律规定，确保交易安全和交易效率。最后，补偿责任应当法定。这既包括生态补偿中政府的责任，也包括生态补偿中各主体的法律责任。

6.1.3 流域水生态补偿资金来源分析

（1）政府财政转移支付。政府公共财政的转移支付是生态补偿基金的主要来源，但不是唯一来源。一般而言，财政转移支付是指以各级政府之间所存在的财政能力差异为基础，以实现各地公共服务的均等化为主旨而实行的一种财政资金或财政平衡制度。在我国分税制的财政体制下，它是实现中央与地方、地方与地方之间发展平衡的重要途径。财政转移支付可分为一般性转移支付和专项转移支付。一般性转移支付是一种不带使用条件或无指定用途的转移支付，其目标是重点解决各级政府之间财政收入能力与支出责任不对称的问题，特别是使经济欠发达地区或贫困地区有足够的财力履行政府的基本职能，能提供与其他地区大致相等的公共服务专项转移支付，是政府为实现其特定的政策目标而进行的转移支付。财政转移支付制度是政府进行生态补偿的一项重要制度，即为了实现生态系统的可持续性，通过公共财政支出，将其收入的一部分无偿地让渡给微观经济主体或下级政府主体支配使用所产生的财政支出，生态补偿中财政转移支付多是专项性的补助，转移支付的款项必须用于指定的项目，实行“专款专用”。目前，我国对生态补偿实行的转移支付有税收返还、专项拨款、财政援助、财政补贴、对综合利用和优化环境予以奖励等形式（张郁和丁四保，2008）。生态服务作为公共产品，应由具有公共服务职能的政府提供。生态维护与建设是各级政府的职责所在，但由于我国地域广阔及经济发展不平衡，各地区生态状况和财政能力存在差异，这时就需要以财政转移支付保证生态维护与建设的资金基础。科学合理的生态补偿财政转移支付制度是实现不同范围内生态公共服务均等化的重要保障。一方面，通过中央-地方生态维护与建设的财政转移，加大了地方生态建设的能力，实现中央与地方生态维护与建设的平衡。另一方面，地方横向财政转移支付，通过不同范围地区间或不同环境相关部门间的生态补偿转移支付，调整不同地区间的生态维护与建设的经济能力，实现部门之间生态利益的再调配，如通过下游地区对上游地区的生态补偿财政转移，补偿上游地区对全流域的水资源维护与江河源生态功能维护所作出的特别牺牲，增强上游地区生态维护与建设的经济能力，从而有利于实现全流域的可持续发展（周成刚和罗荆，2006）。

（2）排污费。所谓排污收费制度，指的是向环境排放污染物品的环境使用者依照其排放污染物的数量及影响缴纳一定费用的制度。自从 1979 年颁布的《中华人民共和国环境保护法（试行）》第 18 条首次以法律形式确定了我国的排污收费制度以来的 30 多年里，我国已形成了国家法律、行政法规、地方法规、部门行政规章等不同层次的排污收费法律体系，为政府进行生态补偿提供了绝大部分资金。排污收费制度是污染者负担原则在环境生态补偿法律中的具体体现。由于排污收费制度起因于生产者或消费者在生产和消费过程中产生的“外部不经济”，因此，排污收费一方面能够为生态补偿提供必要的补偿费用，另一方面能将外部成本强制内在化，促使生产者治理污染，发挥治理设施的效益，加强其经营管理，节约物耗、减少浪费，促使消费者采取低污染的生活和消费方式，减少对环境不必要的污染性消费活动。

（3）环境税。从经济学上说，流域环境具有明显的外部性，解决外部性物品的资金有两种方法：一种是科斯方法，另一种是庇古方法。运用庇古方法就是开征环境税（又称为庇古税）。庇古最早提出了外部效应的解决方法，他在《福利经济学》中提出了用征税方法解决外部不经济性问题，用补贴方法解决外部经济性问题。环境税是国家为了保护环境与资源，而凭借其主权权力，对一切开发、利用环境资源的单位和个人，按其开发、利用自然资源的程度或污染、破坏环境资源的程度征收的一个税种。一方面对环境友好行为给予“胡萝卜”，实行税收优惠政策，如所得税、增值税、消费税的减免及加速折旧等；另一方面针对环境不友好行为挥舞“大棒”，建立以污染排放量为依据的直接污染税，以间接污染为依据的产品环境税，以及针对各种污染物的环境税。在环境税收方面，北欧国家走在最前面。丹麦是欧盟第一个进行生态税收改革的国家，自 1993 年以来，丹麦环境税制形成了以能源税为核心，包括垃圾、废水和尼龙袋等 16 种带有环境目的的税收。荷兰的环境税收制度种类更多，它是世界上最早开征垃圾税的国家。目前，世界上绝大多数国家对于环境税收入的使用采取专款专用的原则，环境税的收入只能用于环境保护，而不能截留或挪作他用。虽然许多经济学家认为，环境税收入专款专用的原则将造成税收刚性，降低经济效益，但大多数学者同时承认，在目前环境形势严峻、环境税率尚未达到最优水平时，专款专用是现实可行的次优解决办法。因此，我国有必要借鉴发达国家的成熟经验，调整现行税制结构，将环境税改革纳入到整个国家的税收体制改革中去，为流域生态补偿筹集资金（何承耕，2007）。

（4）生态补偿费。生态补偿费可以按流域环境资源的开发利用量来征收。征收项目包括工业用水和城镇居民生活用水，木材加工、贩运，征用、占用林地，狩猎，野生动物养殖、经营，森林旅游，风景区的商业活动，以及林业部门依法收取的环境保护补偿、罚款等。可考虑从电厂电费、生活和工业用水、森林公园和风景名胜区门票收入中按照一定比例提取生态补偿费，将提取生态补偿费纳入生态补偿基金。这一做法的效果已为国内外的经验做法所验证。

（5）社会捐赠。生态保护“功在当代，利在千秋”，具有很强的公益性质，生态保护补偿费还可以通过发行生态补偿基金彩票、公众募集等方式筹集资金。通过成立环境保护的慈善机构，设立慈善基金，接受社会各界人士及有关单位和组织的社会捐赠，为流域生态补偿筹措资金，促进流域水资源的可持续利用。《中国 21 世纪议程林业行动计划》也规定：“以国内外捐赠款为主要来源，建立中国 21 世纪议程——林业行动计划发展基金，用于资助那些对国内外有重大影响的可持续发展活动，如消除贫困、防治荒漠化、建设防护林体系、治理环境污染。”目前，随着环境问题已经成为世界各国关注的焦点，改善我国的水环境对我国的邻国和世界各国都是有益的，因此，我国接受一些国际组织和外国政府、环境保护组织的捐款是可能的。事实上，发达国家已经对发展中国家实施发展援助（ODA）计划，提供资金用于欠发达地区的生态保护。各类国际组织（包括环境保护组织）提供专项的环境保护资金，用于发展中国家或欠发达地区的环境治理与生态保护。例如，世界银行设立的生物碳基金，2003 年 5 月启动，启动经费为 4000 万～5000 万美元，最终将达到 1 亿美元。同时，随着我国人民生活水平的不断提高，人民的环境保护意识不断增强，对良好的水环境的需求也在不断增加，人们也更愿意在环境保护上奉献自己的爱心，捐赠环境保护事业。

6.2　国内水生态补偿资金筹集方式

水生态补偿资金的筹集方式主要有中央财政主导的生态补偿资金，省、市政府的财政拨款，从地方政府土地出让金中提取的生态补偿资金，社会捐赠，其他资金。中央政府主要通过纵向财政转移支付补偿流域上游地方政府，流域下游地区的地方政府通过横向转移支付补偿流域上游地方政府。流域内的企业和个人主要通过市场的方式，如自发组织的私人交易、排污权交易、水权交易等对流域上游的企业、个人进行生态补偿。

6.2.1　中央财政主导

6.2.1.1　三江源的中央投资

三江源自然保护区的生态保护和建设一期工程于 2005 年开始实施，包括生态保护与建设项目、农牧民生产生活基础设施建设项目、支撑项目三大类共 22 项工程 1041 个子项目，其中生态保护与建设项目的主要内容包括退牧还草、退耕还林、退化草地治理、森林草原防火、草地鼠害治理、水土流失治理等，工程建设 10 年来，累计完成投资 85.39 亿元，资金主要来源于中央政府投资。

6.2.1.2　东江源的中央协调

根据 2005 年出台的《东江源区生态环境补偿机制实施方案》，其资金来源为中央、省、市、县级政府财政每年一定数额的生态环境补偿资金；另外，由国家协调建立一种流域上下游区际生态效益补偿机制，由广东省每年从东深供水工程水费中安排 1.5 亿元资金交付上游，用于东江源区生态环境保护。

6.2.2　省级财政主导

6.2.2.1　江西省重点流域水生态补偿资金筹集

江西省政府印发了《关于加强“五河一湖”及东江源头环境保护的若干意见》，省政府每年安排一定数量的资金，对生态环境保护成效显著的地区进行奖励，对做出突出贡献的个人和单位予以奖励，同时，制定了自然资源与环境有偿使用政策，对资源受益者征收资源开发利用费和生态环境补偿费。

江西省环境保护厅联合省财政厅制定了《江西省“五河”和东江源头保护区生态环境保护奖励资金管理办法》，根据源头保护区面积和水质情况确定源头保护区奖励资金的分配。根据这一方案，2008 年江西省财政安排 5000 万元，2009 年安排 8000 万元，2010 年安排 10400 万元，2011 年安排 13520 万元，2012 年安排 17520 万元，用于江西省“五河”和东江源头保护区生态环境保护奖励。这种以奖励方式实施的对“五河”和东江源头保护区水生态补偿，大大促进了各级政府及相关部门做好源头区生态保护的积极性。

自 2016 年起，江西省决定对以鄱阳湖流域为主体，包括九江长江段和东江流域实施水生态补偿。江西省采取多种方式筹集流域水生态补偿资金，包括整合国家重点生态功能区转移支付资金和省级专项资金，省级财政新设全省流域水生态补偿专项预算资金，地方政府共同出资，从社会、市场筹措等方式。补偿金额视财力情况逐年增加。2016 年，首期筹集水生态补偿资金达 20.91 亿元，流域水生态补偿资金分配将水质作为主要因素，同时兼顾森林生态保护、水资源管理因素，对水质改善较好、生态保护贡献大、节约用水多的县（市、区）加大补偿力度。补偿资金的 20%按保护区面积分配，80%按出境水质分配，出境水质劣于Ⅱ类标准时取消该补偿资金。

6.2.2.2 福建省重点流域水生态补偿资金筹集

重点流域水生态补偿资金主要从流域范围内市、县政府及平潭综合实验区管理委员会集中，省级政府增加投入，积极争取中央财政转移支付，逐步加大流域水生态补偿力度。资金筹集方式如下。

1）从市、县政府集中部分

按地方财政收入的一定比例筹集。自 2015 年起，重点流域范围内的市、县政府及平潭综合实验区管理委员会每年按照上一年度地方公共财政收入的一定比例向省财政上缴流域水生态补偿资金，设区市按照市本级与属于重点流域范围的市辖区地方公共财政收入之和计算流域水生态补偿资金。其中，流域下游的福州市及闽侯县、长乐市、福清市、连江县和厦门市、平潭综合实验区按 4‰的比例上缴，流域范围的省级扶贫开发工作重点县按 2‰的比例上缴，其他市、县均按 3‰的比例上缴。

按用水量的一定标准筹集。自 2015 年起，重点流域范围内的市、县政府及平潭综合实验区管理委员会每年按照上一年度工业用水、居民生活用水、城镇公共用水总量计算筹集流域水生态补偿资金，由市、县政府和平潭综合实验区管理委员会通过年终结算上缴省财政。其中，流域下游的福州市及闽侯县、长乐市、福清市、连江县和厦门市、平潭综合实验区按 0.03 元/m^3 计算，其他市、县均按 0.015 元/m^3

计算。同时，九龙江北溪引水工程向厦门市供水部分按 0.1 元/m^3 向厦门市征收水资源费，并将其作为流域水生态补偿资金单列分配给漳州市用于北溪水源地保护。

2）省级支持部分

自 2015 年起，福建省财政每年安排重点流域水环境综合整治专项预算 2.2 亿元用作流域水生态补偿资金。同时，每年整合省级预算内投资 3000 万元、水口库区可持续发展专项资金 1000 万元、大中型水库库区基金 3000 万元、省级新调整征收的水资源费新增部分 2000 万元用作流域水生态补偿资金。

福建省生态保护财力转移支付资金和森林生态效益补偿基金仍按原有资金管理办法安排，继续保持对重点流域生态保护地区的补偿支持力度。

原由福建省发展和改革委员会承担的支持水口库区可持续发展实验区建设任务，转由省移民开发局承担。福建省移民开发局每年从水库移民后期扶持基金中安排 1000 万元，支持水口水电站库区相关项目建设。

6.2.2.3 山东省流域生态补偿资金筹集

2007 年 7 月 5 日，山东省政府办公厅制定下发了《关于在南水北调黄河以南段及省辖淮河流域和小清河流域开展生态补偿试点工作的意见》(鲁政办发〔2007〕46 号)，其确定了流域生态补偿资金的筹措办法。补偿资金由省与试点市、县（市、区）共同筹集，各市安排补偿资金的额度，根据当地排污总量和国家环境保护总局公布的污染物治理成本测算，原则上按上一年度辖区内试点县（市、区）所排放化学需氧量、氨氮治理成本的 20%安排补偿资金。省级补偿资金额度原则上不少于各市安排的补偿资金。省财政安排的涉及农业面源治理、水土保持，以及利用世界银行、外国政府贷款等方面的资金也应重点向试点地区倾斜，形成财政支持的合力，切实提高生态补偿的综合效益。

该意见确定了流域生态补偿的补偿对象和补偿标准。根据试点地区各环境保护主体为实施国家和省环境保护规划、污染减排计划而做出的贡献和付出的额外成本，合理确定补偿对象，并按如下标准和方式进行补偿。①对退耕（渔）还湿的农（渔）民，在湿地发挥经济效益前，按农（渔）民的实际损失给予补偿。实施退耕（渔）还湿第一年度，原则上按上一年度同等地块纯收入的 100%予以补偿；第二年度按纯收入的 60%进行补偿；第三年后不再补偿。②对达到国家排放标准的企业，因实施工业结构调整而造成企业关闭、外迁的，由试点市从补偿资金中安排一部分资金，并结合其他资金，统筹给予补助。③对流域内进入城市污水管网实施“深度处理工程”的，按每年度缴纳污水处理费的 50%补偿；对实施“再提高工程”的，按“再提高工程”所削减污染物处理成本的 50%给予补偿。④对按治污规划新建污水垃圾处理设施的，通过贷款贴息或建成奖励的办法给予一定补偿，加强流域内环境基础设施建设。⑤支持企业采取先进、适用的新技术、新工艺防治污染，进一步减少污染物排放总量。

6.2.3　地方财政统筹

2013 年 4 月，德清县人民政府印发了《进一步深化完善生态环境补偿机制实施意见》（德政发〔2013〕18 号），明确建立生态环境补偿基金，确保生态环境补偿具有稳定的资金来源。生态环境补偿基金从以下 8 个渠道筹措：县财政预算内按可用财力 1.5‰安排；全县水资源费按 10%提取；土地出让金收益按 1%提取；排污费按 10%提取；排污权有偿使用资金按 10%提取；农业发展基金按 5%提取；森林植被恢复费按 10%提取；矿产资源补偿费和探矿采矿权价款收益按 5%提取。

6.3　珊溪水库水生态补偿资金筹集的主要思路

在市场经济条件下，需充分解放思想、广开门路、提高补偿资金筹措的效率，建立健全水生态补偿投融资体制。既要坚持政府主导，努力增加公共财政对水生态补偿的投入，又要积极引导社会各方参与，探索多渠道多形式的水生态补偿的资金筹集方式，拓宽水生态补偿市场化、社会化运作的路子，多方并举，合力推进，逐步建立政府引导、市场推进、社会参与的水生态补偿资金筹集方式。

6.3.1　政府资金

由于水源涵养、水资源和水质保护、生物多样性保护、防洪减灾等生态服务功能的受益者主要是下游的人民群众，而政府作为群众利益的代言人，是环境资源的管理者、生态建设的组织者，具有能充分发挥调剂市场余缺、协调不同利益群体关系的作用，政府资金应是水生态补偿资金的主要来源。

6.3.1.1　专项财政资金

政府的财政资金是水生态补偿资金的主要来源。加快建立“环境财政”，把环境财政作为公共财政的重要组成部分，加大地方财政对水生态补偿和生态环境保护的支持力度，加大财政转移支付力度。

进一步整合现有市级财政转移支付和补助资金，加大水生态补偿资金规模，将生态市建设、新农村建设、环境保护补助、工业企业技术改造、财政支农资金、扶贫帮困等专项资金中安排用于珊溪水库范围内的资金纳入到专项财政资金中，形成聚合效应。市财政每年安排一定资金纳入水生态补偿专项财政资金，并根据今后全市财力情况，稳步提高水生态补偿的总体水平。

6.3.1.2 水价中提取水生态补偿资金

水资源的价格机制是补偿机制的约束手段。科学的水价是水资源良性循环的重要保证，也是合理利用水资源的调节器。推进水资源价格改革，建立有利于水资源节约和环境保护的价格体系，完善其价格形成机制，是建立水资源补偿机制的必然选择。水源地的水质越好，受水区的售水水价就应越贵，建立按照水量、水质付费的体系，按照“谁受益、谁分担，谁用水、谁出钱，用好水、多花钱”的政策导向，只有建立这样一种机制，上下游才能够成为彼此联系和依托的利益共同体。

根据2012年12月23日温州市政府常务会议关于珊溪原水价格同网同价同步调整的指示和市政府办公室抄告单〔2012〕205 号精神，县（市）珊溪水源地治理保护资金的收取与温州市区同步执行。温州市区已于2013年1月1日起，收取珊溪水源地治理保护资金，收费期限为15年，并实行分段收费，前5年收取标准为0.30元/m^3，后10年收取标准为0.50元/m^3。前5年（2013年1月1日至2017年12月31日）因珊溪水源地治理保护资金收取0.30元/m^3，相应地，居民生活用水价格加价0.30元/m^3，非居民生活和特种用水价格加价0.35元/m^3。后10年（2018年1月1日至2027年12月31日）因珊溪水源地治理保护资金收取0.50元/m^3，相应地，居民生活、非居民生活和特种用水价格再加价0.20元/m^3。

温州市珊溪水库以原水价格 0.99 元/m^3 销售给市水务集团及瑞安、平阳、苍南等水厂。原水价格中包括了由地方政府收取的库区水源保护费 0.12 元/m^3（其中，库区水源保护费0.05元/m^3，用于水生态补偿0.06元/m^3，用于库区建设移民后期扶持资金0.01元/m^3）。

6.3.1.3 水资源费中提取水生态补偿资金

水资源费主要指对城市中取水的单位征收的费用，按照取之于水和用之于水的原则，将其纳入地方财政，作为开发利用水资源和水管理的专项资金。水资源费专项用于水资源的节约、保护和管理，也可以用于水资源的合理开发。任何单位和个人不得平调、截留或挪作他用。水资源费的使用范围包括水资源调查评价、规划、分配及相关标准制定；取水许可的监督实施和水资源调度；江河湖库及水源地保护和管理；水资源管理信息系统建设和水资源信息采集与发布；节约用水的政策法规、标准体系建设，以及科研、新技术和产品开发推广；节水示范项目和推广应用试点工程的拨款补助和贷款贴息；水资源应急事件处置工作补助；节约、保护水资源的宣传和奖励；水资源的合理开发。水资源费的使用与水生态补偿资金使用有相似的使用范围，因此可以提取部分水资源费用于水生态补偿。

根据浙江省物价局、省财政厅、省水利厅《关于调整我省水资源费分类和征收标准的通知》（浙价资〔2014〕207 号）的规定，自 2016 年 1 月起，按 0.20 元/m^3 缴纳水资源费。缴纳的水资源费中，按照中央 10%、省级 30%、温州市 60%的比例分成上缴国库，建议将温州市珊溪水库水资源费的 60%的比例分成，直接提取成为水生态补偿资金。

库区内的水电站利用流域水资源进行发电，按 0.008 元/(kW·h)缴纳水资源费，缴纳的水资源费中，按照中央 10%、省级 18%、温州市 72%（市级 18%，县级 54%）的比例分成上缴国库，建议将返还温州市的 72%的比例分成，直接提取成为水生态补偿资金。

6.3.1.4 土地出让金中提取水生态补偿资金

根据中共中央、国务院《关于加快水利改革发展的决定》（中发〔2011〕1 号）、财政部、水利部《关于从土地出让收益中计提农田水利建设资金有关事项的通知》（财综〔2011〕48 号），从 2011 年 7 月 1 日起，全国各地已经统一按照当年实际缴入地方国库的招标、拍卖、挂牌和协议出让国有土地使用权取得的土地出让收入，扣除当年从地方国库中实际支付的征地和拆迁补偿支出、土地开发支出、计算和提取农业土地开发资金支出、补助被征地农民社会保障支出、保持被征地农民原有生活水平补贴支出、支付破产或改制企业职工安置费支出、支付土地出让业务费、缴纳新增建设用地土地有偿使用费等相关支出项目后，作为计算和提取农田水利建设资金的土地出让收益口径，严格按照 10%的比例计提农田水利建设资金。农田水利建设资金实行专款专用，专项用于农田水利设施建设及农田水利设施的日常维护支出。

充足的水源保障是生产、生活的必备条件，各受益地区的土地开发与水源条件息息相关，可参照土地出让收益金中提取 10%专项用于农田水利建设的模式，在土地出让收益金中提取一定比例专项用于水生态补偿。

6.3.1.5 其他专项资金

（1）中央、省级各相关部门对珊溪水库库区中的水源地保护、环境保护、公共基础设施建设的各类补助资金，以及对文成、泰顺的国家重点生态功能区的补助资金等。

（2）《市委办公室市政府办公室关于开展珊溪水库库区环境整治的实施意见》（温委办发〔2007〕136 号）确定的珊溪水库库区环境整治专项资金 3500 万元和市委专题会议（纪要〔2010〕6 号）确定的珊溪库周群众生产发展扶持资金 1000 万元。

（3）市级各部门管理使用的其他资金（支持珊溪水库库区部分），统一纳入水生态补偿资金范畴，采用统分结合的工作机制，部门运作，各司其职。

6.3.2 市场资金

6.3.2.1 排污权交易费、排污费中提取水生态补偿资金

根据《排污费征收使用管理条例》及其配套规章的有关规定，直接向环境排放污染物的单位和个体工商户应缴纳排污费。由于排污费必须纳入财政预算，列入环境保护专项资金进行管理，所以其主要用于重点污染源防治，区域性污染防治，污染防治新技术、新工艺的开发、示范和应用，国务院规定的其他污染防治项目的拨款补助或者贷款贴息与水生态补偿资金具有类似的作用。

在排污总量控制和污染源达标排放的前提下，在温州全市范围内建立污染物排放指标有偿分配和排污权有偿交易制度，加快推进排污权交易的力度，运用市场机制降低治污成本，提高治污效率。2016 年，温州市排污权网拍交易价格金额突破 150 万元，因此可提取珊溪水库供水受益地区的排污费、排污权交易收费的部分资金，并将其纳入水生态补偿资金。

6.3.2.2 主要受益企业收益提取

在珊溪水库库区范围内，向直接利用库区水资源产生效益的企业提取水生态补偿费用。受益企业主要是浙江珊溪经济发展责任有限公司的珊溪水力发电厂直接利用水库水发电，可从浙江珊溪经济发展责任有限公司的税前利润中提取一定比例资金纳入全市水生态补偿资金。

良好的生态环境、植被涵养了水源，给库区内的水电站带来了充沛的水量，各电站享受到了良好的生态环境带来的经济效益，需考虑支付一定的费用用于水生态补偿，可探索从库区水电站发电的上网电价中提取水生态补偿费用。哥斯达黎加国内的环球能源公司以现金的形式支付给上游的私有土地主，要求这些私有土地主将他们的土地用于造林、从事可持续林业生产或保护有林地，使河流年径流量均匀增加，保证水量供应。根据《浙江关于完善小水电上网电价政策有关事项的通知》（浙价资〔2014〕150 号），温州市的 1993 年以前投产的平均电价 0.43 元/(kW·h)，峰电价 0.533 元/(kW·h)，谷电价 0.213 元/(kW·h)；1994～2005 年以前投产的平均电价 0.46 元/(kW·h)，峰电价 0.570 元/(kW·h)，谷电价 0.228 元/(kW·h)；2006 年之后投产的平均电价 0.48 元/(kW·h)，峰电价 0.595 元/(kW·h)，谷电价 0.238 元/(kW·h)，可以在库区水电站的上网电价中提取一定比例的资金或者采用加价的方式提取水生态补偿资金。

6.3.2.3 开征生态税

征收“生态税”，保证补偿资金有长期稳定的来源，建立以保护环境为目的

的专门税种，消除部门交叉、重叠收费现象，并逐步完善现行保护环境的税收支出政策。“生态税”的设置应该具有典型区域差异和行业差异的税收体制，体现“分区指导”的思想，并用于补偿生态保护与建设。对严重破坏生态环境的生产生活方式利用税收手段予以限制，如对木材制品、高能耗产品等的生产和销售征收重税。对环境友好、有利于生态环境恢复的生产生活方式给予税收上的优惠等。在“生态税”推出之前，可以考虑先推出“生态附加税”。“生态附加税”类似城建税或教育附加费的形式，可附在 3 种主要税种（增值税、营业税、企业所得税）上。

进一步调整和完善现行资源税，将资源税的征收对象扩大到矿藏资源和非矿藏资源，将现行资源税按应缴税资源产品销售量计税改为按实际产量计税，对非再生性、稀缺性资源课以重税。通过税收杠杆把资源开采使用同促进生态环境保护结合起来，提高资源的开发利用率，进一步完善水、土地、矿产、森林、环境等各种资源税费的征收使用管理办法，加大各项资源税费使用中用于水生态补偿的比重，并向欠发达地区、重要生态功能区、水系源头地区倾斜。

开展水资源税试点工作，可采取水资源费改税方式，将地表水和地下水纳入征税范围，实行从量定额计征，对高耗水行业用水、超计划用水户及在地下水超采地区取用的地下水企业适当提高税额标准，正常生产生活用水维持原有负担水平不变。

6.3.3 社会资金

6.3.3.1 社会资本

库区范围的文成、泰顺等地的海外华人、在外经商人员众多，可积极引导当地民间雄厚的资金和国内外的社会资金投向水源保护。按照“谁投资、谁受益”的原则，支持鼓励社会资金参与生态建设、环境污染整治等方面的水源保护投资。库区范围内的环境保护、水利、市政等公共基础建设项目、第三产业等项目采用政府和社会资本合作（PPP）、建设经营转让（BOT）模式吸引社会资金投资，充分发挥当地民间资本雄厚的优势，鼓励和引导社会资金投向水源保护区环境保护、生态建设和资源高效综合利用产业，逐步建立政府引导、市场推进和社会参与的水生态补偿机制。

6.3.3.2 绿色贷款

2016 年，中国人民银行、财政部、国家发展和改革委员会、国家环境保护部、中国银行业监督管理委员会、中国证券监督管理委员会、中国保险监督管理委员会联合印发了《关于构建绿色金融体系的指导意见》。绿色金融体系主要包括大力发展绿色信贷；推动证券市场支持绿色投资；设立绿色发展基金，通过政府和社会资本合作模式动员社会资本；发展绿色保险；完善环境权益交易市场、丰富融资工具等内容。绿色信贷支持的项目可按规定申请财政贴息支持，以形成支持绿色信贷等绿色业务的激励机制及抑制高污染、高能耗和产能过剩行业贷款的约束机制。《关于构建绿色金融体系的指导意见》主要通过再贷款（即中央银行向金融机构提供较低成本的资金来支持绿色信贷和绿色投资）、专业化担保机制（以降低绿色项目的风险溢价）、财政贴息（以降低企业所支付的绿色信贷的融资成本）等方式来支持绿色信贷；对绿色债券和相关产品的发行，提高核准（备案）效率，以降低行政成本；通过将绿色项目与相关高收益项目打捆，鼓励社会资本参与绿色项目。

因此，以构建绿色金融体系为契机，在珊溪水库的生态保护、清洁能源、节能减排、资源综合利用方面申请绿色贷款，合理有效配置资源，引导全社会最大限度地控制和减少资源和环境损耗，从而在促进库区经济社会与资源环境协调、可持续发展的过程中，实现经济、社会的可持续发展。

6.3.3.3 专项绿色债券

根据温州市出台的金融政策，发挥市场机制和社会机制在水生态补偿中的作用，通过“以水养水”市场化融资、鼓励金融制度创新等方式，采取过桥贷款、专项债券等措施，为水生态补偿筹措资金。

温州市已经发行的“幸福股份”“蓝海股份”对于温州市水生态补偿资金的筹集有良好的借鉴作用。充分利用温州市金融改革试点的有利时机，将专项债券与绿色金融体系相结合，发行专项绿色债券。

幸福股份的募集情况：“幸福股份”是温州市金融综合改革试验区设立以来推出的创新举措之一，它的推出为打通民资进入基础设施建设领域、推动小资本对接大项目提供了新的通道。2012 年 12 月 12 日，“幸福股份”一期——市域铁路 S1 线首开国内轨道交通民间募资先河，总募集资金 15 亿元。根据融资方案，采用货币资金认购股份的方式，固定收益每年一付，投资收益按税后年收益率 6% 净得收益分配，建设期 15 年。2013 年 7 月 30 日，“幸福股份”二期——滨江金融街项目作为温州市城市建设项目向温州市民间资本再次开闸，总募集资金 10 亿元。“幸福股份”二期与一期采用了不同期限对应不同收益率的回报方式：一年期税后年收益率为 5.5%，两年期税后年收益率为 6.5%，三年期税后年收益率为 7%，此举是为了鼓励投资者进行长线投资。2014 年 4 月 23 日，“幸福股份”三期参照“幸福股份”二期模式再次进行募集，总募集资金 10 亿元。第三期个人投资者的最高出资额度由前两期的 100 万元调高到了 500 万元。

“蓝海股份”的募集情况：2014 年 8 月 19 日，“蓝海股份——瓯飞股”一期发行 8 亿元，每股 1 万元，共 8 万股，以后根据围垦项目的实际资金需求和市场情况来决定是否增发。“蓝海股份——瓯飞股”通过增资扩股，定向（温州市范围包括县市区）筹集股本，吸引国有资本、企业资本和个人资本共同参与瓯飞工程建设。“蓝海股份——瓯飞股”一期仅限温州市辖内发行，实行保本固定收益，最低期限2年，最高期限5年，每份1万元。个人投资者可选择不同的投资期限（2年、3年、4年、5年），对应的税后固定年收益为2年期6.5%，3年期7%，4年期7.5%，5年期8%。本金持有满二年后可随时赎回或续投。

6.3.3.4 发行生态彩票

为扩大资金来源，还可发行水生态补偿公益彩票。发行彩票的主要目的是筹集资金，政府通过特许发行的方式，弥补财政所不能覆盖的领域是发行彩票的实质。通过发行彩票设定奖金，吸引公众投入为数不多的资金，从而聚集众人的小额资金达到筹集大量社会公益资金的目标。

参与者购买彩票的钱形成资金“奖池”，在组织者抽取一定比例的资金后，再以某种方式返还给部分参与者。因为几乎每个人都梦想成为那些极少数获得大奖的人，从而在不知不觉中实现了“微笑纳税”，筹得的资金用于支持公益事业发展。

彩票资金由彩票奖金、发行费和公益金三部分构成，销售彩票得到的彩票资金除部分返还给中奖彩民，扣除必要的运营管理费用外，剩余资金将用作社会公益事业。公益金体现了彩票的公益属性，是实现彩票发行目标的重要标志。其中，彩票奖金支付给彩票中奖者，彩票发行费是彩票发行销售的运营费用，而彩票公益金从彩票资金中按照一定比例提取，是专门用于社会公益的资金，可以将该部分资金提取作为水生态补偿资金。

目前，彩票发行分别由隶属于民政部的中国福利彩票发行中心和隶属于国家体育总局的体育彩票管理中心承担，按省级行政区域组织实施。省级行政区域内的彩票销售工作受彩票发行机构业务指导，由隶属于省和省级以下各级民政、体育部门的专门机构承担，也可由彩票发行机构直接承担。未经国务院批准，任何地方、部门、组织、个人均不得在中华人民共和国境内发行或变相发行彩票。因此，发行公益生态彩票，需市民政局积极与民政部对接，取得上级部门的支持，将库区生态彩票作为地方公益彩票发行的试点进行推进。

6.3.3.5 碳汇交易

中国向世界承诺到2030年左右二氧化碳排放达到峰值的目标，并宣布在2017年启动运行全国性的碳交易市场。碳交易是一项“政府创造、市场运作”的制度安排，是解决温室气体排放等环境负外部性问题的重要手段。2005～2013年，被碳交易机制覆盖的欧盟地区企业总减排量达到13%。

碳交易和在此基础上的碳金融市场至少可以发挥以下几方面的作用：一是抑

制碳排放总量的功能，即通过控制配额总量，实现总体减排的目标；二是价格发现功能，通过价格信号实现碳配额资源在空间上的优化配置；三是成本分担功能，即让高排放者向低排放者支付，事实上起到共同为减排买单的作用；四是为减排者提供融资的功能，即通过向有未来碳收益的企业提供融资来支持其发展；五是为碳市场参与者提供风险管理工具。

在我国国内碳排放市场，“林业碳汇交易”是指通过营造林产生的碳汇减排量，经过国家发展和改革委员会批准的第三方审核机构审核、国家发展和改革委员会组织审定并核发的碳信用（即 CCER），经碳排放交易市场，由具有温室气体减排需求和意愿的主体向项目业主购买，用于冲抵自身碳排放量的一种碳排放权交易形式。

可充分利用库区当地丰富的森林资源，与银行、证券、保险、基金等金融机构开展碳汇交易的研究和合作，开展林业碳汇交易，促进形成规模化交易的制度安排和金融交易活动。

6.3.3.6 爱心捐赠

积极动员广大干部群众和社会各界，以主人翁的姿态投身珊溪水源保护中，充分发挥领导干部的示范带头作用，形成爱水护水的新风尚、新动力和正能量，发动广大干部、群众、温商为珊溪水源保护捐资治水，所捐款项实行专款专用，全部定向用于水生态补偿。对捐赠数额较大的给予表彰，授予“护水使者”荣誉称号，对捐赠数额超过 500 万元的可择优选取库区范围内的部分工程、道路、桥梁采取命名的方式授予荣誉。

充分利用并壮大珊溪水源保护公益基金和“慈善一日捐”爱心基金，继续深入实施“亲近水源地爱心献库区”节水护水系列公益活动，为库区百姓提供爱心、福利、关怀。目前，该活动已经成为全国首个针对水源地常态化开展的公益品牌，并获得全国第二届青年志愿者大赛节水护水类金奖。

6.4 珊溪水库水生态补偿资金筹集方案

根据资金筹集的主要思路是珊溪水源保护和水生态补偿的资金需求的情况，拟定温州市资金筹集的方案，资金筹集以政府资金为主、市场资金和社会资金为辅。

6.4.1 政府资金

6.4.1.1 专项财政资金

结合温州市实际情况，在现有各地区安排的专项财政资金外，进一步扩大安排专项财政资金的地区。专项财政资金的组成情况如下。

（1）市财政预算安排资金 5000 万元；并以 5000 万元为基数，逐步提高水生态补偿的总体水平，不断加大对水源保护区的补偿力度，水生态补偿资金每年增长的幅度不低于受益区财政经常性收入的增长幅度。

（2）鹿城区、龙湾区、瓯海区、浙南产业集聚区财政预算各安排资金 500 万元，共计 2000 万元。

（3）瑞安市、平阳县、苍南县、洞头区财政预算各安排资金 100 万元，共计 400 万元。

根据各地区专项财政资金安排情况进行测算，每年可安排水生态补偿专项财政资金 7400 万元。今后将视财力情况、各地用水增长情况进行调整，逐步提高水生态补偿的总体水平。各受益地区逐步提高水生态补偿专项财政资金的额度标准，原则上按其总用水在 2015 年的基础上每提升 1000 万 t，增加 100 万元的预算进行安排，纳入专项财政资金。

6.4.1.2　水价中提取水生态补偿资金

温州市已经在水价中收取珊溪水源地治理保护资金，收费期限为 15 年，并实行分段收费，前 5 年收取标准为 0.30 元/m^3，后 10 年收取标准为 0.50 元/m^3。按珊溪水库年均供水给市水务集团及瑞安、平阳、苍南等水厂 2.5 亿 m^3 估算，每年可提取珊溪水源地治理保护资金约 7500 万元（按 0.30 元/m^3 计算）。

已售原水价格中包括了由地方政府收取的库区水源保护费 0.12 元/m^3（其中库区水源保护费 0.05 元/m^3，用于水生态补偿 0.06 元/m^3，用于库区建设移民后扶资金 0.01 元/m^3），按珊溪水库年均供水给市水务集团及瑞安、平阳、苍南等水厂 2.5 亿 m^3 估算，可每年收取水生态补偿资金约 3000 万元（按 0.12 元/m^3 计算，其中 1500 万元为水源地治理保护治理资金）。

初步测算，每年可从水价中提取水生态补偿资金约 10500 万元。

6.4.1.3　水资源费中提取水生态补偿资金

根据浙江省物价局、省财政厅、省水利厅《关于调整我省水资源费分类和征收标准的通知》（浙价资〔2014〕207 号）的规定，自 2016 年 1 月起，按 0.20 元/m^3 缴纳水资源费。缴纳的水资源费中，按照中央 10%、省级 30%、温州市 60%的比例分成上缴国库。建议将温州市水资源费 60%的比例分成（0.12 元/m^3），直接提取成为水生态补偿资金。按珊溪水库年均供水给市水务集团及瑞安、平阳、苍南等水厂 2.5 亿 m^3 估算，水资源费返还的费用约 3000 万元，可提取的水生态补偿资金约 3000 万元。

将库区内的 86 座水电站缴纳的水资源费[0.008 元/(kW·h)]中返还温州市的

72%的比例分成，提取成为水生态补偿资金。按多年平均总发电量 11.50 亿 kW·h 进行估算，可提取的水生态补偿资金约为 600 万元。

水资源费的使用，财政部、国家发展和改革委员会、水利部有严格的界定，因此提取的水资源费需定向用于水生态补偿中水资源的节约、保护和管理等方面，并积极争取上级有关部门同意，将温州市的市级水资源费返还部分统筹至水生态补偿资金中。

根据水资源费返还情况进行初步测算，每年可提取水生态补偿资金约 3600 万元。

6.4.1.4 土地出让金中提取水生态补偿资金

加强与市财政等相关部门的沟通，探索从市本级和各受益区、市、县每年的土地出让受益金收入中提取 0.5%专项纳入水生态补偿资金，并设置提取总数的上限为 3000 万元。初步测算，每年可从土地出让收益金中提取水生态补偿资金约 3000 万元。

6.4.1.5 其他水生态补偿资金

（1）中央、省级各相关部门对珊溪水库库区中的水源地保护、环境保护、公共基础设施建设的各类补助资金，以及对文成、泰顺的国家重点生态功能区的补助资金等。

（2）《市委办公室市政府办公室关于开展珊溪水库库区环境整治的实施意见》（温委办发〔2007〕136 号）确定的珊溪水库库区环境整治专项资金 3500 万元和市委专题会议（纪要〔2010〕6 号）确定的珊溪库周群众生产发展扶持资金 1000 万元。

（3）市级各部门管理使用的其他资金（支持珊溪水库库区部分），统一纳入水生态补偿资金范畴，采用统分结合的工作机制，部门运作，各司其职。

6.4.2 市场资金

6.4.2.1 排污权交易和排污费中提取水生态补偿资金

根据温州市实际，以及部分受益地区已经实施的排污费、排污权有偿使用资金的提取情况，拟定水生态补偿资金提取的比例如下。

（1）市级排污费、排污权有偿使用资金按 20%的比例提取。

（2）鹿城区、龙湾区、瓯海区、洞头区、浙南产业集聚区的排污费、排污权有偿使用资金按 20%的比例提取。

（3）瑞安市、平阳县、苍南县的排污费、排污权有偿使用资金按 10%的比例提取纳入水生态补偿资金。

初步测算，每年可从排污权交易和排污费提取水生态补偿资金约 500 万元。

6.4.2.2 主要受益企业收益提取

（1）每年从浙江珊溪经济发展有限责任公司的税前利润中提取 10%的资金纳入全市水生态补偿资金，预计每年可提取水生态补偿资金 500 万元。

（2）每年从库区水电站的上网电价中提取 0.005 元/(kW·h)纳入全市水生态补偿资金，按多年平均发电量 11.50 亿 kW·h 进行估算，预计每年可提取水生态补偿资金余额 500 万元。

初步测算，每年可从受益企业中提取水生态补偿资金约 1000 万元。

6.4.2.3 生态税

积极争取上级支持，在温州市开展生态税和水资源税的征收试点，省、市政府协调相关部门建立协调机构，与流域上下游地区协调制定可行的工作方案和配套政策规定。生态税征收后，可能涉及排污费、排污权交易费及水资源费方面的调整，可能会与本次资金筹集的有关内容重合，所以在本次筹集方案中先不核算该部分资金。

积极争取上级支持，将珊溪水库库区范围内的文成县、泰顺县列为全国自然资源产权改革试点区，省、市政府加强组织管理与技术支持，按现代产权制度要求，在建立自然资源资产统一确权登记制度和用途管制制度、编制自然资源资产负债表、建立资源环境承载能力监测预警机制等方面全面推进改革。同时，推进生态资源产权的市场化改革，引导进行多样化的生态资源产权交易、置换和产权流转，试点生态资源产权的抵押、质押改革，激活生态资源产权的价值。

积极争取上级支持，将珊溪水库纳入全国水权交易试点。由省、水利部门协调成立专门机构具体进行组织协调，组建水权交易平台，完善技术支撑体系，形成制度规范，协调上下游地区建立水权交易价格、规则、流程，推进公平交易，形成流域水生态补偿的市场化机制。

6.4.3 社会资金

6.4.3.1 社会资本

发掘库区内的公共基础建设项目，整合水利、环境保护等建设项目，采用 PPP、BOT 模式吸引社会资金投资，通过政府资金带动社会资金参与水源保护和水生态补偿。例如，库区内的新建污水处理厂、生态垃圾综合处理等。又如，目前库区范围内拟开展的项目，即文成县百丈漈水库（天顶湖）水质保护工程、泰顺县生活垃圾无害化综合处理厂等项目可充分吸收、引入社会资本，采用 PPP 模式进行建设。由于社会资本的筹集主要根据具体项目进行，无固定收入情况，所以本次研究不核算具体数值。

6.4.3.2　绿色贷款

部分环境保护项目虽然有较好的环境效益，但回报率不够高，难以吸引足够的社会资本，因此需要一定的财政、金融和监管类的激励机制来降低融资成本或提高项目收益，以帮助投资者达到合理的回报率。

充分利用构建绿色金融体系的契机，在库区范围点的新建污水处理厂、城镇污水管网配套工程、农村生活污水治理、农业面源治理、水生态修复、水源涵养等生态保护工程、资源综合利用等方面申请绿色贷款。申请绿色贷款的具体额度要根据项目实际需要进行申请，本次研究不核算具体数值。

6.4.3.3　专项绿色债券

发展绿色债券市场有多方面的好处，为环境保护企业和项目开辟新的融资渠道，解决银行和企业期限错配，为投资者提供新的资产类别。2015 年年底，中国人民银行和中国金融学会绿色金融专业委员会同时发布了绿色金融债的公告和《绿色债券项目支持目录（2015 年版）》，启动了中国绿色债券市场。

参照“幸福股份”“蓝海股份”的模式，并结合绿色金融体系情况发行“蓝海股份——珊溪股”，用于珊溪水源保护区内的重大基础设施建设。发行的规模根据库区范围内重大基础设施的投资和水生态补偿额度的需求进行确定，本次研究不核算具体数值。

6.4.3.4　发行生态彩票

探索发行生态彩票的可行性，积极与民政部对接，取得上级有关部门的支持，将库区公益彩票作为地方公益彩票发行的试点进行推进。生态彩票的发行主要集中在温州市域范围内，彩票的类型原则上采用即开型。

即开型生态彩票的奖金相对偏重于低奖、多奖，鼓励更多人购买。同时，可以将即开型生态彩票与市域范围内的相关体育赛事、重大节日、公益宣传等主题相结合，发行具有纪念意义的票种。生态彩票的公益金收入存在不确定性，因此本次研究不核算具体数值。

6.4.3.5　碳汇交易

开展碳排放权交易下的林业碳汇交易，珊溪水库库区开展林业碳汇交易资源禀赋及优势是森林覆盖率高，森林植被层固碳量方面具有巨大潜力，可以通过森林的健康和可持续经营来提高碳汇增量。林业碳汇进入碳排放交易市场，使林业经营者通过可持续经营森林增加碳汇，并经由交易体系获得收益，其也有利于实现对林区和林农的精准扶贫。林业碳汇交易的主要受益对象是林业权属者，而且碳汇交易情况正处在初步发展阶段，交易情况不固定，因此本次研究不核算具体数值。

6.4.3.6 爱心捐赠

发动广大干部、群众为珊溪水源保护捐资治水，所捐款项实行专款专用，全部定向用于水生态补偿。充分利用并壮大珊溪水源保护公益基金和“慈善一日捐”爱心基金，继续深入实施“亲近水源地爱心献库区”节水护水系列公益活动，为库区百姓提供爱心、福利、关怀。

6.4.4 资金额度

根据资金筹集方案，温州市水生态补偿资金的总额为 30500 万元（大于建议补偿的标准 1.97 亿元）。其中，从专项财政资金中提取 7400 万元，从水价中提取 10500 万元（其中，提取珊溪水源地保护资金 9000 万元），从珊溪水资源费市级返还资金中提取 3600 万元，从库区环境整治专项资金中提取 3500 万元，从库区群众生产发展扶持资金中提取 1000 万元。从排污费、排污权有偿使用资金中提取 500 万元，从受益企业中提取 1000 万元。

水生态补偿资金的组成结构如图 6-1 所示，水生态补偿资金的主要来源方式汇总见表 6-1。

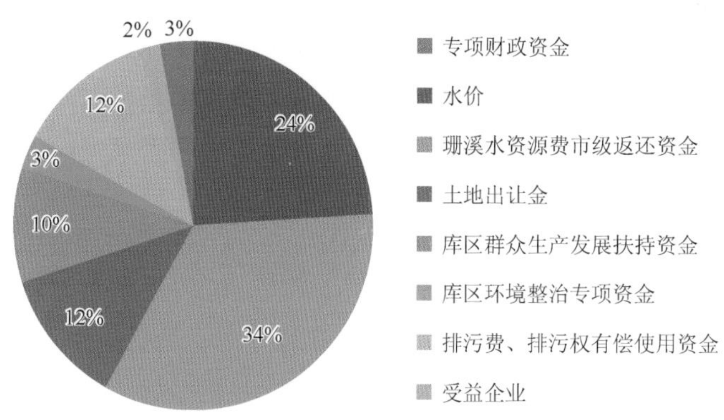

图 6-1 水生态补偿资金组成结构

表 6-1 水生态补偿资金的主要来源方式

筹集方式	资金来源	可用额度/万元	资金总数/万元
政府统筹资金	专项财政资金	7400	29000
	水价	10500	
	珊溪水资源费市级返还资金	3600	
	土地出让金	3000	
	库区群众生产发展扶持资金	1000	
	库区环境整治专项资金	3500	

续表

筹集方式	资金来源	可用额度/万元	资金总数/万元
市场资金	排污费、排污权有偿使用资金	500	1500
	受益企业	1000	
	生态税	—	
社会资金	社会资本	—	—
	绿色贷款	—	
	专项绿色债券	—	
	公益彩票	—	
	碳汇交易	—	
	爱心捐赠	—	
小计		30500	

7 水生态补偿方式研究

7.1 国内水生态补偿主要方式

7.1.1 水生态补偿方式概述

补偿方式是指补偿主体采用何种手段来实施补偿，是补偿活动的具体形式，科学的补偿方式能促进补偿机制逐步朝着科学化和规范化的方向发展，充分发挥补偿的激励功能。流域生态补偿的方法和途径很多，按照不同的标准有着不同的分类体系。按照补偿的方式可以分为资金补偿、实物补偿、政策补偿和智力补偿等；按照补偿的条块可以分为纵向补偿和横向补偿；而补偿实施主体和运作机制是决定生态补偿方式本质特征的核心内容，按照实施主体和运作机制的差异来分，可以分为政府补偿与市场补偿（刘玉龙，2007）。

目前，政府补偿是世界各国包括我国开展生态补偿最重要的形式。政府补偿是指政府以非市场途径对生态环境系统进行的补偿，如直接给予财政补贴、财政援助，优惠贷款，减免税收，减免收费，实施利率优惠、劳保待遇，对综合利用和优化环境予以奖励等。政府补偿是以政府为主体，主要采取管制、补贴、税收利率优惠、转移支付的手段进行的补偿活动。由于生态补偿是公益事业，政府是公共利益的代表者，因此，生态补偿一开始就是政府包办的事业。国家通过公共财政制度，通过生态补偿基金和退耕还林补助制度来主导生态补偿（王有强等，2005）。它是一种命令控制式的生态补偿，以中央和省级等各级政府代表国家对流域生态的恢复、维护、修复所进行各种投入。但生态补偿资金的庞大数额和政府不是公共利益的唯一代表，以及政府补偿的时滞性和低效率性就决定政府主导的生态补偿仅仅是一种模式。

市场补偿是指市场交易主体在政府制定的各类生态环境标准、法律法规的范围内，利用经济手段，通过市场行为改善生态环境的活动的总称。通过市场机制，将生态环境成本纳入各级分析和决策过程，使开发、利用生态环境资源的生产者、消费者承担相应的经济代价的前提是生态资源的合理定价。市场补偿方式包括环境产权交易、环境保护产业、环境保护基金、环境责任保险、环境费税等。市场主导的生态补偿是环境法中“受益者补偿”原则的具体体现，在市场经济下，政府、地区、单位甚至个人作为受益人都应当“埋单”，这是一种市场激励式的生态补偿（宋鹏臣等，2007）。典型的市场补偿机制包括自发组织的私人交易、开放式的贸易体系、水权交易、排污权交易等。交易的对象可以是生态环境的权属，也可以是生态环境服务功能，或者是环境污染治理的绩效或配额。通过市场交易或支付，兑现生态（环境）服务功能的价值。

解决外部性物品的资金问题除可以采用庇古方法外，还可以采用科斯方法或科斯手段。科斯定理的主要内容如下：当环境资源产权明晰时，无论初始产权如何确定，经济活动的私人成本与社会成本必然相等，经济外部性就被内部化了；当交易成本为零时，无须政府干预，当事者双方通过协商，进行自愿交易，就可以解决问题；此时，当事者双方的边际收益达到最大化；当交易成本不为零时，需要通过政策手段解决经济外部性问题。科斯方法，就是科斯定理所表明的内容，只要能把外部效应的影响作为一种产权明确下来，而且谈判的费用也不大，那么外部效应问题可以通过当事人之间的自愿交易而达到内部化，即“科斯手段”就是侧重于用市场机制的方式解决环境问题的经济手段。科斯手段的自愿协商机制也存在局限性：一是在市场化程度不高的经济中，科斯理论不能发挥作用。特别是发展中国家，在市场化改革过程中，有的还留有明显的计划经济痕迹，有的还处于过渡经济状态，与真正的市场经济相比差距较大（郑海霞，2006）。二是自愿协商方式需要考虑交易费用问题。自愿协商是否可行取决于交易费用的大小。如果交易费用高于社会净收益，那么自愿协商就失去意义。三是自愿协商成为可能的前提是产权明确界定。而事实上，像环境资源这样的公共物品产权往往难以界定或者界定成本很高，从而使得自愿协商失去前提。反过来说，如果事先的产权界定是清晰的，那么也就不存在这么多外部性问题。我国是一个发展中国家，市场经济的发展还不够充分，市场化程度低，交易费用为零在流域生态补偿中不容易得到满足，而且水资源等各种自然资源的产权不清晰，这也就在一定程度上限制通过市场的方式进行流域生态补偿，因此，需要政府的适当介入，进行生态补偿制度的创新，为流域生态补偿的市场交易创造积极条件，而清晰界定产权和建立环境产权交易市场则是实施流域生态补偿市场补偿的重要基础和前提。首先是环境资源产权的界定。新制度经济认为，产权明晰界定是市场存在的基础。环境产权包括环境资源的所有权与使用权。与法律上的所有权不同，经济学上某人对某一资源享有的产权可以是对该资源的所有权上私有，还可以是对该资源占有权能上的私有，还可以是对其使用或收益权能上的私有，因为私有产权的关键在于对所有权的行使决策完全是由私人做出的。法律意义上的环境资源产权的界定不仅包括所有权，还包括占有、使用、收益和处分权。对于流域生态补偿而言，最重要的产权界定是水权的界定，这是水资源可持续利用的基础，也是完善环境产权交易市场、确保环境产权交易市场高效运行的基础和前提。水权，就是用水人使用水并且获得利益的法律根据，在水资源属于国家所有和统一管理的前提下，应进一步出台单行法规，明晰水权，即水权是一种水的使用权，确定流域水资源的宏观调控指标和微观定额指标，建立水权分配制度，制定水权交易的市场规则，规范水市场。同时，在明晰水权的前提下，通过流域管理机构的有效监管和市场主体的博弈，利用经济杠杆对市场主体的激励作用，调节流域水资源的供给与需求，实现流域水资源的优化配置。其次是建立环境产权交易市场。目前，资源和环境保护的较大缺陷是管理机制和压力机制过多，而利益驱动机制和动力机制缺乏，市场机制作用缺乏。生态补偿的市场化机制有赖于建立公平交易的环境产权交易市场。产权主体相互间通过市场机制的调节可以提高交易效率（曹明德，2004）。交易主体为获得所需的环境资源产权会竞相出价，通过竞争使产权归属于出价最高者。获取此环境资源产权的高成本必然会促使权利主体有效地使用权利、保护权利，还可以避免对该环境资源的产权垄断所导致的污染环境、过度利用资源、低效率运作和外部不经济性等。与此同时，在产权确定后，要结合政府的管理职能，大力加强法制与公共管理建设，提高政府环境监测能力，保证政府对环境资源的有效控制，避免新的环境资源产权垄断。为有效解决污染的问题，还应该在条件成熟时鼓励跨区域产权交易。通过市场机制，使环境产权的流转及环境财富的生产和“负生产”、交换、分配及使用各自利益机制自动地加以调节，走上良性循环的轨道。环境产权市场建立后，自发组织的私人交易、开放式的贸易体系、生态标志、水权交易等各种交易形式均可以进行，通过发挥市场在资源配置中的基础性作用，实现环境资源的优化配置，保护水环境，实现流域水资源的全面协调可持续利用（张春玲等，2006）。

当然，政府主导也好，市场主导也好，无非是政府多一点抑或市场多一点。实践证明，一般情况下，各国要经历一个由政府主导成为由市场主导的发展历程。

7.1.2 主要水生态补偿方式分析

根据水源地的性质和保护需求，目前主要的水生态补偿方式有经济补偿、政策补偿、项目补偿、智力补偿、技术补偿、生态移民、经济合作等。

经济补偿，是最常见的补偿形式，也是最主要的补偿方式。常见的经济补偿形式有财政补偿、资金补偿、信用贷款等。经济补偿的作用非常明显，所起的作用也最大，能够直接帮助生态保护地区的经济发展。但是纯粹的经济补偿往往会被认为是“生态保护区向受水区要钱”，从而会引起这种补偿方式的可持续性问题。对于如何实施经济补偿，补偿的力度有多大，都应该科学地运用价值评估办法，对受水区的经济能力进行评价，必要时还可以通过水源地与受水区的代表进行协商来解决，以合约的形式来处理。

政策补偿，是为了保护生态环境而限制当地经济发展所实施相关政策的情况下，在另外政策方面做出的适当放宽，从而不降低当地经济发展和人民的生活水平。受补偿者在授权期限内，利用政策的优先权和优惠待遇，保持当地居民的生活质量和收入水平。利用政策进行水生态补偿十分重要，尤其是在资金补偿不足时。例如，在水源地林区，为保持水土，当地居民不能砍伐树木，也不能开垦种地，在这种情况下，政府就要给予一定的经济补偿，以使其维持生计，并给予一定的政策补偿，使其生活质量得到保障。

项目补偿，可为生态保护区的可持续发展打下基础。水源地由于生态保护，不得不拒绝一些效益好的，但是有可能对水源地保护造成影响的项目，继而阻碍了水源地的经济发展。因此，政府或受水区应该为水源地引进一些无污染的企业项目和生态项目，以弥补为保护环境做出的牺牲。对于水源地来说，应该为退耕还林，以及处于生态保护区内的居民提供一些新的项目，如开发一些无污染的生态企业及一些环境保护绿色产业等。这样既可以保护水源地的生态环境，又可以合理开发利用保护区的资源，促使当地经济可持续发展。

智力补偿，即补偿者开展智力服务，提供无偿技术咨询和指导，培训受补偿地区或群体的技术人才和管理人才，输送各类专业人才，提高受补偿者的生产技能、技术含量和管理组织水平。水源地由于经济发展水平较低，对人才的吸引力度不够，从而造成水源地人才的缺乏。而水源地为了平衡保护环境和经济发展之间的关系，必须要有专业的高级人才来研究和实施保护方法与发展方法。所以，受水区应该为水源地定期派送一些专家和技术人才，协助水源地的经济发展和环境保护工作，以减轻水源地发展的环境保护阻力。

技术补偿，应当与智力补偿相结合，为水源地提供先进的垃圾处理技术、污染治理技术、水环境保护技术等环境保护类技术。同时，为了促进水源地经济发展和平衡区域经济，也应该提供一些新型的工农业高新技术。

生态移民。在生态保护区，只要有人居住就会因为生产生活而影响生态环境，特别是在生态保护的核心区域，不仅居民的生活受到限制，而且他们的生产生活也对生态环境产生了较大的影响。对于此种情况，该地区的居民就应当迁移出生态核心区。当然，移民不仅仅是迁移这么简单的问题，还涉及就业等一系列问题。如果水源地区域有限，那么受水区应该为水源地承担一部分的生态移民。

经济合作。水源地和受水区往往在自然条件和经济结构方面有着显著的差异，这就为两地开展经济合作提供了基础，而且，两地的合作既有利于两地经济的发展，又可以在两地的合作中宣传调水工程，有利于水源地的生态保护和受水区的水资源节约。

从温州市珊溪水库水生态补偿的现状情况来看，经济补偿和政策补偿是最迫切需要的补偿方式。珊溪水库库区的泰顺、文成等地经济相对落后，为了保护生态环境，除了在政策上优惠和宣传教育外，最重要的就是要给予水源区足够的资金补偿，只有地方财政收入得到保障之后，才会有长期进行水源地生态建设的积极性，生态建设成果也才能得到保证。从长远来看，综合采用智力补偿、技术补偿和经济合作，才是解决水源地生态环境问题的一个根本性措施。通过对受补偿区智力补偿，培养当地人们的生态意识，通过技术补偿改变其生产生活方式，包括受补偿区产业结构的调整、发展新能源、新产业，提供非农就业机会等，减轻对生态环境的压力，才能使水源地生态环境建设工程取得根本性成果。

7.1.3 国内水生态补偿的主要方式

7.1.3.1 项目补偿方式

1）密云、官厅水库的项目补偿

密云、官厅水库水生态补偿主要体现在以下三个方面：一是生态水源保护林工程建设和实施森林保护合作项目。2009～2011 年，北京市安排资金 1 亿元，支持河北省丰宁、滦平、赤城、怀来 4 县营造生态水源保护林 20 万亩；安排资金 3500 万元，支持河北省丰宁、怀来等 9 县进行森林防火基础设施建设和设备配置；安排资金 1500 万元，支持河北省三河、涿州、玉田等 12 县（市、区）进行林业有害生物防治设施建设和设备购置。二是稻改旱工程。自 2007 年起，实施密云水库上游“退稻还旱”工程。潮河流域上游的丰宁、滦平两县，20 个乡镇全部停止种植水稻，退稻改旱面积 7 万多亩，北京市政府按照每亩 450 元的标准，共补助“退稻还旱”实施区农民资金 3195 万元。2008 年以后，补偿标准提高到 560 元/亩。三是开展水资源环境治理合作。北京市每年安排水资源环境治理合作资金 2000 万元，支持密云、官厅两库上游张家口、承德两市治理水环境污染、发展节水产业。

2）福建省重点流域的项目补偿

重点流域水生态补偿资金按照水环境综合评分、森林生态和用水总量控制 3 类因素统筹分配至流域范围内的市、县。为鼓励上游地区更好地保护生态和治理环境，为下游地区提供优质的水资源，因素分配时设置的地区补偿系数上游高于下游。分配到各市、县的流域水生态补偿资金由各市、县政府统筹安排，主要用于饮用水水源地保护、城乡污水垃圾处理设施建设、畜禽养殖业污染整治、企业环境保护搬迁改造、水生态修复、水土保持、造林防护等流域生态保护和污染治理工作。

（1）资金分配因素指标及权重设置。水环境综合评分因素权重为 70%，资金按照各市、县水环境综合评分与地区补偿系数的乘积占全流域的比例进行分配。综合评分采用百分制，其中交界断面、流域干支流和饮用水源水质状况 70 分、水污染物总量减排完成情况 15 分、重点整治任务完成情况 15 分。

森林生态因素权重为 20%，资金分配到森林覆盖率高于全省森林覆盖率的市、县，其中，森林覆盖率指标权重为 10%，按照各市、县森林覆盖率减去全省森林覆盖率之差与国土面积、地区补偿系数三者的乘积占全流域的比例进行分配；森林蓄积量指标权重为 10%，资金按照各市、县森林蓄积量与地区补偿系数的乘积占全流域的比例进行分配。

用水总量控制因素权重为 10%，资金分配到年实际用水总量低于用水总量控制目标的市、县，按照各市、县用水总量控制目标减去该市、县实际用水总量之差与地区补偿系数的乘积占全流域的比例进行分配。

（2）地区补偿系数设置。闽江流域上游三明市、南平市及所属市、县的补偿系数为 1，其他市、县的补偿系数为 0.8；九龙江流域上游龙岩市、漳州市及所属市、县补偿系数为 1.4，其他市、县补偿系数为 1.1；敖江流域上游市、县补偿系数为 1.4，在此基础上对各流域省级扶贫开发工作重点县予以适当倾斜，补偿系数提高 20%。同时，属于两个流域上游的连城县、古田县，补偿系数取两个流域上游相应地区补偿系数的平均数 1.32。流域下游的厦门市补偿系数为 0.42，福州市及闽侯县、长乐市、福清市、连江县和平潭综合实验区补偿系数为 0.3。

7.1.3.2 新安江流域的经济补偿

新安江流域水生态补偿机制试点内容包括由中央财政和皖浙两省共同设立的每年额度 5 亿元的水环境补偿基金，以流域跨省界断面水质监测为依据建立的奖优罚劣的渐进式补偿机制，由国家环境保护部每年负责组织皖浙两省对跨界水质开展监测，明确以两省省界断面全年稳定达到考核的标准水质为基本标准。安徽提供水质优于基本标准的，由浙江对安徽给予补偿；劣于基本标准的，由安徽对浙江给予补偿。

7.1.3.3 浙江磐安–金华异地开发补偿方式

浙江磐安县位置相对偏远，经济落后，同时又是生态屏障的重要功能地区。金华市为解决磐安县经济贫困的问题，在金华市工业园区建立金磐扶贫经济技术开发区。金磐扶贫经济技术开发区一期占地 44hm^2，可容纳 130 家的企业，2004 年开始二期开发，增加 1km^2 土地。金华市要求磐安县拒绝审批污染企业，把污染不达标的企业关闭并保护上游水源区环境，使上游水质保持在Ⅲ类饮用水标准以上。开发区所得税收全部返还给磐安县，作为下游地区对水源区保护与发展权限制的补偿。

7.1.3.4　浙江东阳–义乌水权交易补偿方式

我国首例水权交易协议是由金华江流域中游的东阳市和义乌市签订的。义乌与东阳两市签订的是永久性使用权协议，通过交易，东阳和义乌都取得了比节水成本更高的经济效益，在这个意义上双方通过水权交易实现了“双赢”。

2001 年 11 月 24 日，浙江省的东阳和义乌两市首次签订了城市间协议，东阳市将境内横锦水库 4999.9 万 m^3 水的永久使用权转让给下游的义乌市，成交价格为 4 元/m^3，东阳市保证水质达到国家现行 I 类饮用水标准。除此之外，义乌市向供水方支付当年实际供水 0.1 元/m^3 的综合管理费（含水资源费、工程运行维护费、折旧费、大修理费、环境保护费、税收、利润等所有费用）。

7.2　水生态补偿范围

7.2.1　补偿主要范围

经过近年来对珊溪水源地的治理保护，珊溪水库、赵山渡水库及主要入库支流的水质均基本达到了水功能区的要求，因此从补偿的范围上，应逐步从工程建设方面的补偿转向工程长效管理和民生保障与改善的补偿。

1）民生保障与改善方面

民生保障与改善方面，主要是用于水源保护区内对水源保护而牺牲的发展权益给予补偿，包括对当地财政收入减少的补偿、对农民生产损失的补偿等方面。其主要体现在财政转移支付、库区生态公益林和水源涵养林的补偿、库区群众补偿（库区群众的农村合作医疗保险和养老保险）等方面。

2）工程长效管理方面

工程长效管理方面，主要用于水源保护区城镇、农村生活污水处理设施、城乡生活垃圾处理设施、其他生态保护项目的运营维护，以及畜禽养殖等长效巡查管理等方面的投入。

3）生态保护与修复方面

生态保护与修复方面，主要用于对水源保护区内的生态环境进行保护性和恢复性的小额投入，包括生态河道修复、水质改善工程、生态公益林建设等生态环境的保护性投入。

4）水源地保护建设项目方面

库区范围内的水源地保护建设项目主要包括环境保护基础设施建设项目、面源污染治理项目、饮用水水源保护规划及整治项目、生态环境保护项目等方面。水生态补偿资金的安排使用，优先支持生态环境保护作用明显的区域性、流域性重点环境保护项目，加大对污染防治新技术新工艺开发和应用的资金支持力度。

7.2.2　补偿单元划分

本次珊溪水库生态补偿拟将库区集水区按小流域进行划分，根据不同的小流域划分补偿单元（图 7-1），每个小流域为单独的补偿单元，以补偿单元对珊溪水库生态环境的重要性、贡献度情况进行补偿。

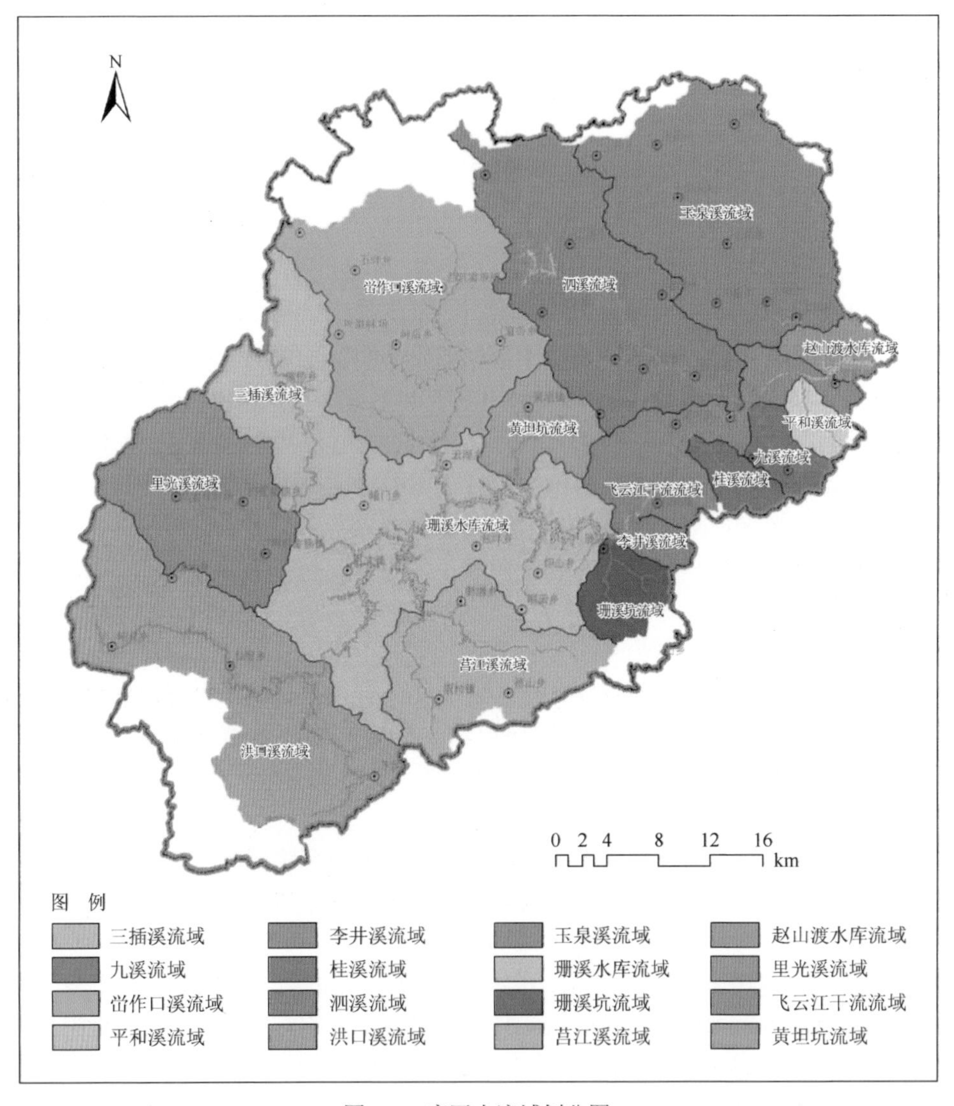

图 7-1　库区小流域划分图

水生态补偿资金下达到县级属地政府后，原则上各属地政府应按补偿单元的重要性、贡献度情况，将生态补偿资金分配下达到各补偿单元所在的乡镇政府进行使用。

7.3　补偿方式的总体思路

根据国内外水生态补偿的经验，其补偿方式主要有两种，一是直接补偿（输血性补偿，主要为经济补偿），二是间接补偿（造血型补偿，主要为政策补偿和项目补偿）。结合珊溪水库的实际情况和前几年实施的补偿方式，现阶段珊溪水库库区的补偿方式以直接补偿为主、间接补偿为辅较为合理，因为直接补偿是库区老百姓最迫切、最急需的补偿方式。同时，要积极创新水生态补偿形式，逐步使水生态补偿由“输血型”向“造血型”转变。

7.3.1　直接补偿

直接补偿是受益对象根据水源地提供的水资源和水生态，结合其经济发展水平及支付意愿而提供给水源地的补偿，其表现形式为具体的受益对象对生态供给者的直接补偿，是一种点对点的补偿形式。直接补偿主要从政府财政转移支付、库区生态公益林和水源涵养林的补偿、直接向库区老百姓补偿等方面进行研究。

1）县级政府补偿

地方财政是保证地方政府正常运转、履行地方政府职能的经济基础。地方政府为全面、顺利地履行职能，必须不懈地增加财政收入。招商引资是地方财政增收的重要手段，而库区水源地保护对招商引资的相关优惠政策起了一定的限制作用，使得库区生态环境保护与地方政府的经济发展产生一定矛盾。为弥补库区政府因保护生态环境而带来的发展机会的损失，从水生态补偿资金中提取一定比例直接向库区政府进行转移支付。通过对县级政府的补偿，引导政府在制定国民经济发展规划中以生态经济为主，调整产业发展的布局。

2）乡镇（街道）政府补偿

乡镇（街道）政府与各行政村是珊溪水源保护的直接落实单位，两级政府为水源保护做出了大量贡献，付出了大量人力和物力。虽然水生态补偿资金原则上不对乡镇（街道）政府进行直接补偿，但为促进两级政府参与水源保护的积极性，需要采取一定的激励措施。因此，对乡镇（街道）的水生态补偿以奖励为主，主要是对环境改善的奖励，可以生态乡镇的命名为主要条件进行奖励。

3）库区群众补偿

库区群众是珊溪水源保护的直接参与者，也是水生态补偿的直接受益者，为增强库区群众的水源保护意识，从水生态补偿资金中划出一部分资金直接对库区的群众进行补偿，发放水源保护的“生态红利”，这部分资金可直接用于库区群众的农村合作医疗保险和养老保险，以及贫困户子女在基础教育阶段的生活补贴等。

4）实物补偿

实物补偿是指以向被补偿者拨付实物的方式进行补偿。实物补偿是由我国《退耕还林条例》确立的，其主要目的是为了保障退耕农户的基本生活。温州市在水生态补偿中可以在资金补偿为主的前提下，辅以实物补助。补偿物资的发放是实物补偿的关键环节，具体包括补偿物资的来源、补偿物资的质量标准与补偿物资的领取。实物补偿能够动员库区群众投入水源保护的积极性和主动性。

5）库区生态公益林和水源涵养林的补偿

库区公益林和水源涵养林在水源地水源涵养、气候调节、水质提升等方面具有明显的作用。从水生态补偿资金中划出一部分资金直接对库区生态公益林和水源涵养林经营者的经济损失和库区公益林建设、天然林保护、退耕还林给予补偿。加强森林资源保护，开展林业碳汇交易，加大贫困地区生态保护修复力度，用好生态县和国家主体功能区政策，扩大政策覆盖面，优先将符合条件、有劳动能力的建档立卡贫困人口就地转化为护林员。

大力实施新一轮退耕还林还草项目。将适宜造林的坡地全部纳入新一轮退耕还林还草范围，优先安排贫困村和建档立卡贫困户，积极鼓励合作社、企业、大户流转退耕地承包还林还草或合股联营还林还草，实现带动贫困户参与并有收益，实现精准扶贫。

7.3.2　间接补偿

间接补偿一般指在水源地保护过程中，因为生态保护的需要，要对一些污染较重的产业或行业进行限制性开发和禁止开发，这往往会对当地的传统农、林和工业造成较大冲击。因此，可以用政策支持、项目补偿、异地开发等形式，将补偿资金转化为项目，也可以采取技术扶持的形式对库区给予支持。

1）水源保护基础设施建设

用于水源保护的公共基础设施建设的资金原则上应与受益地区共同承担，该部分资金的来源渠道主要是水生态补偿资金中的水源地治理保护资金，以及从水资源费中提取的水生态补偿资金。使用该资金的项目，原则上应纳入至《珊溪（赵山渡）库区水环境综合整治和生态保护规划》中。优先支持农业面源治理、生活污水配套管网建设等对水质提升效果明显的项目。

2）政策补偿

相比于资金补偿，政策补偿对库区的发展更有利、更适合，特别是在财税政策、产业政策等方面给予调整和倾斜，支持鼓励流域内各地区依托生态资源、历史人物景观、红色革命文化资源等优势，开发旅游产业与发展特色农业和绿色农业，在基础设施（如交通建设、项目开发）建设上给予帮助和政策倾斜，在产业结构调整等方面，市级相关部门给予支持。

3）项目补偿

库区范围由于保护的需要，往往限制了一些产业的发展，作为受益地区应从财力、物力、人力等方面支持保护地区发展环境保护型产业和生态项目，帮助培育农业龙头企业、农民专业合作组织，带动农户发展生产，弥补其损失。

4）异地开发

工业飞地是温州市探索异地开发、经济合作的一种模式，将水源保护区内不利于生态环境保护的招商引资项目转移到受益地区的开发区，产生的税利返还给库区，并给予一系列的政策支持。

“飞地经济”是指发达地区与欠发达地区双方政府打破行政区划限制，由“飞入地”划出一定规模且边界明确的地域，由“飞出地”委托“飞入地”实施开发建设管理，通过规划建设、招商准入、项目管理和税收分配等合作机制，实现欠发达地区跨越发展的一种新型经济模式，也是水生态补偿的一种新模式。“工业飞地”选址在温州经济技术开发区和瓯飞工程围垦区，“飞地”按整体进行开发建设，文泰两县在“飞地”各享有一期1483亩、二期3000亩用地。文泰“飞地”补偿是通过以“飞地”运作和财政转移支付互动的方式，将无法在文泰地区实施的优质产业项目引到温州经济技术开发区和瓯飞围垦区实施，通过协同服务、税收分成等合作机制，实现互利共赢。

5）技术补偿

要把生态产业开发转移到依靠科技进步和提高劳动者素质上来，对库区政府垃圾综合处理、水环境保护、水污染防治、农业面源治理等方面提供技术支持。开展成人教育、职业教育，多层次提升珊溪水库库区群众的文化水平和劳动技能，加强对贫困农民扶贫技能培训，根据实际需求，聘请杨梅、花椒等经济林木和农产品方面的专家到农村开展农业科技、实用技术等方面的咨询、培训，从而提高库区群众的劳动技能，提高农林作物的产出水平。调动贫困农民利用生态建设增收的积极性，努力转变农民种养观念，推广生态农业科技，实行生态种养，以科技服务促进贫困农民增产增收。

6）智力补偿

开展院地合作培训，由市政府牵头与浙江省农业科学院等科研院所合作，对库区农民积极开展实用技术、技能培训等培训，提高农民综合素质，增强其可持续发展能力，促进劳务输出。加大劳务培训力度，开展了以终止养殖的养殖户、搬迁移民等为重点的职业技能培训，多次组织珊溪水库库区群众开展林业技术、稻田养鱼、干部研修等培训班，引导农民转产转业，促进更多的农民掌握不同技能，积极促进库区农民的劳务输出，加快库区农民脱贫致富的进程。

7）精准补偿

将水生态补偿与精准扶贫相结合，水生态补偿为生态脱贫提供重要的物质支撑，引导贫困人口实现绿色转产转业。长期以来，珊溪水库生态脆弱贫困地区脱贫工作的深度、广度、力度和精准度基本上取决于外部“输血量”的多少，一旦输血停止，很容易造成返贫，究其原因是这类区域缺乏有效的造血功能。因此，加大“造血型”生态保护补偿力度，通过创新资金使用方式，利用生态保护补偿引导贫困人口有序转产转业，使当地有劳动能力的部分贫困人口转化为生态保护人员，引导贫困群众依托当地优势资源发展“绿色产业”，这是确保这些地区真正脱贫的根本所在。积极创新金融产品和服务方式，支持贫困乡村发展现代农业，成立专业合作社，把分散的农户组织起来实行产业化经营，彻底解决小生产与大市场的连接问题，带动贫困户发展产业、增加收入。对居住在深山或者生存环境差的贫困人口实行异地扶贫，改变“一方水土养不起一方人”的局面。多措并举，构建具有区域特色的绿色产业体系，推动贫困地区走出一条生态环境保护与经济发展双赢之路，实现环境美居民富。

7.4　水生态补偿方案

7.4.1　直接补偿

7.4.1.1　县级政府补偿

从水生态补偿资金中提取一定比例的资金直接向库区政府转移支付，以弥补库区政府因保护生态环境而带来的机会成本损失。该部分资金按人口权重、流域面积、水域面积等因素提取转移支付给库区，然后再分配给保护范围内的文成县、泰顺县、瑞安市。按因素切块分配的资金具体由相关县（市、区）统筹使用。按水生态补偿年度资金总额扣除水源地治理保护资金、生态改善奖励金、库区群众补偿、实物补偿、库区生态公益林和水源涵养林补偿后的 40%～50%（根据专项财政资金的使用情况决定，其余的 50%～60%用于工程的长效管理）进行控制。根据本次资金筹集方案的额度，按 45%的比例进行估计，县级政府补偿的总额为 4808 万元。通过对县级政府的补偿，引导政府在制定国民经济发展规划中向生态经济、生态旅游等产业发展。

1）分配方式

（1）人口分配权重为 33%。根据市人力资源和社会保障局确认的有关县（市、区）位于珊溪（赵山渡）水库饮用水水源保护区集水区涉及行政村群众的城乡居民医疗保障参保人数占珊溪（赵山渡）水库饮用水水源保护区集水区涉及行政村群众的城乡居民医疗保障参保总人数比例分配。

（2）集水区面积分配权重为33%。根据市水利局（市珊溪水库管理局）确认的有关县（市、区）位于珊溪（赵山渡）水库饮用水水源保护区集水区（不含水域）的面积占珊溪（赵山渡）水库饮用水水源保护区集水区（不含水域）总面积的比例计算。

（3）水域面积分配权重为24%。根据市水利局（市珊溪水库管理局）确认的有关县（市、区）位于珊溪（赵山渡）水库饮用水水源保护区水域的面积占珊溪（赵山渡）水库饮用水水源保护区水域总面积的比例计算。

（4）市级以上生态公益林面积分配权重为10%。根据市林业局确认的有关县（市、区）位于珊溪（赵山渡）水库饮用水水源保护区集水区内市级以上生态公益林面积占珊溪（赵山渡）水库饮用水水源保护区集水区内市级以上生态公益林总面积的比例计算。

2）计算方法

上游县（市、区）的分配基数由上游县（市、区）的人口数量、集水区面积、水域面积、生态公益林面积 4 项因素指标确定。

某 i 县（市、区）的年度分配基数：

$$Q_i = Q \times \sum A_i$$

式中，Q 为水生态补偿县级政府补偿年度资金总额；A_i 为 i 县（市、区）的分配系数。

其中，

$$A_i = \frac{S_i}{\sum_{i=1}^{n} S_i} \times 33\% + \frac{R_i}{\sum_{i=1}^{n} R_i} \times 33\% + \frac{T_i}{\sum_{i=1}^{n} T_i} \times 24\% + \frac{F_i}{\sum_{i=1}^{n} F_i} \times 10\%$$

式中，S_i 为 i 县（市、区）的库区内流域面积；R_i 为 i 县（市、区）库区内的人口数量；T_i 为 i 县（市、区）库区的水域面积；F_i 为 i 县（市、区）库区内的生态公益林面积；n 为上游县（市、区）的个数。

7.4.1.2 乡镇（街道）政府补偿

市级水生态补偿资金对于乡镇（街道）政府补偿以奖励为主，主要以生态乡镇的命名为条件进行奖励，其从生态改善奖励金中支出。

以乡镇申报的、获得国家级生态乡镇并获得命名的，一次性给予奖励补助

20 万元；获省级生态乡镇命名的，给予奖励补助 15 万元；获市级生态乡镇命名的，给予奖励补助 10 万元；乡镇开展各级生态创建活动获得奖励补助金额累计不超过 20 万元。

以行政村申报的，获得省级以上（含省级）生态村命名的村，除国家、省给予的奖励补助外，一次性给予奖励补助 5 万元；市级生态村命名的村，除国家、省给予的奖励补助外，一次性给予奖励补助 3 万元。

7.4.1.3　库区群众补偿

直接向库区群众发放生态红利。这部分资金直接用于库区群众的农村合作医疗保险和养老保险等。从 2011 年起，温州市政府将珊溪水库饮用水水源保护涉及行政村群众的新型农村合作医疗保险纳入水生态补偿资金管理范围，以上一年度新型农村合作医疗保险筹资标准的 25%进行补助。新型农村合作医疗保险筹资标准和个人补偿标准分别为 400 元和 100 元，每年新型农村合作医疗保险补偿资金约 5100 万元。

加大贫困生资助力度。对建档立卡的贫困生要直接落实享受现有国家济困助学政策，逐步提高贫困生资助标准。落实好义务教育阶段“两免一补”政策，对考取全日制普通高等学校的贫困生进行资助，为当年被全日制大专以上院校录取的贫困家庭大学生办理国家生源地信用助学贷款。争取国家、省、市倾斜支持，引导社会各界捐资，多渠道筹集贫困生资助资金，积极推动社会力量开展“一对一”帮扶贫困学生，减少因学返贫现象。开展贫困生职业学历教育。通过定向委培特困生等方式，帮助贫困生完成中专以上职业学历教育。向库区贫困户子女在素质教育阶段发放“生活补助”，发放对象为在属地小学、高中就读的当地贫困户子女，受益对象约 5000 人，人均补助标准为 80 元/月，可通过教育部门或当地政府进行发放，每年补助的费用约 500 万元。

7.4.1.4　实物补偿

对珊溪水库库区周边移民群众也可以实施实物补助，可采取盘活农村建设用地为库区移民统一安排宅基地等方式进行实物补偿。

同时，针对库区范围内有户籍的常住人口中相对贫困的人员，也可以适当地发放生活必备品进行补偿。补偿以慰问金、慰问品的形式发放，可与水源地爱心献库区的形式相结合。计划每年安排 300 万元用于在库区范围内开展实物补偿。

7.4.1.5　库区生态公益林和水源涵养林的补偿

从水生态补偿资金中划出一部分资金直接对库区生态公益林和水源涵养林经营者的经济损失和库区公益林建设、天然林保护、退耕还林给予补偿。

每年安排500万元用于珊溪（赵山渡）水库集水区范围内的新造林和原有低效生态公益林的补植改造及迹地更新。补助标准为人工造林和人工迹地更新1000元/亩、低效林补植改造600元/亩，其中80%用于当年造林抚育，20%用于第二、第三年抚育管理。

在库区生态公益林和水源涵养林的管理和保护方面，可按照3000亩林地配一名护林员的要求，优先将符合条件、有劳动能力的建档立卡贫困人口就地转化为护林员。

7.4.2 间接补偿

7.4.2.1 水源保护基础设施建设及长效管理

1）补偿的类别

对库区范围内的水资源保护建设项目，即环境保护基础设施建设、面源污染治理、饮用水水源保护整治、生态环境保护及长效管理等项目给予资金支持，相关的水域保护基础设施建设项目应基本统筹至《珊溪（赵山渡）库区水环境综合整治和生态保护规划》中。加大对"五水共治"中涉及库区建设项目资金、技术、审批等方面的支持力度。水生态补偿年度资金总额扣除水源地治理保护资金、生态改善奖励金、库区群众补偿、实物补偿、库区生态公益林和水源涵养林补偿后的50%～60%用于工程的长效管理，根据本次资金筹集方案的额度，按55%的比例进行估计，预计用于长效管理的资金为5877万元。同时，用于珊溪水源地治理保护资金12500万元。合计用于水源保护基础设施建设和长效管理的总资金约18377万元。

水生态补偿资金用于水源保护基础设施建设主要涉及以下几种类型。

（1）环境保护基础设施建设项目，主要包括城乡生活污水集中处理设施、市政管网和垃圾无害化处置、收集设施建设等。重点支持乡镇生活污水处理厂及配套管网建设，人工湿地等其他农村生活污水收集处理设施建设。

（2）面源污染治理项目，主要包括行业性、区域性污染防治项目和农村面源污染治理项目。重点支持污染较严重、水质差、已影响农村自然生态环境和人民群众生产生活用水的溪流（沟渠）污染综合整治，农村连片整治示范区建设。

（3）饮用水水源保护规划及整治项目，主要包括各级集中式饮用水水源地的保护、整治等。

（4）生态环境保护项目，包括小流域环境污染综合整治、自然保护区生态建设、水土流失治理、生态恢复等项目。

（5）工程长效管理方面，主要用于水源保护区城镇、农村生活污水处理设施，城乡生活垃圾处理设施及其他相关设施等环境保护基础设施，以及畜禽养殖等长效巡查管理等方面的投入。

2）分配方式

经过近年来珊溪水源地的治理保护，珊溪水库、赵山渡水库及主要入库支流的水质均基本达到了水功能区的要求，为鼓励库区政府在水源保护方面的持续投入，水源地的治理保护资金主要从水质提升上进行补偿。根据补偿单元的划分情况，每个小流域为单独的补偿单元。各补偿单元的分配方式如下。

（1）补偿单元的集水区面积分配权重为 20%。根据市水利局（市珊溪水库管理局）确认的各补偿单元位于珊溪（赵山渡）水库饮用水水源保护区集水区（不含水域）的面积占珊溪（赵山渡）水库饮用水源保护区集水区（不含水域）总面积的比例计算。

（2）补偿单元的水质水量分配权重为 20%。水量根据市水利局（市珊溪水库管理局）确认的补偿单元占全部补偿单元的总水量的比例计算；水质根据市环境保护局对各补偿单元的监测结果进行核算确定。

（3）年度污染物任务完成分配权重为 40%。根据市环境保护局确认的补偿单元的污染物完成情况占全部补偿单元的比例计算。

（4）保护因子分配权重为 20%。根据各补偿单元的重要性和治理难度综合确定。

3）资金分配方法

各补偿单元的分配基数由各补偿单元的流域面积、水质水量、年度主要污染物削减任务完成比例，以及上游因子 4 项因素指标确定。

某 i 补偿单元的年度分配基数：

$$Q_i = Q \times A_i$$

式中，Q 为珊溪水源地治理保护资金；A_i 为库区 i 补偿单元的分配系数。其中，

$$A_i = \frac{S_i}{\sum_{i=1}^{n} S_i} \times 20\% + \frac{E_i R_i}{\sum_{i=1}^{n} E_i R_i} \times 20\% + \frac{T_i}{\sum_{i=1}^{n} T_i} \times 40\% + \frac{F_i}{\sum_{i=1}^{n} F_i} \times 20\%$$

式中，S_i 为 i 补偿单元的集水面积；E_i 为 i 补偿单元的多年平均水量；R_i 为 i 补偿单元上一年度的水质达标率；T_i 为 i 补偿单元上一年度主要污染物削减任务完成比例；F_i 为 i 补偿单元的保护因子；n 为补偿单元的个数。

库区 14 条主要小流域的地理环境和经济发展情况不同，其中泗溪是文成县县城所在地，其生态保护和污染治理难度相对较大，为鼓励泗溪小流域政府更好地

保护生态环境，为下游提供良好的水资源，其在分配标准上适当高于其他小流域。将泗溪补偿单元的保护因子定为10，玉泉溪、九溪、双桂溪、渡渎溪、李井溪、珊溪坑、平和溪、黄坦坑、峃作口溪、莒江溪、洪口溪、三插溪、里光溪补偿单元的保护因子定为6。

i 补偿单元上一年度水质达标率：

$$R_i = \frac{C_i}{M_i}$$

式中，M_i 为 i 补偿单元上一年度水质监测总期数；C_i 为 i 补偿单元断面上一年度水质达标总期数。

i 补偿单元上一年度水源保护基础设施项目主要污染物的任务完成比例：

$$T_i = \frac{O_i}{O_I} \times 25\% + \frac{N_i}{N_I} \times 25\% + \frac{P_i}{P_I} \times 25\% + \frac{H_i}{H_I} \times 25\%$$

式中，O_i 为 i 补偿单元上一年度COD核定削减量；O_I 为 i 补偿单元上一年度拟建项目的COD削减目标；N_i 为 i 补偿单元上一年度总氮核定削减量；N_I 为 i 补偿单元上一年度总氮削减目标；P_i 为 i 补偿单元上一年度核定削减量；P_I 为 i 补偿单元上一年度总磷削减目标；H_i 为 i 补偿单元上一年度氨氮核定削减量；H_I 为 i 补偿单元上一年度氨氮削减目标。

核定的削减量根据 i 补偿单元的水质实际监测结果进行核算，如相关指标不减反增，实行倒扣制，即主要污染物削减任务完成比例最大值为100%，最小值为0。

7.4.2.2　政策补偿

推进珊溪水库水生态补偿的顶层设计，市、县两级人民政府把珊溪水库水生态补偿作为推进温州市生态文明建设的重要抓手，列入重要议事日程，明确目标任务，制定科学合理的考核评价体系，实行补偿资金与考核结果挂钩的奖惩制度。制定行动方案，对《珊溪（赵山渡）库区水环境综合整治和生态保护规划研究报告（2011—2020年）》进行修编，提出今后珊溪水源保护的主要手段。制定珊溪水库水生态补偿的实施计划，明确各区域生态补偿的具体任务，共同推进珊溪水库水生态环境保护。

在各县（市、区）政府考核中，逐步淡化GDP及与GDP指标相关的GDP能耗、水耗等考核，增加环境保护和生态建设在政府考核中的比重。市政府出台财政贴息、投资补贴、减免税收等优惠政策，鼓励社会资金参与库区污水处理厂等环境基础设施建设，投资发展生态旅游业和生态农业等生态产业。在水源保护区下游进行统筹安排，通过工业用地置换的方式，划分一定数量的土地作为文成县和泰顺县工业用地，实现异地开发建设工业园区，实现地方财政增收。实施结对扶贫政策，鼓励供水受益区的乡镇、重点企业和库区乡镇村建立“结对补偿”关系，发展来料加工等帮助支持库区乡镇村改善生产生活条件，提高库区群众收入水平。

在旅游发展方面，温州市政府出台相关优惠政策，加大库区旅游资源的整合力度，提升库区旅游品位，扩大宣传，着力推进库区各县市旅游景点的开发进度，发展生态旅游业。

在财税政策、产业发展等方面给予库区政府倾斜，支持鼓励流域内各地区依托生态资源、历史人物景观、红色革命文化资源等优势进行转产转业，开发旅游产业与发展特色农业和绿色农业；在基础设施（如交通建设、项目开发）建设上给予帮助和政策倾斜，市级给予一定比例的补助，鼓励采取项目贷款财政贴息、延长经营权期限等措施，降低生态类项目投资准入门槛和经营成本；在产业结构调整等方面，市级相关部门给予技术支持和政策支持，如温州市出台了《关于加快推进珊溪水库库区转产转业的指导意见》（温政发〔2013〕67号）。

在教育发展政策方面给予库区倾斜，支持和鼓励市本级的教育机构与库区的学校建立帮扶机制，可安排市级的优秀教师与库区当地教师进行换岗（建议一个教学年度），教育部门在职称评聘、评优等方面给予库区的一线教师适当倾斜；市级优秀学校增加对库区学生的录取名额。

支持文成县、泰顺县开展主体功能区建设试点，用好市级财政转移支付政策，增强水源地保护区政府可用财力。农业、林业、国土、水利、环境保护、发展和改革委员会等部门要加强政策研究与上级部门的对接，对水源保护区经济社会发展予以政策、资金和项目的倾斜支持，加大“五水共治”中库区建设项目的补助力度。在资金扶持方面，在各部门设立的专项发展资金、上级专项扶持补偿资金等优先支持库区，尽量多的让上级项目资金落户库区。同时，在简化审批、用地指标、金融支持等方面给予库区政府支持。在税费支持方面，对市政基础设施配套费、规划管理费等进行减免优惠，在土地使用税、营业税、增值税等方面给予适当返还等。

7.4.2.3 项目补偿

库区范围由于保护的需要，往往限制了一些产业的发展，受益地区应从财力、物力、人力等方面支持保护地区发展。加强对珊溪水库库区的基础设施建设和产业项目的支持力度，重点对流域内水利、交通、能源等重大基础设施项目，城乡环境治理、水土保持、土壤修复等加大支持力度。市级政府在无污染企业与生态项目落地和选址时应优先选择库区政府，优先安排有利于水源地保护的产业项目在库区内实施，加大对各县市生态环境保护型替代产业的支持。市环境保护局帮助库区发展环境保护产业，提升环境响应的能力，市旅游部门帮助库区发展生态旅游，市林业部门帮助库区发展经济林、碳汇林项目等，市发展和改革委员会、经济和信息化、住房和城乡建设、水利等部门进一步加大对库区群众转产转业的扶持力度，做好库区范围内转产转业规划或产业发展规划，细化年度发展计划，发展以生态环境保护型加工业、绿色产品加工业、水资源开发产业和绿色建筑业为主体的生态产业和生态旅游业。库区各属地应坚持宜农则农、宜游则游、宜商则商，大力发展果业、油茶、苗木、茶叶等特色优势产业，培育主导产品，提高特色产业开发效益。

开展转产转业帮扶，利用受益地区龙头企业的示范带动效应，让水源保护地的农产品与受益区农业龙头企业挂钩，加强技术和加工合作，实行订单式生产。大力培育农业龙头企业、农民专业合作组织，带动农户发展生产。对扶持的项目放宽门槛，实行窗口一站式服务。积极引导承包土地向专业种养大户、家庭农场、农民合作社、农业龙头企业流转，增加贫困户财产性收入。推行“公司十合作社（基地）+贫困户”等模式，提高贫困户的组织化水平，让贫困户从产业发展中获得更多利益。

7.4.2.4 异地开发

将水源保护区不利于生态环境保护的招商引资项目转移到受益地区的开发区，产生的税利返还给库区，并给予一系列的政策支持。针对工业飞地，温州市出台了《关于建立文泰“工业飞地”机制的试行意见》，提出采取委托开发模式，实行虚拟化运作，“飞出地”不设管理委员会，不设工商、税务等分支机构，“工业飞地”具体开发建设事务由当地负责，文泰在“飞入地”设立联络处，分别派专职人员负责对接招商引资、企业服务等事务。市经济技术开发区出台了《文泰工业飞地工业项目入园评审管理暂行办法》，对文泰工业飞地入驻项目产业导向、能耗标准、环评要求、销售收入、用地规模、投资强度、亩均产值及税收、注册资本等进行了明确。

继续深入实施“山海协作”工程，编制了《山海协作工程产业导向目录》，引导发达县（市、区）向欠发达县（市、区）从产业转移为主向产业升级为主过渡，主要在特色优势产业合作、人力资源培训就业合作、群众增收、新农村建设和社会事业合作等方面加强协作，促进市内发达县（市、区）与欠发达县协调发展、共同繁荣，积极探索跨区域合作新模式，大力推进陆海联动发展，累计完成欠发达县山海协作受援项目 854 个，涉及项目金额 5515 万元，产业合作项目 367 个，涉及金额 1273425 万元，较好地完成了各项工作任务。

7.4.2.5 技术补偿

对库区政府垃圾综合处理、水环境保护、水污染防治、农业面源治理等方面提供技术支持，可以每年从市环境保护、水利、农业、住房和城乡建设等有关部门中抽调 1～2 名技术干部前往库区政府的相关职能部门、乡镇进行挂职、实地指导。开展成人教育、职业教育，多层次提升珊溪水库库区群众的文化水平和劳动技能，加强对贫困农民扶贫技能培训，根据实际需求，聘请杨梅、花椒、瓜果等经济林木和农产品方面的专家到农村开展农业科技、实用技术等方面的咨询、培训。

鼓励和吸引科研院所和高等院校的科技人员通过兼职、技术开发、项目引进、科技咨询等方式，也可以从相关高校、科研单位选派科技特派员到库区乡镇挂职、指导，为库区产业升级提供技术服务，推动库区经济发展。要根据各地自然、生态条件和产业发展特点，重点推广种植经济林、瓜果、高山茶叶等，良种繁育与栽培、品种改良与养殖、温室栽培养殖等技术。通过一批先进实用技术的推广应用，较大幅度地提高产量、品质和市场竞争力，增加贫困户收入，增强贫困村可持续发展能力。

7.4.2.6 智力补偿

要有计划地培养造就有文化、懂技术、会经营的新型农民，一方面加强科技培训，普及推广先进适用、农民易学易懂易用的技术；另一方面，要从实际出发，让贫困农民参加具体的科技扶贫项目，从实践中接受锻炼，增长致富本领。调动贫困农民利用生态建设增收的积极性，努力转变农民种养的观念，推广生态农业科技，实行生态种养，以科技服务促进贫困农民增产增收。

在市级各相关部门的先进评选中，对县级的人员要求上适当向库区一线工作人员倾斜。同时，建议市人力资源和社会保障局、市水利局、市环境保护局等单位在每年期末考评中，对温州市水源保护一线护水使者中的先进集体、先进人员进行表彰，鼓励一线工作人员继续做好水源保护的相关工作。

7.4.2.7 精准补偿

将水生态补偿与精准扶贫相结合，实现精准补偿，主要通过金融扶贫、保障扶贫、就业扶贫、异地扶贫等方式来实现。

开展金融扶贫。一是利用现有的产业扶贫资金，积极推动产业扶贫担保贷款工作，建立“产业扶贫信贷通”。二是积极创新金融产品和服务方式，支持贫困乡村发展现代农业。三是大力发展果园、林权抵押、仓单、保单和应收账款质押等信贷业务，重点加大对管理规范、操作合规的家庭农场、专业大户、农民合作社、产业化龙头企业等经营组织的支持力度。四是健全“企业+农民合作社+农户”“企业+家庭农场”“家庭农场+农民合作社”等农业产业链金融服务模式，提高农业金融服务集约化水平。

开展保障扶贫。一是完善最低生活保障制度。逐步提高低保、“五保”补助标准，扩大低保覆盖面，对符合农村低保条件的贫困群众做到“应保尽保”，加强农村敬老院建设，提高管理服务水平。二是完善城乡居民社会养老保险制度。全面推进城乡居民社会养老保险，让贫困对象实现“老有所养”。三是健全医疗保障制度。逐步扩大新型农村合作医疗报销药品目录范围，对农村低保、五保对象参加新型农村合作医疗个人缴费部分由财政全额补助，加大在县级医院住院新型农村合作医疗补偿的赔付比例。

开展就业扶贫。一是实施“订单”培训，大力实施“农村劳动力转移就业培训”，根据企业用工需求，开展订单式免费技能培训，并拿出部分资金对企业开展扶贫对象培训的给予适当的培训补贴。二是积极探索政府购买公益性岗位就业方式。协调劳动就业部门加大就业推介力度，通过购买城市新增的城管、环卫、园林等政府公益性就业岗位，开发一批农村公路养护、保洁、服务业、治安巡逻等公益性岗位，用于扶持贫困人口就业。

开展异地扶贫。在库区范围内实施“劳动力转移”和“产业转移”的“双转移”生态移民政策，将流域“双转移”生态移民相关计划项目纳入各相关行业规划和计划，并予以优先安排，支持库区将生态移民与脱贫攻坚、水利工程移民、农村危房改造、新型城镇化结合起来。对居住在深山或者生存环境差的贫困人口，实行异地扶贫，紧紧围绕“易地搬迁脱贫一批”和“搬得出、稳得住、有事做、能致富”的目标，改变“一方水土养不起一方人”的局面。

7.4.3 主要结论

根据温州市的补偿方案，水生态补主要通过以下几种方式：县级政府补偿4808万元、库区群众补偿5600万元、实物补偿300万元、库区生态公益林和水源涵养林的补偿500万元、水源保护基础设施建设及长效管理18377万元，同时开展乡镇（街道）政府补偿、政策补偿、项目补偿、异地开发、技术补偿、智力补偿、精准补偿等补偿方式。

资金分配比例如图7-2所示，补偿方式汇总见表7-1，水生态补偿资金平衡表见表7-2。

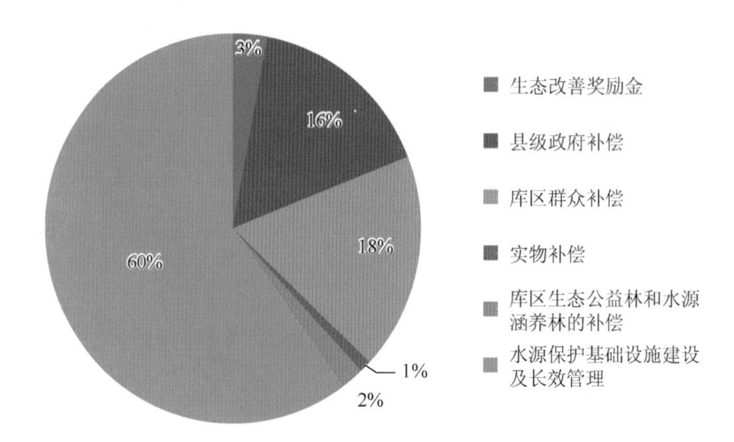

图 7-2　水生态补偿资金分配比例

表 7-1　水生态补偿方式汇总表

水生态补偿范围	补偿方式	补偿的要素事项	补偿的客体（对象）	补偿额度/万元
生态改善奖励金	奖励与赔偿	按长效管理制度情况进行执行		915
民生保障与改善方面	县级政府补偿	因水源地保护产生的机会成本损失	属地政府	4808
	乡镇（街道）政府补偿	生态乡镇的命名为主要条件进行奖励	乡镇（街道）属地政府	—
	库区群众补偿	农村合作医疗保险和养老保险、贫困学生资助	上游库区群众、贫困学生	5600
	实物补偿	库区相对贫困的人员	相对贫困的人员	300
	库区生态公益林和水源涵养林的补偿	库区生态公益林和水源涵养林的面积	属地政府	500
	政策补偿	经济发展的政策支持、教育支持等	属地政府	—
	项目补偿	经济发展的项目支持	属地政府	—
	异地开发	工业飞地模式	属地政府	—
	技术补偿	继续教育、院地合作等	属地群众、企业	—
	智力补偿	继续教育、院地合作等	属地群众、企业	—
	精准补偿	金融扶贫、保障扶贫、就业扶贫、异地扶贫	属地群众	—
长效管理方面	水源保护基础设施建设及长效管理	已建的生态保护基础设施的营运维护、畜禽养殖长效巡查管理	工程运行管理单位	5877
生态保护与修复方面		生态河道修复、水质改善工程、生态公益林建设等	工程建设管理单位	12500
水源地保护建设项目方面		珊溪（赵山渡）水源地保护建设项目	工程建设管理单位	
合计				30500

表 7-2　水生态补偿资金平衡表

水生态补偿范围	补偿方式	补偿的要素事项	补偿额度/万元	资金来源渠道（暂定）
生态改善奖励金	奖励与赔偿	按长效管理制度情况执行	915	水价中提取 915 万元
民生保障与改善方面	县级政府补偿	因水源地保护产生的机会成本损失	4808	专项财政资金 4808 万元
	库区群众补偿	农村合作医疗保险和养老保险、贫困学生资助	5600	受益企业提取资金 1000 万元，库周群众生产发展扶持资金 1000 万元，专项财政资金 2592 万元，水价中提取 1008 万元
	实物补偿	库区相对贫困的人员	300	水价中提取 300 万元
	库区生态公益林和水源涵养林的补偿	库区生态公益林和水源涵养林的面积	500	专项财政资金 500 万元
长效管理方面	水源保护基础设施建设及长效管理	已建的生态保护基础设施的营运维护、畜禽养殖长效巡查管理	5877	排污费、排污权有偿使用资金提取 500 万元，水价中提取 5377 万元
生态保护与修复方面	水源保护基础设施建设及长效管理	生态河道修复、水质改善工程、生态公益林建设等	12500	珊溪水资源费市级返还资金 3600 万元，水价中提取 2400 万元，库区环境整治专项资金 3500 万元，土地出让金中提取 3000 万元
水源地保护建设项目方面	水源保护基础设施建设及长效管理	珊溪（赵山渡）水源地保护建设项目		
合计			30500	30500 万元

8　水生态补偿的长效管理体制与机制研究

8.1　流域生态补偿立法研究

8.1.1　流域生态补偿法律体系框架概述

特定法律制度的运行和完善离不开对具体社会发展条件的适当考量。美国学者弗里德曼就此认为，“法律制度显然是政治的、社会的和经济发展的一个组成部分，就像教育制度和其他文化领域一样”。依据这种理念，法律制度实际上需要对一定的社会变革进行某种程度的回应，否则便会影响该社会的整体发展。因此，流域生态补偿也必须对我国经济社会的发展做出回应，使其从理论政策和实践层面上升为国家意志，通过法律制度为流域生态补偿提供一道坚实的保障（王金南和庄国泰，2006）。

从理论上来说，我国生态补偿立法模式大致可有三种备选方案供选择：一是制定一部专门的法律对生态补偿进行规定；二是制定多部法律分别对单个生态资源的生态补偿进行规定；三是制定一部生态补偿基本法，配合其他单行法规共同规制（杜群，2005）。由于生态补偿涉及不同自然资源的不同领域，对象不同，补偿方式、补偿额、补偿范围、资金来源等也都是不同的，同时，生态补偿由于涵盖了财政、林业、环境保护等多个部门，因此很难用一部法律法规作全面规制。若对不同的生态资源分别制定多部法律进行规制的话，生态补偿的一些基础性和程序性问题也难以统一。所以，可以采取生态补偿基本法与单行法并举的模式，即在宪法和环境保护基本法中对生态补偿做出原则性规定外，还制定专门的单行法和法规规章，改变过去《森林法》《草原法》《水污染防治法》等法律中分别规定生态补偿的方式，制定一部统一的《生态补偿法》，分别对生态补偿的基本原则、类型与种类、补偿方式、经费来源、基本标准、法律责任、基本程序和法律责任等作出规定，流域生态补偿则是该法重要的一章。同时，依据《生态补偿法》，由国务院具体制定《流域生态补偿条例》，在该条例中，可以对流域生态补偿的目的、原则、程序、途径、标准等，以及流域生态补偿的主体、对象、范围、方式、法律责任等做出详细规定。国家环境保护部和水利部及各流域制定专门的行政规章。除了出台《生态补偿法》这一基本法、国务院制定《流域生态补偿条例》这一模式外，对于流域生态补偿也可以按照基本法与特别法的原则，在制定流域法，如《长江法》中，增加流域生态补偿的内容来解决。

8.1.2 流域生态补偿立法的指导思想

可持续发展是一种把当代发展与未来发展结合起来，促进社会的全面进步和人的全面发展的全人类的共同行为。从表面上看，可持续发展是既满足当代需要又满足后代需要的发展，是一种长久、稳定的发展，是从纵向历史过程对发展提出的要求；协调的概念是指环境保护和经济、社会发展必须结合起来处理，协调发展是既满足经济社会的需要又满足环境保护的需要的发展，是一种多头并行的发展，是从横向关系对环境保护和经济社会发展提出的要求。实质上，可持续发展就是“对环境无害或少害的发展”，是环境保护与经济、社会的协调发展，是保护人与自然之间和谐、平衡的稳定发展。

流域生态补偿法律制度应当以可持续发展思想作为其立法的指导思想。在流域生态补偿立法中贯彻可持续发展指导思想至少应注意以下几个方面：一是整体的协调性。可持续发展原则要求生态补偿必须纳入到整个生态-经济-社会的协调可持续发展的范畴之内，做到生态补偿与经济社会发展的协调性。这就要求我们必须改变传统的经济发展模式，以科学发展观统领经济社会发展全局，加快建设资源节约型、环境友好型社会，形成低投入、高产出、低消耗、少排放、能循环、可持续的经济体系和节约资源健康文明的消费模式，坚持走中国特色新型工业化道路，确保中国经济社会的又好又快发展。二是区域间的协调性。这种协调性实质就是可持续发展原则的代内公平性。在我国大流域上，地区之间生态补偿的产生与我国东、中、西部发展的不均等性紧密相连，由于发展的不均等性及受传统自然资源无价观念的影响，流域上游地区溢出的生态利益长期得不到补偿，这也是造成流域上游地区长期贫困的重要原因之一。实行流域生态补偿可以充分保证流域上游地区人民的生存权、发展权，实现东、中、西部地区的统筹发展。三是代际公平性。代际公平性的概念最早是由美国学者 Weiss 教授提出的，“人类的每一代人都是其后代人的地球权益的托管人，在不同代际之间，人类开发、利用自然资源方面的权利应当是平等的”。通过生态补偿制度，维护生态系统内各种物质和能量存量的稳定性，防止生态环境与自然资源发生代际退化，实际上正是出于对代际公平的追求，它是可持续性原则的重要内容。四是遵循流域规律性。流域水资源具有随机性、波动性和时空分布的不均匀性，水环境效益转移具有从流域上游向下游转移的单向性，这种流域生态规律不因行政区划而改变其规律。建立流域生态补偿制度，就要是在遵循流域生态规律的基础上，充分发挥流域水资源的社会功能和生态环境功能，实现流域水资源可持续利用，促进整个流域的可持续发展。

8.1.3　流域生态补偿立法的基本原则

流域生态补偿法的基本原则从性质上负载了生态型社会的基本价值，体现了流域生态补偿法律制度的基本性质和内容，对整个流域生态补偿的决策、实施工作具有普遍的指导作用。同时，流域生态补偿制度作为环境保护制度的重要组成部分，其基本原则必须是生态补偿所特有的原则，应是体现生态补偿的本质和目的、流域生态补偿工作原理，反映国家有关生态补偿、环境保护基本政策的基础性和根本性的准则。因此，流域生态补偿立法的法律原则主要是养护者受益、受益者补偿、污染者负担的环境责任原则，生态效益与经济效益相统一的原则，政府补偿与市场补偿相结合的原则（李爱年和刘旭芳，2006a，2006b）。

1）*养护者受益、受益者补偿、污染者负担的环境责任原则*

养护者受益主要是针对上游生态良好型中上游的水环境保护者来说的，其通俗的说法是“谁保护，谁受益”。“养护者受益”是指自然人、法人或非法人组织，以治污、造林和改善植被为目的，以契约或实际占有并施以具体行为的方式，对严重污染、损毁或可能遭受严重破坏、危害生存的自然环境进行治理和投资，经确认、评估或交易享有获得相应报酬的权利，而相关责任单位及个人均不得以未经许可为由，拒绝履行支付他人代为治污和绿化的劳动报酬的义务（钱水苗和王怀章，2005）。我国环境法的基本原则主要是环境保护同经济、社会协调发展原则，预防为主、防治结合、综合治理的原则，污染者付费、利用者补偿、开发者保护、破坏者恢复原则，公众参与原则四项原则。这四项基本原则为我国绝大部分学者所认同。这些原则的确立以国家对环境的管理为基础，以经济学上的负外部性理论为前提，强调更多的是企业对社会的环境保护责任，而对正外部性问题却没有涉及或者说涉及甚少。环境保护作为人类针对环境问题而提出的积极对策，它的价值追求和最终目的是要实现以人为本的科学发展，体现可持续发展的客观要求，其意义在于抑制环境污染的负外部性，增进环境保护的正外部性。二者的根本不是消除外部性，而是使正、负外部性合理化分担。一方面，私益对公益造成的损害可通过外部性的内部化予以解决（如税收、排污费）；但另一方面，对于环境保护的正外部性问题，如生态整治中的私益受损问题，也可通过外部性问题的内部化得以解决（如政府的财政补贴及成本补贴）。为解决环境保护中的正外部性问题，有必要对环境保护法的基本原则进行创新，确立“养护者受益”原则，这不仅有利于环境公平和环境安全的实现，而且无疑会为环境保护法增添有效的权利义务机制。养护者受益原则区别于传统的环境保护原则的一个重要特质是，养护者受益原则所构建的独特的行为模式。养护者受益原则的行为模式主要是由“养护”行为和“受益”行为构成的，“养护”行为和“受益”行为的有机结合构建了独特的养护者受益原则。养护者受益原则所创设的行为模式，一方面强调“养护”行为的积极性，即养护者受益原则的创设旨在激励社会主体养护人类环境的积极性，具有诱导环境保护朝着积极方向迈进的可能，这不同于环境“保护”行为的消极抵御特性；另一方面强调“受益”行为的合法性，即养护者基于“养护”行为可以合法地享有“养护”行为带来的权利，该项权利就是养护者对于经其“养护”行为有实质性改善的自然生态环境具有受益权主张，养护者受益原则旨在保障受益权的合法性。可见，养护者受益原则创设的行为模式就是“养护”行为和“受益”行为的有机结合，为此我们不妨将养护者受益原则行为模式简化为“养护者受益行为”。

受益者补偿主要是针对上游生态良好型中的下游的受益者及更大范围的受益者来说的，其通俗的说法是“谁受益，谁补偿”。受益者补偿涉及一个重要的问题就是到底谁是流域水生态良好环境的受益者？这也是理论界争执不休的一个焦点问题。概括一些学者的主要观点是，良好的水环境受益者从大的方面讲是整个人类，那么整个人类如何对生态保护者进行补偿？从小的方面讲，流域上游地区保护好水环境，其本身就是受益者，流域上游地区可以开展旅游等项目增加收入，况且流域下游地区已经向国家交纳了各种税收，为什么还需要流域下游地区对其进行补偿？因此，到底谁是良好水环境的受益者，应具体情况具体分析，只有确定了受益者，也就明确了谁是补偿者。首先是国家，由于良好的水环境具有非排他性和非竞争性，是一种公共物品。西方大多数经济学家认为公共物品会导致市场失灵，应该由政府提供，如庇古在《福利经济学》和萨缪尔森在《经济学》中都以灯塔为例，说明政府必须提供公共物品。因此，在更大范围的区域或流域上下游，由于水环境的公共物品性质，其受益的是整个国家及全人类，因此，对于这些大流域的生态补偿，应由国家进行补偿。其次是上游生态良好型中的流域下游受益地区。在流域内，流域上下游地区的政府、企业之间可以开展排污权交易、水权交易，或以流域水生态服务的自发组织的私人交易、开放式的贸易体系等方式进行生态补偿，在这种情况下，流域下游地区的政府、企业或个人实际是受益者。受益者补偿运用经济手段对生态和环境进行保护，区别于以前的“末端治理”模式，是“预防为主”理念的充分体现，它体现出与原有原则主要针对负外部性行为不同的理念，即对保护生态的正外部性进行鼓励和补偿（毛涛，2008）。

污染者负担主要是针对流域水环境破坏者来说的。污染者负担是指对环境造成污染的单位或个人必须按照法律的规定，采取有效措施，对污染源和被污染的环境进行治理，并赔偿或补偿因此而造成的损失。污染者负担原则，又称为污染赔偿原则，它是在公共资源理论或公共委托理论的影响下，于 1972 年由经济合作与发展组织环境委员会在债权理论的基础上首次提出的环境民事法律责任的基础性原则。由于该原则有利于实现社会公平和防治环境污染，很快被一些国家确定为环境保护的一项基本原则。1992 年在联合国环境与发展大会上通过的《关于环境与发展的里约宣言》的原则中规定“各国应制定关于污染和其他环境损害的责任和赔偿受害者的国家法律”，该宣言的原则中也规定“考虑到污染者原则上应承担污染费用的观点，国家当局应该努力促使内部负担环境费用”。这都是对污染者负担原则的国际认可。有人认为“污染者负担”与“谁污染，谁治理”及“污染者付费”是同义语，都强调了环境污染造成的损失和防治污染的费用应由排污者承担，而不应转嫁给国家和社会。因此，以“污染者负担”表述更科学，“谁污染，谁治理”原则反映的是点源控制思想。这一原则将治理责任限制在污染者只对其已经产生的现有污染负责，并且只对污染治理负责。这完全是一种消极的事后补救原则，在很大程度上并不能贯穿于环境管理的全过程，从而也就失去了其作为环境法基本原则的应有价值和功能。“污染者付费”原则也有其片面性。它会导致企业将治污责任放置一边，交由别人去完成，逃避了治污的责任和义务，有鼓励企业走“末端治理”的老路之嫌，不适应当今环境保护的要求，与我国提出的要“转变传统发展模式，积极推行清洁生产，走可持续发展道路”，以及由注重污染物的末端治理向注重污染预防转变的环境保护战略相违背。污染者负担明确了污染者不仅有治理污染的责任，而且还具有防治区域环境污染的责任和参与区域污染控制并承担相应费用的责任。治污责任范围也不限于主体自身，还扩展至区域环境保护。这体现了污染者个体责任的扩大和保护公益权的法律要求，更加符合环境保护的公益性质和环境资源的公共属性。“污染者负担”原则的具体内容和表现形式在环境法领域中一般表述为行政责任、民事责任和刑事责任，具体范围涉及污染防治责任、损害补偿责任和损害赔偿责任 3 种。污染者所必须承担的损害补偿责任应包括两方面的内容：其一，污染者应向作为公共环境资源代表者和管理的国家缴纳一定税费，作为对环境资源利用和所致损害的补偿，即对公益权的补偿。这在我国环境立法中主要表现为排污费制度。其二，污染者应承担向长年受污染地区的受害者提供损害救济和补偿的责任，即对受害者私益的补救。当然，关于长年污染地区的补偿问题，补偿资金难以完全由污染者负担，因而需要国家出资。

2）生态效益与经济效益相统一的原则

生态补偿以承认资源同时具有生态效益和经济效益为理论前提，以实现资源的生态效益和经济效益的妥协、协调、和谐发展为努力方向。生态补偿实质上是一种利益协调机制。这种利益协调不仅表现在域际、区际利益的协调上，更表现在生态效益与经济效益的协调上，也就是要最大限度地实现生态效益与经济效益的有机统一。我国水资源总量约为 28100 亿 m^3，居世界第六位，总体属于水资源量丰富的国家，但由于我国人口众多，人均水资源量为 $2200m^3$，仅为世界平均水平的28%，属于人均水资源极度短缺的国家，干旱缺水已成为制约我国经济社会发展的突出问题，而且改革开放30年来，我国经济社会持续快速发展，工业化、城市化水平不断提高，但水资源过度开发，水污染与水土流失不断加剧，流域水生态系统日益恶化，现状堪忧。水资源的稀缺性决定了其生态价值和经济价值不可避免地会发生矛盾。当水资源的生态价值与经济价值发生矛盾时，二者孰轻孰重，从法学的视角来看，就是价值位阶应该如何确定，当二者发生冲突时，应该以何种价值为重。能否找到一条协调生态价值与经济价值冲突、实现人与自然和谐相处之路，是摆在我们面前必须解决的问题，而生态补偿制度的设立则为我们找到了这样一条途径。实际上，"经济利益与环境利益均为人类的基本利益，对两种利益的主张和追求，都是人们追求和提高生活质量的正当要求，具有同源同质和共生互动性，即共生性和一体性"。因此，不应该将水资源的生态效益与经济效益简单地割裂开来或者对立，也不能简单地理解孰优孰后的问题。二者应该是并且能够是协调关系，在一定时期或一定地区所必须采取的经济优先或环境优先措施应当是生态利益和经济利益协调的具体表现形式。生态补偿机制的设计和构建应当以实现和促进两个利益的协调和平衡为目的，并且能够通过对两种利益的协调而达到两种利益的共进和合作。生态补偿机制对环境利益和经济利益的协调还体现在使以经济利益为内驱力来推动和促进环境的治理和养护成为可能。在直接生态效益补偿中，针对生态环境进行的补偿、恢复、综合治理等行为，最后都是要折合成经济行为，用经济效益来衡量，我们也可以将此看成是经济效益的体现；间接生态效益补偿中这一表现更为明显，对从事生态保护的人们的补偿最终都体现为经济补偿。国家在执行退耕还林、退田还湖的政策中，就是将每亩地折合成粮食和货币补偿给当地百姓，通过实现资源的经济效益来实现对环境生态效益的保护；对于利用和影响环境资源的行为，要求行为实施者在经济上承担给付义务（如水土保持中的代履行制度），从而约束环境资源的利用和破坏行为；环境风险基金的不断缴纳和累积，使应对不可预测或不可逆转的环境风险和影响成为可能。

3）政府补偿与市场补偿相结合的原则

政府失灵、市场失灵是导致环境问题的两个基本原因，因此对被破坏的水环境进行补偿、对污染的环境进行治理，必须从政府与市场两个方面同时实施。在市场经济下，在某些环境问题上需要政府干预是因为市场失灵。市场失灵意味着对一些环境产品和服务很难建立起市场或使市场正常工作。在市场失灵的情况下，政府干预成为一个可能的解决办法。市场失灵是政府参与补偿的原因，因为市场自身所具有的市场主体的理性有限性、资源的公共性、污染的负外部性等困境决定了政府参与的必要性；反之亦然，政府补偿自身所特有的巨大的管理成本、低效率性、产权界定的不清晰、信息不对称、政府政策等问题，存在着政府失灵，这也决定市场参与流域生态补偿的必要性。同时，必须看到，当前我国生态补偿政策中存在着以政府补偿为主，而没有充分发挥市场在资源配置中的基础性作用，市场补偿方式不足的问题，市场的参与能够有效地调和政府补偿的刚性，对此，我们必须充分发挥市场的作用，利用经济手段，充分发挥经济主体自身的积极性、主动性，最终实现补偿的高效性。因此，流域生态补偿法律制度只有明确实行政府补偿和市场补偿相结合的原则，才能真正有效地实现生态补偿所期望达到的目的，保护水环境，促进流域水资源的可持续利用。

8.2　流域生态补偿的管理体制研究

8.2.1　流域生态补偿的流域管理模式分析

2002 年修订的《水法》第十二条规定："国家对水资源实行流域管理与行政区域管理相结合的管理体制。"这一条规定确定了流域管理机构的法律地位，为流域管理机构协调流域上中下游不同地区开展流域生态补偿奠定了管理体制的基础，但由于没有赋予流域管理机构强有力的权力，使得流域管理机构与区域在流域水资源管理中仍然存在冲突与博弈，区域在流域生态补偿上，仍然可能会选择"不合作"，进而导致"公地悲剧"的发生。因此，应该在"流域管理与行政区域管理相结合的管理体制"的基础上，再次进行制度和机制的创新，进一步打破行政分割，向跨行政区域的统一管理模式迈进，建立健全以"流域管理为主导，行政区域管理为辅"，从中央到流域、从流域到区域、自上而下、权威高效、运转流畅的管理体制，消除长期以来水资源管理体制存在着的"多龙治水"的局面。从世界范围看，法国流域水资源管理的经验可资借鉴。法国遵循自然流域规律设置流域管理机构模式，将全国按水系分为六大水域，在各流域建立流域委员会和流域水资源管理局。前者是协调和制定方针的机构，是流域水利问题的立法和咨询机构，由各方代表组成，定期召开会议进行决策；后者是技术和水融资机构，是管理执行机构。我国可借鉴法国流域管理的经验，按水系分别设立国家流域管理委员会，该委员会作为决策机构，负责研究解决本流域治理开发和管理中的重大问题，提出流域性的政策法律法规草案，组织协调流域中各行政区域的关系等。同时，要设立流域管理局，其是流域管理委员会的执行机构，代表国家在流域内行使水资源管理权，执行和实施管理委员会的决策决议，并对落实情况进行监督检查（杨娟，2005）。

8.2.2　流域生态补偿的政府职能定位

市场失灵与政府失灵是导致环境问题的两个方面。为了弥补市场失灵，需要政府对流域生态补偿的市场依法进行必要的、适度的行政干预，但这种干预必须是有限度的，否则会导致市场失去活力。因此，为了实现经济效益、环境效益与社会效益的相统一，政府必须对其在流域生态补偿中的职能进行准确科学的定位，既要防止滥用管理权力，又要避免怠于履行职责。政府在流域生态补偿中应主要定位为规划职能、服务职能和监督管理 3 项职能。

1）规划职能

政府在流域生态补偿中的规划性职能主要体现为编制流域生态补偿总体规划，包括流域生态补偿的范围、布局和重点，短中长期发展规划、目标和任务，投资测算和资金来源，效益分析和评价，保障措施等；对全国进行生态功能区划和发展的主体功能区划；制定流域生态补偿的发展管理规划；制定流域生态补偿的标准；制定政府补偿和市场补偿有关程序和交易规则；推动相关法律法规的立法工作，及时修改和完善有关环境法规和环境标准，增强法律规则的权威性。

2）服务职能

有效地发挥政府在流域生态补偿中的服务性职能，可以有效地降低成本，提高补偿效率。其服务性职能主要体现在建立监测、评价和信息收集、反馈机制，增强市场的透明度；积极培育流域生态补偿的交易市场；组织服务技术推广单位和技术人员，为水环境保护提供技术支持和帮助等。

3）监督管理职能

政府在流域生态补偿中的管理性职能主要体现为对流域水资源、排污指标等进行公开、公平、公正的初始分配；对生态补偿资金的科学、合理、有效安排和拨付；建立高效、权威和透明的监管机制，对资金的使用情况实施有效的监督检查和审计，坚决杜绝资金截留、挪用和贪污现象，减少腐败和权力寻租行为，对违法违纪行为及时依法依纪予以惩戒；成立自发组织的私人交易、水权和排污权等市场交易方式的管理机构，负责市场补偿有关交易的监督管理，包括主体资格审查、审批和交易许可，建立交易企业动态管理档案，办理交易配额的交割手续等。

8.2.3 流域生态补偿的政府财政责任

从行政法的角度界定，政府财政责任就是行政主体及其工作人员应履行的与其财政权相适应的职责与义务，以及没有履行或者违反法律规定的义务，或者违法行使财政权力所承担的否定性的后果。国内大多是从政府财政支出的意义上来使用政府财政责任术语。在流域生态补偿中，因为水环境属于公共物品，政府负有提供公共物品的职责，所以国家主要是通过政府补偿的方式为流域生态补偿提供财政支持，这就必然涉及了政府间财政支出的科学合理划分问题，也就是说，必须对流域生态补偿中中央政府与各级地方政府的财政责任，以及流域内同级地方政府的财政责任做出清晰划分，该由中央政府承担的财政责任，必须由中央政府承担，不能转嫁到地方政府；该由流域下游地区政府承担的责任，必须由流域下游地区政府承担，不能由流域上游地区政府全部承担，这是优化公共经济资源、提高政府公共服务水平、促进流域生态补偿健康发展的基础保障（赵建林，2006）。

根据国务院要求，由国家环境保护部牵头，中国国土被划分为禁止开发、限制开发、优化开发和重点开发四大类。主体功能区划定后，对于不同类型的主体功能区，国家将实行不同的经济社会政策，各地的生产力布局将发生重大变化，禁止开发、限制开发地区的发展将会受到影响。在流域内，由于主体功能区与行政区划不一致，以行政层级为依托的现行财政体制的运行也会因行政区处于不同类型的主体功能区而受到一定程度的冲击。处于优化开发、重点开发区域的行政区的财源会不断壮大，财力基础会日趋雄厚，它们对改变现状的要求不会很强烈，希望维持现状，不愿对流域上游地区进行流域生态补偿，对上级政府以编制主体功能区规划为由集中财力而心存芥蒂；处于限制开发和禁止开发区域的行政区，财源可能陷于萎缩状态，财政收入会逐步减少，无多余财力投入流域水环境保护，对改变体制现状、争取上级政府财力支持等方面充满企盼。因此，必须在合理界定政府间财政支出责任的基础上，结合解决现行分税制财政体制运行中出现的基层财政不稳固、税种划分不规范、财政支出责任与财力不对称等问题，对依据现行行政区划所确定的政府间财政支出责任必须做出相应调整，并对纵横向的财政转移支付进行重新设计，使中央、省、市、县财力与责权基本相统一，形成划分科学、责权匹配、集散适度、调控有力的配置格局。

1）流域生态补偿的纵向财政转移支付

当前，我国政府间纵向财政支出责任的纵向配置存在诸多弊端，这在一定程度上影响了流域生态补偿政策的实施，亟待通过财政体制的创新加以解决。从公共经济学的观点看，中央政府主要负责一些全国性的基本公共产品的提供，地方政府负责跨区域的公共产品的提供，中央政府在一定程度上参与和协调那些只与本区域内相关的基本公共产品的提供。因此，在流域生态补偿中，必须明确各级政府的事权和财权，只有在事权明确的前提下，才能有效地避免各级政府在支出责任上互相推诿和扯皮。由于流域生态补偿属于环境保护支出，是效益外溢性极大的重大措施支出，对于属于全国的50个水源涵养生态功能区的生态补偿资金，应主要由中央财政负责，流域内的省、市、县地方财政负责执行性管理支出（张虹，2006）。对于省内的水源涵养生态功能区的流域生态补偿资金，由中央和省、市地方财政共同负责，同时，要建立财政转移支付的专门审批机构。建议在各级人大的财政经济委员会中设立一个专门的“拨款委员会”，专门负责对财政转移支付的申请和决策进行审批，并监督转移支付资金的流向和使用情况。审批主体与决策协调主体的分离，有利于财政转移支付决策的科学性和有效性。

2）流域生态补偿的横向财政转移支付

我国现行财政转移支付法律制度是以《中华人民共和国预算法》和《所得税收入分享改革方案》为法律基础的。这两部规范性文件均不是针对财政转移支付制定的专门法律，充其量是财政转移支付的法律确认。实践中，多以行政规章为依据。但就在仅有的法律法规中，没有一个规范的横向财政转移支付制度。这也使得流域下游地区政府对流域上游地区政府实施流域生态补偿的横向财政转移支付缺乏法律依据。因此，必须在这一方面进行相应的制度创新（王良海，2006）。

按照全国主体功能区划，流域下游地区多属于优先开发和重点开发的区域，而这些优先开发区域和重点开发区域长期无偿或低偿占有流域上游地区溢出的生态效应，财力丰厚，完全有能力对流域上游地方政府进行横向财政转移支付。流域上游地区政府负有保护流域水环境的责任，使水环境水质达到国家规定的水环境指标要求，而流域下游地区则负有对上游地方政府进行横向财政转移支付的责任。横向财政转移支付的标准应由双方或多方地方政府谈判确定。目前，横向财政转移支付的标准应由成立的流域管理联席会议各方共同协商、研制补偿标准，签订补偿协议，明确双方的权利义务，经上级政府或各地方政府批准后执行（潘金，2008）。例如，国家核定某流域的生态指标是III类水，流域下游受益地政府就应按标准给予财政转移支付，如果流域下游受益地政府又提出了II类水的要求，则由在保护地区与受益地区的共同上一级政府协调、确认后，由流域下游地区向上游地区进行额外的横向财政转移支付。

8.3　组织领导

8.3.1　成立专职机构

目前，温州市生态补偿的协调机构主要是市委市政府美丽温州建设领导小组及其办公室（2016 年 3 月，温州生态市建设工作领导小组调整为市委市政府美丽温州建设领导小组），生态补偿的组织、协调实施是该领导小组及其办公室的职能之一。

为便于珊溪水库水生态补偿试点实施方案的推进，加强水生态补偿的组织协调能力，建议建立责、权、利统一的水生态补偿协调机构，建立流域县市间协调合作机制。确定专门机构管理，成立温州市珊溪水库水生态补偿领导小组，市政府主要领导为组长，市政府分管领导为副组长，各相关单位主要负责人为成员；下设办公室（简称“市珊补办”，可在市美丽温州办或市珊管办增挂），市政府分管领导兼任主任，部门负责人为常务副主任。市本级和有关县（市、区）落实专职机构和专职人员，具体负责推进温州市珊溪水库水生态补偿试点实施方案的实施，协调温州市环境保护局、温州市水利局（珊溪水库管理局）、市委宣传部、市发展和改革委员会、市财政局、市住房和城乡建设局、市林业局、市民政局、市教育局、市金融办、市公用集团等有关部门，以及泰顺县、文成县、瑞安市等相关地区政府，进一步健全水生态补偿工作责任域工作机制，制订各年度工作计划，分解目标与任务，明确工作要求，推动工作落实。

8.3.2 组织机构职责分工

协调机构各成员单位的主要职责分工如下（表 8-1）。

表 8-1 珊溪水库水生态补偿工作责任分工

类别	主要任务	主要工作内容	牵头部门	配合部门
水生态补偿资金筹集	政府统筹资金	专项财政资金	市财政局	受水区政府
		水价中提取	市财政局	市发展和改革委员会、市水利局
		珊溪水资源费市级返还资金	市财政局	市水利局
		土地出让金中提取资金	市财政局	市国土资源局
		库周群众生产发展扶持资金	市财政局	市水利局、市环境保护局
		库区环境整治专项资金	市财政局	市珊补办
	市场资金	排污费交易、排污权有偿使用中提取资金	市环境保护局	市财政局、受水区政府
		相关受益企业提取资金	市财政局	市公用事业投资集团有限公司、市发展和改革委员会
		开展生态税研究	市环境保护局	市财政局
	社会资金	社会资本	库区属地政府	市公用事业投资集团有限公司
		绿色贷款	库区属地政府	市公用事业投资集团有限公司
		专项绿色债券	市金融办	市公用事业投资集团有限公司、库区属地政府
		发现公益彩票研究	市民政局	市体育局
		碳汇交易	市林业局	市财政局
		爱心捐赠	市民政局	市水利局
水生态补偿方式	县级政府补偿	根据水源地保护产生的机会成本损失进行补充	市珊补办	市财政局
	乡镇（街道）政府补偿	根据生态乡镇的命名为主要条件进行奖励	市珊补办	市财政局、市环境保护局、市水利局、库区属地政府
	库区群众补偿	农村合作医疗保险和养老保险、贫困学生资助	市珊补办	市水利局、市人力资源和社会保障局、市环境保护局、库区属地政府
	实物补偿	库区贫困人员实物补偿	市珊补办	市水利局、市人力资源和社会保障局、市环境保护局、库区属地政府

续表

类别	主要任务	主要工作内容	牵头部门	配合部门
水生态补偿方式	库区生态公益林和水源涵养林的补偿	库区生态公益林和水源涵养林补偿	市林业局	市水利局、库区属地政府
	政策补偿	经济发展的政策支持	市发展和改革委员会	浙南产业集聚区管理委员会、市级各部门
	项目补偿	经济发展的项目支持	市发展和改革委员会	市级各部门
	异地开发	工业飞地模式	市发展和改革委员会	浙南产业集聚区管理委员会、库区属地政府
	技术补偿与智力补偿	继续教育、院地合作等	市珊补办	市人力资源和社会保障局、市水利局
	精准扶贫	金融扶贫、保障扶贫、就业扶贫、异地扶贫	市珊补办	市金融办、市人力资源和社会保障局、市水利局、库区属地政府
	水源保护基础设施建设及长效管理	已建的生态保护基础设施的营运维护	库区属地政府	市水利局、市环境保护局、市级各部门
		畜禽养殖长效巡查管理	库区属地政府	市水利局、市环境保护局、市农业局
		生态河道修复、水质改善工程、生态公益林建建设等	库区属地政府	市水利局、市环境保护局、市林业局
		珊溪（赵山渡）水源地保护建设项目	库区属地政府	市公用事业投资集团有限公司、市水利局、市环境保护局
体制机制建设	珊溪水源保护立法	温州市珊溪饮用水水源保护条例	市水利局	市环境保护局、库区属地政府
		温州市珊溪水库水生态补偿条例	市珊补办	市水利局、市环境保护局、库区属地政府
	建立水生态补偿的标准化管理	建立标准化管理	市珊补办	市水利局、市环境保护局、市林业局、各属地政府
		资金管理制度	市珊补办	市财政局、市水利局、市环境保护局、市林业局、各属地政府
	监测体系	智慧监测体系	市环境保护局	市水利局
	监督考核	纳入地方政府的绩效考核	市珊补办	市级各部门
		督查考核	市珊补办	市级各部门
	技术保障制度	技术保障制度	市珊补办	市级各部门
	绩效评价	绩效考核与评价	市珊补办	市级各部门
	奖惩体系	生态改善奖励金建立	市珊补办	市财政局
		奖惩体系建设	市珊补办	市级各部门
	长效管理	长效管理机制建设	市珊补办	市级各部门

市珊补办承担市珊溪水库水生态补偿工作领导小组的日常工作，负责日常工

程的协调，职能分解，任务下达，监督管理与绩效考核、体系和制度建设等。

市环境保护局负责监理智慧监测体系、饮用水水源地水质监测、排污权有偿交易、排污费交易费用的实施与费用收取，开展生态税的征收研究。

市水利局负责珊溪水源保护市场化筹集资金运作和使用管理，珊溪水源地保护的有关工程建设的监督管理，负责开展库区转产转业帮扶。

市发展和改革委员会负责政策和项目补偿，协调实施重点建设项目，加快推进水资源费等的价格改革，逐步提高原水价格中库区水源保护费和水资源费征收标准，研究工业飞地政策的落实，会同有关部门制定针对库区政府的优惠政策和激励政策，会同有关部门推进项目建设，协调落实项目资金等。

市财政局牵头负责资金的筹集，建立资金预算绩效管理机制，配合做好与资金有关的相关工作。

市委宣传部负责指导和协调推进水生态补偿的宣传教育活动，提高水生态补偿的认知与参与意识。

市林业局负责提升库区森林覆盖率，库区新造林和原有低效生态公益林的补植改造和迹地更新实施、面积测算，开展库区碳汇交易。

市住房和城乡建设局负责公共基础设施建设的制定和具体实施的评估。

市人力资源和社会保障局负责做好水生态补偿方面人才的培养、使用和队伍建设工作，负责库区贫困人口的扶持、继续教育。

市民政局负责贫困人口的统计，研究库区公益彩票的发行方案。

市金融办负责研究发行专项绿色债券及金融扶贫的方式。

市公用事业投资集团有限公司负责珊溪水源地治理保护资金的募集。

库区各属地政府负责库区公共基础设施建设，水源地与生态环境保护与长效管理，水生态补偿资金的使用，负责引进社会资本。

各受益地区政府做好各年度水生态补偿资金的预算安排，及时拨付水生态补偿资金。

8.4　制 度 建 设

8.4.1　珊溪水源保护立法

近年来，针对珊溪水库库区畜禽养殖、生活污水等严重影响水质的环境问题，温州市委、市政府高度重视，出台了一系列整治政策，投入了大量资金，开展了大规模的水源保护工作，尤其是成立了联合执法队伍，在水源地开展了一系列卓有成效的执法活动。但是，由于现有的管理体制尚未完全理顺，执法主体不够明确，使得珊溪饮用水水源保护一度出现了“九龙管水水不清”等问题。基于此，温州市各级人大代表、政府主管部门和广大人民群众热盼能够出台一部专门的水源保护法律对上述问题予以回应解决。

8.4.1.1　加快推进《温州市珊溪饮用水水源保护条例》立法

环境财政税收政策的稳定实施，生态项目建设的顺利进行，生态环境管理的有效开展，都必须以法律为保障。为此，必须加强水生态补偿方面的立法工作，从法律上明确水生态补偿责任和各生态主体的义务，为水生态补偿机制的规范化运作提供法律依据。因此，有必要在现有《温州市市级饮用水源地生态补偿机制实施意见》和《温州市市级饮用水源地生态补偿专项资金使用管理办法》的基础上，抓紧研究出台《温州市珊溪饮用水水源保护条例》，对生态、经济和社会的协调发展做出全局性的战略部署，对生态环境建设做出科学、系统的安排，完善环境污染整治的法律法规，把水生态补偿、水资源保护逐步纳入法制化轨道，通过完善政策和立法，建立健全水生态补偿长效机制。为推进立法工作，温州市已经委托温州大学法政学院开展《温州市珊溪饮用水水源保护条例》的立法研究，并于 2015 年 1 月通过温州市珊管办的初步评审。下一步应加紧与市人大、各属地政府的衔接，就立法过程中存在的主要问题进行衔接、解决，顺利推进立法。

珊溪饮用水水源保护办法主要从适用的范围、保护原则、管理体制、水源保护、生态补偿、监督管理、法律责任等方面进行规范。

8.4.1.2　开展《温州市珊溪水库水生态补偿条例》的研究

主要明确水生态补偿的基本原则、主要领域、补偿范围、补偿对象、资金来源、补偿标准、相关利益主体的权利义务、考核评估办法、责任追究等。鼓励相关库区的有关人民政府出台相应的具体实施办法，不断推进水生态补偿的制度化和法制化。

8.4.2　建立水生态补偿的标准化管理

8.4.2.1　建立标准化管理

根据珊溪水源保护和水生态补偿管理办法，推进珊溪水库水生态补偿的标准化体系建设，将水生态补偿的补偿范围、补偿对象、资金来源、补偿标准、考核评估办法、责任追究等内容细化、制度化，根据不同的补偿区域、补偿方式，通过标准体系建设，明确水生态补偿的额度、简易的计算方式、具体执行标准等，不断推进水生态补偿的制度化和规范化。

8.4.2.2 建立规范的资金管理制度

建立水生态补偿资金的分配体系，按补偿资金筹集、补偿范围、补偿方式等的不同，将资金筹集（到账）及资金用途实时记录，明确补偿资金的用途及具体使用情况。水资源保护项目的建设、监督和管理由所在地县（市、区）政府负责，有关县（市、区）政府必须每半年至少组织一次项目进展情况的检查。各项目主管部门要督促项目建设单位落实项目配套资金，严格执行基本建设程序，跟踪督促项目实施进度，加强项目预算绩效管理，提高资金使用效益。各级财政、审计、监察和其他相关部门要加强对补偿资金使用情况的监督检查，确保补偿资金运行安全，发挥最大效益。对于截留、挤占、挪用、骗取补偿资金等违反财经纪律的行为，将按《财政违法行为处罚处分条例》进行严肃查处，收回已安排的补偿资金，并视情节追究有关单位和人员的责任；构成犯罪的，移交司法机关依法追究刑事责任。项目建设单位对补偿资金要专款专用、单独核算。要严格执行财政预决算审核制度、招投标管理规定，科学、合理、有效地安排和使用资金。按因素切块分配的资金由县（市、区）政府统筹细化，有关资金拨付文件要及时抄送市相关部门。

8.4.3 构建水生态补偿的智慧监测体系

构建入库支流水质监测体系是水生态补偿机制的基础，监测断面的合理布局和监测机构的选取是水生态补偿机制公平实施的关键。切实加强监测能力建设，构件水生态补偿的智慧监测体系，健全重点生态功能区、流域断面水量水质重点监控点位和自动监测网络，利用现有的珊溪水库、赵山渡水库及主要入库支流监测站点，制定和完善监测网络与监测评估指标体系，及时提供动态监测评估信息。

8.4.3.1 建设“智慧监测体系”

“智慧监测体系”是基于数字化监控平台、在线监测监控系统、环境应急指挥系统，环境移动执法系统上融合了物联网技术、云技术、3S[①]技术、多网融合等多种技术方案，通过实时采集污染源、环境质量、生态、环境风险等信息，构建全方位、多层次、全覆盖的生态环境监测网络，推动环境资源高效、精准的传递及海量数据资源中心和统一服务的支撑平台建设，重视资源的整合优化，实现动态应用平台的组建和应用，以更精细动态的方式实现环境管理和决策的智慧，从而构建“感知测量更透彻、互联互通更可靠、智能应用更深入”的智慧物联网体

① 3S 即遥感（RS），地理信息系统（GIS），全球定位系统（GPS）。

系，实现环境保护的智慧化，为珊溪水库的污染防治、生态修复与保护、水生态补偿等业务提供更智慧的决策。

8.4.3.2 加强水环境监测管理

要完善库区的水环境质量监测管理，加强水质自动监测体系建设，通过在入库支流交界断面、主要排污口、河流敏感河段等主要监测断面安装水质在线传感器（或者是采用定期监测，每月至少监测一次），对水质常规参数［常规五参数（水温、pH、溶解氧、电导率、浊度）、氨氮、化学需氧量、高锰酸盐指数、总有机碳（TOC）、总氮、总磷、叶绿素、硝酸盐氮、氰化物、氟化物、氯化物、酚类、油类、重金属等］进行采样分析，推进数据的自动采集、展示和分析，将数据和视频数据进行融合叠加后，实时传送给管理人员，给用户提供 PC 端的实时查询，并提供报警提醒、远程查看、远程取证管理等功能，帮助管理部门实现全方位、全时段的信息化管理手段，使管理者能够准确把握流域水质的变化趋势。

8.4.3.3 完善监测断面与落实责任主体

在入库支流及其有关区域交界处，完善考核监测断面，明确流域水环境保护的区域责任，建立入库支流水质监测制度。水质监测由市、县环境保护行政主管部门负责组织，市、县水行政主管部门共同参与；水量及流向监测由市水行政主管部门负责组织实施。断面水质、水量及流向一般采用自动监测的方法。未设自动监测站的断面，水质指标由市级监测中心或分中心采用人工监测的方法，每月监测 1 次；水量指标由水行政主管部门采用人工监测方法，根据河道水文特征确定监测频次，计算当月水量和流向指标。

8.4.4 强化水生态补偿的技术保障制度

8.4.4.1 强化技术队伍

建立和完善水生态补偿机制是一项复杂的系统工程，尚有很多重大问题需要深入研究，其为建立健全水生态补偿机制提供了科学依据。温州市还需要探索加快建立资源环境价值评价体系、生态环境保护标准体系，建立自然资源和生态环境统计监测指标体系及“绿色 GDP”核算体系，研究制定自然资源和生态环境价值的量化评价方法，研究提出资源耗减、环境损失的估价方法和单位产值的能源消耗、资源消耗、“三废”排放总量等统计指标，使水生态补偿机制的经济性得到显现。因此，需进一步加强水生态补偿的专业技术队伍，强化技术保障能力。

8.4.4.2 培育中介机构

中介机构可承担水生态补偿的测算与评估，理论和实践课题研究，生态建设、环境保护，新技术和新能源技术的开发利用等工作，为水生态补偿和生态保护提供技术支撑。为进一步提高水生态补偿、水源保护的技术创新能力，需要培育中介机构参与水生态补偿工作，承担非政府职能的组织、协调与实施。中介机构应该优先培育当地熟悉珊溪水库水环境的环境保护、水利科研单位。

8.4.5 建立公众参与宣传保障机制

8.4.5.1 加强宣传教育

加大生态环境保护宣传教育，组织环境保护公益活动，开发生态文化产品，全面提升全社会生态环境保护意识。鼓励生态文化作品创作，丰富环境保护宣传产品，开展环境保护公益宣传活动。中、小学要将生态文明教育纳入教学内容。

加强生态保护补偿政策解读，及时回应社会关切。充分发挥新闻媒体作用，依托现代信息技术，通过典型示范、展览展示、经验交流等形式，引导全社会树立生态产品有价、保护生态人人有责的意识，自觉抵制不良行为，营造珍惜环境、保护生态的良好氛围。积极宣传水源保护和水生态补偿的重要性和必要性。利用世界水日等重大水事节日组织开展水源保护及水生态补偿的集中宣传活动，围绕水源保护与水生态补偿的主题，采取多种形式，普及水生态补偿理念，增强公众对水源保护、水生态补偿的理解和认可程度，达到群众自发保护水源的目的。

8.4.5.2 鼓励公众参与

积极发动、组织引导人民群众参与水源保护和水生态补偿工作，形成水源地生态环境保护的广泛群众基础，大力开展生态市、生态县的群众性创建活动，充分发挥工会、共青团、妇联等社会团体作用，积极组织和引导公民从不同角度，以多种方式，参与水源保护建设和水生态补偿工作。

8.4.5.3 加强社会监督

建立公众参与水环境管理决策的有效渠道和合理机制，鼓励公众对政府环境保护工作、企业排污等水环境污染行为进行监督。在建设项目立项、实施、后评价等环节，建立沟通协商平台，听取公众意见和建议，保障公众的环境知情权、参与权、监督权和表达权。引导新闻媒体，加强舆论监督，充分利用“12369”环境保护热线等相关举报平台。

充分重视网络、移动平台等新媒体的作用，强化开放式网络宣传平台建设，开设专栏，跟踪水源保护的进程、取得成果、使用水生态补偿资金、落实制度等，形成全社会人人关心、支持、参与、推进珊溪水库水生态补偿机制建设的良好氛围。

8.5 绩效评价体系建设

8.5.1 建立监督考核制度

8.5.1.1 将水生态补偿机制建设工作成效纳入地方政府的绩效考核

将水生态补偿工作列入市委、市政府对各县（市、区）及市有关部门年度重要工作目标责任制重点考核内容，建立科学的考核评价机制。将水生态补偿的资金筹集、资金使用情况、使用水生态补偿资金的工程项目完成情况、各断面水质的目标完成情况等纳入政府、相关部门领导干部政绩考核内容，并进行年度考核，制定相应的奖惩措施。

8.5.1.2 建立全程督查考核机制

由市人大、市政协、市纪委、市委组织部、市考绩办等牵头，定期对珊溪水库水生态补偿工作进行督查，督查的范围主要是水生态补偿资金的到位情况、资金使用的合理性、水质达标情况及其他相关内容，及时发现水生态补偿工作过程存在的问题并及时提出整改意见，确保各项工作真正得到落实。

8.5.2 建立绩效评价体系

建立水生态补偿的绩效评价体系，可参照生态文明建设目标评价考核办法的有关要求，将体现水生态补偿要求的目标体系、考核办法、奖惩机制，把环境损害、生态效益纳入评价体系。主要对库区政府在水源保护、水生态补偿资金使用，特别是水质达标、工程落实、资金落实等方面进行绩效评价，将评估结果作为下一年度资金分配的重要依据。

绩效评价由市珊补办牵头组织实施。绩效评价的目的主要是检验水生态补偿的执行效果，决定水生态补偿下一年度的资金分配和政策调整等。绩效评价的主要内容可以分为工作实绩和实施效果两大部分（表 8-2）。

表 8-2　水生态补偿绩效评价参照表

分类	项目	内容	主要指标及分值（初定）
工作实绩	水环境管理（30）	制度建设（7 分）	1. 地方法规制度的制定情况（1 分） 2. 项目运行管护制度（2 分） 3. 环境监管能力建设（2 分） 4. 技术保障制度（2 分）
		日常管理（8 分）	1. 建立健全组织机构和配备专门人员（1 分） 2. 开展日常的监督检查（2 分） 3. 水质日常监测（2 分） 4. 水源保护各类宣传工作（1 分） 5. 畜禽养殖的巡查（1 分） 6. 水事秩序情况（1 分）
		水源保护（15 分）	1. 工程建设进度情况（3 分） 2. 水土流失及治理情况（1 分） 3. 环境污染整治情况（4 分） 4. 工程正常运行情况（4 分） 5. 工程质量与安全管理（3 分）
	投融资效益（20）	资金的筹集（10 分）	1. 补偿资金的到位情况（3 分） 2. 社会、市场资金筹集情况（2 分） 3. 配套资金的到位情况（3 分） 4. 国家、省级的补助（2 分）
		资金的使用（10 分）	1. 补偿资金使用的规范性（3 分） 2. 资金的拨付情况（2 分） 3. 资金的执行情况（5 分）
实施效果	资源效益（10）	生态资源情况（4 分）	1. 公益林与湿地情况（1 分） 2. 渔业资源情况（1 分） 3. 供水与发电效益情况（2 分） 达到预定目标得分，否则不得分
		经济效益情况（6 分）	1. 转产转业的成效情况（3 分） 2. 生态经济发展成效情况（3 分）
	功能效益（40）	水质情况（16 分）	1. 入库支流水质达标情况（以 COD、氨氮、总磷、总氮指标为评分标准）（4 分） 2. 两库水质达标情况（以 COD、氨氮、总磷、总氮指标为评分标准）（4 分） 3. 各支流断面水质改善情况，改善指数=（基准年当年实测年均值–评价年当年实测年均值）/（基准年当年实测年均值–评价年当年目标值）（4 分） 4. 主要污水处理厂出水水质（4 分） 达到预定目标得分，否则不得分
		污染削减（15 分）	1. 生活污水处理率（5 分） 2. 生活垃圾无害化处置率（5 分） 3. 规模化禽畜养殖废物处理率（5 分） 达到预定目标得分，否则不得分
		信息宣传（9 分）	1. 群众参与情况（3 分） 2. 群众满意度情况（3 分） 3. 信息宣传（3 分）

注：具体的评分标准在具体实施时制定。

绩效评价结论中，有下列情况之一者，下一年度暂缓或不安排水生态补偿资金。

（1）全年交接断面水质标准均达不到要求的，在达标前，不安排所在地补偿资金；

（2）年度水资源保护任务项目完成率达不到 85%的；

（3）辖区流域范围内发生重大环境污染事件，并造成不良影响的；

（4）项目自筹资金落实不到位的；

（5）不按规定使用资金的。

8.6　奖惩体系建设

8.6.1　建立生态改善奖励金

在补偿过程中要体现“超标者赔偿、改善者受益”的原则。在水生态补偿资金中提取一定比例作为生态赔偿金和生态改善金，“生态赔偿金”为造成水污染后的扣缴、赔偿金，“生态改善金”为保护和改善水质后的奖励、补偿资金。当断面水质超标时由上游给予下游补偿，即上游不获得生态改善金并承担生态赔偿金；断面水质指标值优于控制指标时由下游给予上游补偿，发放生态改善金。提取水生态补偿资金的3%作为生态改善奖励金。按照资金筹集的额度，按3%的额度可提取资金915万元。

8.6.2　建立奖惩体系

8.6.2.1　奖惩额度的控制

可提取水生态补偿资金的3%作为生态改善奖励金，并将惩罚所得资金纳入生态改善奖励金。由于生态改善奖励金的使用对象主要为入库支流、城镇污水处理厂、农村生活污水设施、畜禽养殖、转产转业、水事秩序工程等，主要由县级政府进行保护与监管，因此奖励和惩罚的主体均为县级政府。惩罚的费用主要是扣除下一年度的县级政府补偿部分，奖励的费用也是统一纳入县级政府的补偿部分。

因未严格落实水源保护责任，造成市级饮用水水源地发生环境污染的事件，属于一般环境事件（III级），每发生一起扣罚该地第二年水生态补偿资金50万元，扣完为止；属于较大环境事件（II级），每发生一起扣罚该地第二年水生态补偿资金100万元，扣完为止；属于重大环境事件（I级），则扣除第二年全部水生态补偿中的县级政府补偿资金。

市环境保护局会同市水利局（市珊溪水库管理局）加强对各主要支流交界断面水质的监测。每年根据入库支流考核断面1～12月的水质监测结果，若有月度考核不符合地表水环境功能区要求的，按每条支流给予扣罚该地第二年水生态补偿资金10万元，按超标月数累加，扣完为止。全年全部支流水质均达标的，给予奖励第二年度水生态补偿资金20万元，否则不予奖励。

市环境保护局会同市水利局（市珊溪水库管理局）加强对库区污水处理厂的监管，每抽查一次水质监测不达标的，扣罚该地第二年水生态补偿资金（运行经费）10万元；每抽查一次污水处理厂运行不正常的，扣罚该地第二年水生态补偿资金（运行经费）10 万元，扣完为止。全年全部出水水质均达标的，给予奖励第二年度水生态补偿资金 25 万元，否则不予奖励。

市环境保护局会同市水利局（市珊溪水库管理局）加强对库区农村生活污水处理设施的监管，每抽查一次水质监测不达标的，扣罚该地第二年水生态补偿资金（运行经费）3 万元；每抽查一次污水处理厂运行不正常的，扣罚该地第二年水生态补偿资金（运行经费）3 万元，扣完为止。全年全部出水水质均达标的，给予奖励第二年度水生态补偿资金 15 万元，否则不予奖励。

市水利局（市珊溪水库管理局）加强对畜禽养殖反弹情况的监管，以生态环境控制总量 2.26 万头生猪当量的目标进行控制，以现状生猪当量（2.26 万头以内为基础），每增加 200 头，扣罚该地第二年水生态补偿资金 5 万元。全年生猪当量无增产的，给予奖励第二年度水生态补偿资金 30 万元，否则不予奖励。

市水利局（市珊溪水库管理局）加强对转产转业成效的监管，转产转业产值年均增加 10%的区域，加大扶持力度，并给予奖励第二年度水生态补偿资金 20 万元，否则不予奖励。

市水利局（市珊溪水库管理局）加强对库区水事秩序的监管，每发生一次库区水事违法案件，扣罚该地第二年水生态补偿资金 2 万元，并扣除渔业受益分成 0.5%。全年无水事违法案件的，给予奖励第二年度水生态补偿资金 20 万元，并共享其他区域扣除的渔业收益分成部分，否则不予奖励。

8.6.2.2　奖罚措施与范围

1）入库支流水质奖惩体系

将入库支流水质与水生态补偿资金相挂钩，有奖有罚；对 14 条主要入库支流水质达到目标值的进行奖励，对未达到目标值的进行适当惩罚，涉及的主要支流如下。

（1）文成县：峃作口溪、泗溪、玉泉溪（瑞安）、黄坦坑、珊溪坑、李井溪、桂溪、平和溪、九溪、渡渎溪（10 条）；

（2）泰顺县：三插溪、里光溪、洪口溪、莒江溪（4 条）。

市环境保护局会同市水利局（市珊溪水库管理局）加强对各主要支流交界断面水质的监测。每年根据入库支流考核断面 1～12 月的水质监测结果，若有月度考核不符合地表水环境功能区要求的，按每条支流给予扣罚该地第二年水生态补偿资金 10 万元，按超标月数累加，扣完为止。全年全部支流水质均达标的，给予奖励第二年度水生态补偿资金 20 万元，否则不予奖励。

2）城镇污水处理厂水质奖惩体系

将城镇污水处理厂的出水水质指标与运行经费直接挂钩；各主要城镇污水处理厂出水水质达到目标值按正常运行费进行拨付，未达到目标值则适当扣除运行费（表 8-3）。

表 8-3　主要城镇污水处理厂水质目标

序号	污水处理厂名称	处理规模/(t/天)	出水标准
1	司前畲族镇污水处理厂	1000	一级 A
2	筱村镇污水处理厂	1000	一级 A
3	黄坦镇污水处理厂	2500	一级 A
4	巨屿镇/珊溪镇污水处理厂	5000	一级 A
5	南田镇/百丈漈镇片区污水处理厂	6000	一级 A
6	大峃镇（城东）污水处理厂	10000	一级 A
7	玉壶镇污水处理厂	1000	一级 A

市环境保护局会同市水利局（市珊溪水库管理局）加强对库区污水处理厂的监管，每抽查一次水质监测不达标的，扣罚该地第二年水生态补偿资金（运行经费）10 万元；每抽查一次污水处理厂运行不正常的，扣罚该地第二年水生态补偿资金（运行经费）10 万元，扣完为止。全年全部出水水质均达标且均正常运行的，给予奖励第二年度水生态补偿资金 25 万元，否则不予奖励。

3）农村生活污水水质奖惩体系

将农村生活污水治理工程的收集率、水质达标率的考核结果与运行经费直接挂钩；按农村生活污水的收集处理率进行运行费测算，收集处理率高的，运行费适当增加（表 8-4）。

表 8-4　主要农村生态污水处理工程水质与收集率目标

序号	项目名称	处理规模/(t/天)	出水标准	收集率/%
1	大峃镇污水生态化治理工程	3500	二级排放标准	85
2	珊溪镇污水生态化治理工程	1500	二级排放标准	85
3	玉壶镇污水生态化治理工程	1600	二级排放标准	85
4	南田镇污水生态化治理工程	1200	二级排放标准	85
5	黄坦镇污水生态化治理工程	1300	二级排放标准	85
6	西坑畲族镇污水生态化治理工程	800	二级排放标准	85
7	百丈漈镇污水生态化治理工程	900	二级排放标准	85
8	峃口镇污水生态化治理工程	1300	二级排放标准	85
9	巨屿镇污水生态化治理工程	300	二级排放标准	85
10	周山畲族乡污水生态化治理工程	260	二级排放标准	85
11	罗阳镇污水生态化治理工程	1800	二级排放标准	85
12	司前畲族镇污水生态化治理工程	700	二级排放标准	85
13	百丈镇污水生态化治理工程	900	二级排放标准	85
14	筱村镇污水生态化治理工程	1700	二级排放标准	85
15	竹里畲族乡污水生态化治理工程	150	二级排放标准	85

市环境保护局会同市水利局（市珊溪水库管理局）加强对库区农村生活污水处理设施的监管，每抽查一次水质监测不达标的，扣罚该地第二年水生态补偿资金（运行经费）3 万元；每抽查一次污水处理厂运行不正常的，扣罚该地第二年水生态补偿资金（运行经费）3 万元，扣完为止。全年全部出水水质均达标的，给予奖励第二年度水生态补偿资金 15 万元，否则不予奖励。

4）畜禽养殖反弹奖惩体系

将畜禽养殖反弹情况与农村合作医疗保险资金、长效巡查经费直接挂钩；畜禽养殖的控制情况直接关系库区的水环境，将畜禽养殖反弹与相关经费挂钩，能有效促进巡查的力度。

市水利局（市珊溪水库管理局）加强对畜禽养殖反弹情况的监管，以生态环境控制总量 2.26 万头生猪当量的目标进行控制，以现状生猪当量（2.26 万头以内）为基础，每增加 200 头生猪当量，扣罚县级政府该地第二年水生态补偿资金 5 万元。全年生猪当量无增加的，给予县级政府奖励第二年度水生态补偿资金 30 万元，否则不予奖励。

5）转产转业成效奖惩体系

将转产转业成效与转产转业资金分配直接挂钩；转产转业成效直接关系库区群众的生活水平，对成效明显的区域应当增加资金补助力度和扶持力度。

市水利局（市珊溪水库管理局）加强对转产转业成效的监管，对转产转业产值年均增加 10%以上的区域，加大扶持力度，并给予奖励第二年度水生态补偿资金 20 万元，否则不予奖励。

6）水事秩序奖惩体系

将水库水事秩序与渔业收益金分配直接挂钩；水库的水事秩序与巡查情况关系着库区资源的收益，对于水事秩序维持良好的区域，应该在资金收益的分配上适当给予倾斜。

市水利局（市珊溪水库管理局）加强对库区水事秩序的监管，每发生一次库区水事违法案件，扣罚该地第二年水生态补偿资金 2 万元，并扣除渔业受益分成 0.5%。全年无水事违法案件的，给予奖励第二年度水生态补偿资金 20 万元，并共享其他区域扣除的渔业收益分成部分，否则不予奖励（表 8-5）。

表 8-5 奖惩体系标准汇总表

奖罚措施与范围	惩罚标准	奖励标准	奖励上限/万元
生态乡镇（村）	—	生态乡镇：国家级奖 20 万元，省级 15 万元，市级 10 万元 生态村：省级以上 5 万元，市级 3 万元（同时获得按高值奖励）	65

续表

奖罚措施与范围	惩罚标准	奖励标准	奖励上限/万元
环境事件	一般环境事件（III级），罚 50 万元；较大环境事件（II级），罚 100 万元；重大环境事件（I级），罚第二年县级政府补偿资金	未发生环境事件，奖励 15 万元/a	30
入库支流水质奖惩体系	月度监测水质达不到水功能区要求的，罚 10 万元/次	全年全部支流水质均达标的，奖励 20 万元/a	280
城镇污水处理厂水质奖惩体系	水质不达标的罚 10 万元/次，运行不正常的罚 10 万元/次	全年全部出水水质均达标且均正常运行，奖励 25 万元/a	175
农村生活污水水质奖惩体系	水质不达标的罚 3 万元/次，运行不正常的罚 3 万元/次	全年全部出水水质均达标且均正常运行，奖励 15 万元/a	225
畜禽养殖反弹奖惩体系	每增加 200 头生猪当量，罚 5 万元	全年生猪当量无增加，奖励 30 万元/a	60
转产转业成效奖惩体系	—	转产转业产值年均增加 10%以上，奖励 20 万元/a	40
水事秩序奖惩体系	每发生一次库区水事违法案件，罚 2 万元	全年无水事违法案件的，奖励 20 万元/a	40
合计			915

注：惩罚与奖励的具体标准根据生态改善奖励金的总额度进行调整。当年度若未使用完，则自动转入下一年度使用。

8.7 水源保护长效管理机制

根据水管理评价的分析成果，珊溪水库需要进一步加强水源地的治理，减少入库污染物，并加强长效管理，实现珊溪水库、赵山渡水库稳定达到II类水，入库支流持续稳定在II～III类水。水源保护的长效管理主要涉及农村生活污水、畜禽养殖、城镇生活污水、生活垃圾、库区执法、渔业、转产转业等方面。

8.7.1 农村生活污水长效管理

按照“政府主导、物业化运作、受益者参与”的原则，建立健全库区已建农村生活污水处理设施的运行维护和管理机制，加强对农村生活污水处理设施的管理，同时建立农村生活污水处理设施信息化管理平台，实现农村生活污水的标准化管理。

根据《温州市人民政府办公室关于做好农村生活污水治理设施长效运维管理的通知》（温政办〔2015〕117 号）的有关要求，按照“建设一个、竣工验收一个、移交一个、长效运维落实一个”的要求，抓好长效运行维护。

根据农村生活污水不同治理模式和设施规模、工艺特点、所处环境，采取多种方式抓好长效运维监管。对于进入城镇污水处理厂处理的，纳入城镇污水处理厂运维，服务范围延伸到管网工程和接户井以外的接户工程；对于村域自建集中型处理设施的，采取政府购买服务方式委托第三方专业机构或城镇污水处理厂进行运维；对于分散式治理村，采取政府适当补助，采用村级组织提供统一服务为主、农户积极履行治污责任的方式，做好运维。

运维服务的重点是根据农村生活污水治理设施规模和所处环境，以处理水量计量、水质监测、污泥规范处置、污水收集系统和终端处理系统的“防渗漏、防堵塞、防破损、防故障”为主要任务，建立数据监测、巡查维修、设备维护更换等制度，实现农村生活污水治理设施长期稳定运行。其中，对于设计日处理能力30t以上、受益农户100户以上和位于水环境功能要求较高区域的农村生活污水治理设施，应安装或改装处理水量计量和运行状况监控系统，定期监测处理水量和水质状况；其他村域集中式处理设施要对照排放标准，定期或不定期监测处理水量和水质状况。

8.7.2 畜禽养殖长效管理

进一步强化库区畜禽养殖长效巡查管理，建立畜禽养殖管理领导干部问责机制，加强对失管行为的责任追究；严格落实《珊溪水利枢纽饮用水水源地畜禽养殖污染长效管理八条禁令》（温委办发〔2012〕124号）。

8.7.2.1 严格执行八条禁令

（1）严禁在珊溪水库饮用水水源保护区内新建、扩建规模化畜禽养殖场。一经发现，由县级环境保护部门依法从重处罚，并由县（市）政府责成所在地乡（镇）政府依法组织拆除；未及时发现和拆除的，对所在地乡（镇）政府予以通报批评；情节严重的，对县（市）政府分管领导予以谈话诫勉，对不履行或不正确履行职责的责任领导和责任人予以相应的党纪政纪处分。

（2）严禁“无证”养殖。农业（畜牧）部门会同所在乡（镇）政府对限养区内已有的养殖场重新核定养殖规模，建立“一户一册”养殖档案，并根据养殖档案强制推行“养殖准养证”和“排污许可证”制度。凡在2013年1月1日以后未取得“两证”的养殖场，由县级环境保护、农业（畜牧）部门依法从重处罚，并由县（市）政府责成所在地乡（镇）政府责令关停，相应地，拆除栏舍建筑物；未关停和拆除的，对所在地乡（镇）政府予以通报批评；情节严重的，对不履行或不正确履行职责的责任领导和责任人予以相应的党纪政纪处分。

（3）严禁超标排放。对于出水水质不达标的养殖场，由县级环境保护部门强制封堵排水口，并责令限期整改，同时强制采取削减总量措施；对于整改到期后仍不达标的，吊销“两证”，并由县（市）政府责成所在地乡（镇）政府依法组织拆除；未及时拆除的，对所在地乡（镇）政府予以通报批评；情节严重的，对不履行或不正确履行职责的责任领导和责任人予以相应的党纪政纪处分。

（4）严禁偷排行为。各级环境保护、农业（畜牧）部门和所在地乡（镇）政府要切实加强对珊溪水库饮用水水源地畜禽养殖业的监管，严格巡查执法，一经发现畜禽养殖户私设暗管或者采取其他方式偷排养殖污染物的，由县级环境保护部门依法从重处罚，并由县（市）政府责成所在地乡（镇）政府依法组织拆除。畜禽养殖户中的农村党员、村居干部，以及各级党代表、人大代表、政协委员应带头执行国家有关法律法规，凡是党员、干部违法养殖的，一经发现依法从重处理。

（5）严禁丢弃及不按规定处理病死畜禽尸体。病死畜禽尸体未按规定进行无害化处理的，由县级农业（畜牧）部门依法从重处罚，构成犯罪的，依法追究刑事责任。未及时发现未按规定处理病死畜禽尸体行为的，对县级农业（畜牧）部门及所在地乡（镇）政府予以通报批评；情节严重的，对不履行或不正确履行职责的责任领导和责任人予以相应的党纪政纪处分。

（6）严禁超规模养殖。一经发现超规模养殖或虚报、瞒报、漏报养殖场规模的，由县级农业（畜牧）部门责令其限期整改，整改不到位的，由县（市）政府责成所在地乡（镇）政府依法组织拆除；未及时拆除的，对所在地乡（镇）政府予以通报批评；情节严重的，对不履行或不正确履行职责的责任领导和责任人予以相应的党纪政纪处分。

（7）严禁违法审批。在珊溪水库饮用水水源保护区依法不得审批规模化养殖场，各级国土资源、规划、农业（畜牧）、环境保护、林业等有关部门应依法严格把握审批、审核关；凡违法审批的，对相关责任领导和责任人一律予以党纪政纪处分；构成犯罪的，依法追究刑事责任。

（8）严禁妨碍公务。各类畜禽养殖业主应当积极支持和配合畜禽养殖业污染整治工作，不得干扰、妨碍执法人员执行公务，对干扰妨碍公务、聚众暴力抗法的，一律依法从严处理。

8.7.2.2 建立长效管理体系

（1）严控养殖总量。根据总量控制原则，库区畜禽养殖存栏规模总量控制在2.66万头生猪当量以内，未经批准不得新增规模养殖场。

（2）实施准（入）退（出）机制。原则上不再新增规模化养殖场，养殖场户（养殖小区），必须严格执行“生态优先”的原则，严格执行《畜禽规模养殖污染防治条例》等法规制度。规模养殖场（养殖小区）所处地域因县、乡镇、村规划改变列入禁养范围的，必须拆除、关停或搬迁。

（3）落实主体责任。畜禽养殖场（小区）、养殖户是养殖污染防治的责任主体，并接受乡镇及县级有关部门的依法监督检查和社会监督。现有规模养殖场要严格做到“四个一”，即一份承诺书、一套污染防治设施、一本记录台账、一个公示牌。养殖场必须建设与养殖规模相匹配的污染防治设施，严禁超养、复养、多养现象发生，排泄物处理符合环境保护排放要求；做好污染防治设施的日常维护和相关台账记录；养殖场门口醒目位置设立公示牌，自觉接受群众监督。

（4）加强监督巡查。乡镇（街道）党委政府对辖区内的养殖污染治理负总责，要按照“一漏一户、不漏一场”的要求，建立“一场一档”，逐场逐户确定整改处理措施，完成一处整改注销一个档案。要建立养殖场（户）治理网格化监管体系，完善联村联场联干部制度，明确乡镇分管领导担任乡镇网格监管员，确定班子成员联村指导监督管理；明确乡镇联村联场责任干部、村联场干部具体负责养殖污染防治的监督管理。乡镇联村联场责任人员每半个月对规模养殖主体全面巡查不少于一次，村联场责任人员每周到场巡查不少于一次，同时兼顾养殖散户的监管。对巡查中发现的问题及时提出整改意见、责令养殖业主立即整改，并上报环境保护、农业部门。环境保护、农业部门采取定期不定期巡查、重点巡查、综合巡查相结合方式协同开展巡查，及时通报巡查情况，按职责权限依法严肃查处养殖污染行为，涉及犯罪的移交公安部门处理。

（5）建立服务体系。一是推进畜牧业资源循环利用。大力推广农牧结合、资源化利用模式，将畜禽粪便统一收集生产有机肥，或堆积发酵后直接还田；鼓励建立沼液利用的社会化服务组织，就地消纳或异地转运消纳沼液沼渣。把畜禽养殖污染治理工作与种养业发展、测土配方施肥、优质农产品基地建设有机结合，形成上联养殖业、下联种植业的循环农业新格局。二是加快畜禽有机肥推广应用。政府支持有机肥的推广应用，对利用畜禽粪便加工有机肥的设备和规模种植大户或合作社推广使用有机肥的进行适当补助。三是强化病死动物无害化处理与保险联动。按照“政府监管、财政扶持、企业运作、保险联动”的机制，建立养殖场主动报告、乡镇“统一收集”、处理中心“集中处理”、市县两级监管四环相扣的“统一收集、集中处理”的运行体系。建立病死动物无害化处理与保险联动机制，加快实施生猪保险全覆盖，切实杜绝养殖户乱丢弃行为。

（6）强化考核惩戒。一要强化培训教育。乡镇（街道）、农业、环境保护要定期组织养殖业主进行培训教育，明确管理要求，指出存在问题，指导建立档案。二要强化工作考核。各乡镇、相关部门要把畜禽养殖污染治理工作重点从单纯治理转移到治理与监管并重上来。将养殖污染治理和长效监管工作纳入乡镇部门年终考核的重要内容。三要强化责任追究。对于各级各有关部门因工作不落实导致重大影响污染事件的单位和当事人，县纪委（监察局）要及时跟进启动问责程序，确保发现问题，整治到位，举一反三，教育到位。

8.7.3 城镇生活污水长效管理

建立库区城镇生活污水处理厂的长效管理机制，实行统一管理，确保污水厂规范运行、达标排放，切实发挥治污减排效益。

8.7.3.1 完善运行管理制度

（1）污水处理厂需建立设施稳定运行的长效管理制度，落实各级职能的专人负责制，确保生产正常运行。

（2）污水处理厂需每日定时对各类仪器仪表、相关设备进行巡检，记录相关仪表和设备数据，确保进出水量、电量、污泥产生量、药剂使用量、水质化验单、溶解氧浓度、污泥浓度、提升泵、曝气设备运行记录等原始台账记录及时、数据准确、内容全面。

（3）污水处理厂应落实污泥安全储存措施，保证污泥稳定化处理和安全运输，并每年检测污泥泥质一次以上。根据污泥的特性，参照《城镇污水处理厂污泥处理处置技术指南》中有关利用处置要求，选择相应合理的利用处置方式，并建立健全污泥利用处置管理台账和转移联单等相关制度，及时记录污泥产生、储存和利用处置的数量和去向。

（4）污水处理厂将各类日报台账形成月报资料，报上级管理部门审核备案。当地管理部门每月需对污水处理厂减排现场检查一次以上，核实污水处理厂月报资料，并将已核实资料作为减排档案材料保存。

（5）污水处理厂需加强突发应急事故预防工作，对水量、水质突变、重要设备故障、停电等突发事件进行防范，需暂停运行部分设施的，需提前 15 天向当地建设、环境保护部门申请，并报告当地政府；因突发事故造成处理系统瘫痪或关键设备停运的，应在事故发生 2h 内向建设、环境保护部门报告，并加大水质、水量监测频次，同时记录突发事故仪器仪表等异常数据，做好异常数据解释说明，尽快恢复污水处理系统。

（6）由于汛期、设施停运等确需开启进水旁路的，污水处理厂需提前 1 天向当地建设、环境保护部门申请，并记录旁路开启后污水流量、水质等情况。

（7）主管部门应加强污水处理厂运行管理的监督检查。

8.7.3.2 强化水质监督监测

（1）环境保护监测部门应加强对污水处理厂的监督性监测，按照上级部门有关要求，加强监测，监测频次不少于每两个月一次。

（2）一旦发现监督性监测数据超标，监测部门应及时将监测结果通报给主管部门和污水处理厂，以便及时查明原因，及时处理。

（3）环境保护部门应加强在线监控系统比对监测，监测频次一季度一次以上，确保在线监控数据在技术规范要求准确范围之内。

（4）环境保护部门应对污水处理厂开展专项检查等执法行动，并对污水处理厂进水、中间运行单元等取样监测，动态掌握污水处理厂平时的运行情况。对于污水处理厂污水超标排放的行为，应及时固定证据，立案查处，并依法征收超标排污费。

（5）监督性监测结果应作为污水处理费核定拨付的重要依据。

（6）自动监控或中控系统发生故障不能正常监测、采集、传输数据的，在维修期间，污水处理厂应加大各项运行参数和技术指标的手工监测，数据报送每天不少于 4 次，间隔不得超过 6h，相关监测记录需妥善保存以备核查。

8.7.3.3 完善考核奖励机制

（1）属地政府应建立污水处理厂在污水处理方面的奖惩机制，完善污水处理费用拨付与出水达标排放、减排效果挂钩的监管考核机制。污水处理厂向财政部门申请拨付污水处理费时应出具建设、环境保护部门对污水处理费拨付的核定意见。

（2）在半年度、年度减排核定中已扣减的污水处理量，环境保护部门应及时通知财政部门，并在下月度中扣减相应的污水处理费。

（3）污水处理厂由于有关减排核查问题被国家、省通报批评的，财政部门应暂缓污水处理费的拨付，待有关通报情况得到整改落实后，结合相关部门的处理意见，再做出是否拨付和应拨付的污水处理费的决定。

（4）建设、环境保护等部门应对为温州市减排工作作出重要贡献的污水处理厂给予物质和精神奖励，环境保护部门应优先考虑、安排其环境保护专项资金补助申请，优先分配其评奖评优名额，在项目审批、环境保护验收中开辟绿色通道；建设部门应开展污水处理厂运行绩效评定考核，并对年度考核结果进行通报。

（5）各地要加强污水处理厂运行及环境保护信息管理，建立完善一厂一档档案系统，纳入企业环境行为信用等级评定工作范围，并将相关信息上传至绿色信贷信息共享平台。

8.7.4 生活垃圾长效管理

进一步完善库区生活垃圾长效管理机制，确保收集率和处理率均在 100%。制定出台《珊溪水库饮用水水源地生活垃圾长效运维管理办法》，其涉及的主要内容如下。

8.7.4.1 库区生活垃圾处理模式

（1）群众保洁。村民小组的保洁员每天进行保洁，不仅仅是村庄道路路面，道路两侧、门前屋后、村庄周围、河塘岸边等都要巡回保洁，特别是积存垃圾和“白色垃圾”（快餐盒、塑料包装袋、废弃农膜等）都要及时清除，并定时送到所在行政村的垃圾收集集中点。

（2）村收集。各行政村组织人员定时不定时地对各村民小组进行检查，发现积存和暴露垃圾，及时组织人员进行清除，同时每天将收集集中点的垃圾送往乡镇垃圾中转站。

（3）乡镇转运。乡镇环境卫生管理所对镇域范围内的环境卫生负总责，每天将各行政村垃圾集中点的垃圾集中到乡镇垃圾中转站。

（4）县统一集中处理。市城市管理局负责将各乡镇垃圾中转站的垃圾运转到市生活垃圾填埋场，统一集中处理（有害垃圾可以拒收）。

8.7.4.2 配齐保洁队伍和设施

（1）建立专业环卫保洁队伍。各乡镇应按集镇人口的3‰配备环卫保洁人员，农村按行政村人口的 2‰配备环卫保洁人员，镇（区）环境卫生管理所按保洁人数的 5%～8%配备管理人员。

（2）加强乡镇、村两级环卫基础设施建设。乡镇、村两级按户数规模配建、配齐垃圾中转站和垃圾集中收集点。

（3）配备必要的保洁工具。乡镇、村需配置相应的保洁车辆、卫生消毒等设施设备。

8.7.4.3 落实长效管理措施

（1）强化环卫保洁考核管理。乡镇环境管理部门与环卫保洁员签订卫生保洁、垃圾清运责任合同，明确双方权利、义务，定期、不定期对保洁人员进行督查、考核，保洁质量和考核实绩与工资待遇挂钩，做到奖勤罚懒，充分调动保洁队伍的积极性。

（2）建立农村生活垃圾处理日常运行机制。健全村规民约，制定各项规章制度，落实管理措施，配好保洁人员，确保垃圾日产日清，及时收集，及时处理。

（3）保障日常运作经费。为确保生活垃圾保洁资金到位，除上级补助外，可适当征收生活垃圾处理费。保洁人员工资可根据考核情况发放。

8.7.5 库区执法长效管理

完善水源地常态化联合执法长效管理机制，健全联合执法队伍，有效打击投饵垂钓、非法采砂等违法行为。

8.7.5.1 定期执法检查

以涉河建设项目审批、采砂管理、河道清障、水利工程和水文设施保护、入河排污口设置和岸线利用、水事秩序维持等法律制度的贯彻落实情况为主要执法检查的内容，具体如下。

（1）河湖利用管理。河湖、水库、渠道内是否弃置、堆放阻碍行洪的物体；河道、湖泊管理范围内倾倒垃圾、渣土，从事影响河势稳定、危害河岸堤防安全和其他妨碍河道行洪的活动；在库区内围垦或者未按规定围垦河道造地。

（2）涉河建设项目管理。审批程序是否规范合法；项目实施是否符合防洪要求；施工临时设施及弃渣是否清除；定期检查和巡查制度是否落实。

（3）水工程管理。是否存在破坏、侵占、毁损防洪工程的行为；是否存在毁坏大坝管理设施的行为；是否存在危害大坝安全活动的行为。

（4）采砂管理。是否落实采砂管理有关制度；是否编制了河道采砂规划；对非法采砂行为是否进行依法打击和执法；对影响行洪和防汛抢险的砂场是否进行了清理；是否落实责任制和责任追究制度。

（5）违法垂钓。是否在库区范围内违法垂钓、投饵垂钓、毒鱼、炸鱼、电鱼或以其他方式盗取水库渔业资源等。

8.7.5.2 建立长效机制建设

（1）建立健全联合执法机制，加强与当地国土资源、电力、环境保护、公安等相关部门之间的协作，完善信息通报、联合调查、案件督办、案件移送等执法工作机制，定期沟通协调，实施联防联打，增强管理合力，提高执法效能。

（2）建立完善执法工作网络，通过网络媒体和通信工具，交流执法经验，互通执法信息，提高执法效率，大力推广武威市水政执法网络化管理做法，明确管理责任，增强执法力量。

（3）建立健全水事矛盾纠纷排查化解机制，建立水事矛盾纠纷排查化解活动领导机构，完善水事纠纷调处机制和问责机制，规范预防预警、排查化解、包案督办工作，坚持关口前移、主动跟进，靠实责任、有效化解，加强常态化的水事矛盾纠纷排查化解。

8.7.6 渔业长效管理

建立珊溪水库渔业共建共享机制，按照渔业统一增殖、合理开发、保护水源、持续利用的原则，实现渔业经济持续、健康发展。

8.7.6.1 渔业管理

（1）建立珊溪水库渔业养殖收益与库区共享机制，库区政府要做好库区群众的渔业收益分配工作。为实现渔业管理责权统一、理顺管理秩序和确保管理成效，建议库区属地政府明确渔业经营管理，在保护水源的同时，最大限度地提升珊溪渔业经济效益。

（2）坚持科技创新，强化依法管理，落实保护措施，全面提高水生生物资源养护管理水平，把保护水生生物资源与转变渔业发展方式、优化渔业经济结构结合起来，不断提高资源利用效率，在实现渔业经济持续、健康发展的同时，推进经济增长、社会发展和资源保护相统一。

（3）全面控制养殖用药，严禁使用违禁药物，定期开展养殖品种生长速度和质量的抽样分析，对水质进行监测，实施养殖生产全过程的动态监管，确保水产品质量安全和水源地安全。

（4）深入开展专项整治行动，依法查处违禁渔法渔具，打击非法捕捞行为。

（5）增强人们对渔业资源自然增殖和生态环境保护的意识，确保了重点天然产孵场不遭破坏和鱼类洄游通道的畅通，促进了渔业资源的生态修复和自然增殖。

8.7.6.2 渔业采捕

（1）凡从事捕捞作业和收购经营水产品的，必须持有地方渔业行政主管部门核发的有效证件。

（2）凡在库区从事渔业捕捞作业的，需经村委会确认村民身份后，到相关部门申请办理捕捞许可证。凡在水库及库区移民村范围内从事鱼、虾收购的经营者，直接到相关部门申请办理鱼虾收购许可证。

（3）办理捕捞许可证和收购许可证时，征收资源增殖保护费。收取的资源增殖保护费，按财政部门的有关规定办理，除上缴部分外，50%用于渔业资源增殖，50%用于渔业资源保护。

（4）距水库大坝内坡和建筑物内侧 1000m 为水库安全保护区，禁止捕捞作业的船只进入。

8.7.6.3 资源增殖与保护

（1）水库的渔业资源增殖与保护，坚持“统一增殖、合理开发、保护水源、持续利用”的原则。

（2）根据水库渔业资源情况和发展生态渔业的要求，每年组织水库渔业资源的增殖。增殖品种和种质严格遵守国家和省有关种质管理、检疫的规定。

（3）水库渔业要不断优化品种结构，在恢复水库传统鱼类种群的同时，加大名优鱼类的增殖。为保护水库种质及渔业资源结构，新引进的品种经市渔业行政主管部门组织省级以上专家论证通过，方可正式放流。

（4）为促进渔业资源增值和发展，相关部门可根据实际情况，积极向上申报渔业发展项目，争取资金支持。

（5）为加强渔业资源保护，制定库区渔业资源的重点保护对象、采捕标准、禁渔区、禁渔期，以及其他保护渔业资源的措施，确保库区渔业持续健康发展。

8.7.7 转产转业长效管理

建立“群众自主、政府引导、属地负责、部门帮扶”的工作机制，落实责任主体，加大转产转业的帮扶力度。

8.7.7.1 库区内转产转业长效管理

（1）加快建立“群众自主、政府引导、属地负责、部门帮扶”的工作机制。各地各有关部门要把库区转产转业摆在更加突出的位置，通过市、县、镇三级联动，进一步加大政策、资金、技术、信息等方面的帮扶力度。

（2）落实库区政府转产转业帮扶的主体责任。库区政府要以争取重点生态功能区示范区建设为契机，拓宽思路，主动谋划，因地制宜，因势利导，合理确定转产转业年度量化指标任务，并建立目标责任考评制度，作为县相关部门和乡镇年度绩效考核的重要内容。同时，加快建成一批导向性、示范性转产转业项目，通过典型示范带动，逐步培育符合库区发展的新的生态产业，使多数库区群众生产生活条件得到改善，就业可靠稳定，收入普遍增加。

（3）建立市级对口行业部门帮扶工作责任制。市社会主义新农村办公室（农业）、发展和改革、经济和信息化、科技、民政、财政、国土资源、交通、水利、体育、林业、渔业、旅游等有关重点帮扶部门，要制订帮扶方案，落实帮扶责任，充分发挥行业服务职能，挖掘和用足各项政策措施，争取上级更多的项目和资金支持，指导和帮助库区政府及对口部门实施各类帮扶。

（4）建立帮扶工作定期对接会议制度。对于列入年度转产转业帮扶计划的项目，各相关市级帮扶部门原则上每季度召开一次对接会议，听取库区政府帮扶要求，研究制订帮扶措施，检查帮扶工作落实情况，积极争取各方支持。市考绩办要把帮扶工作列入对市级部门的考绩内容，采取年度帮扶计划完成情况与库区政府反向评分相结合的考核办法。市珊管办要建立帮扶工作通报机制，对转产转业帮扶工作落实情况进行通报。

（5）加大转产转业帮扶资金支持力度。进一步完善市级水生态补偿机制，参照目前已经开展的全省重点生态功能区示范区建设试点做法，坚持生态激励与环境责任相统一，按照“谁受益谁补偿”“谁排污谁付费”的要求，建立与污染物排放总量、出境入库水水质、生态公益森林质量挂钩的财政奖惩机制。同时，按照一定比例逐年提高市级水生态补偿的资金额度，主要用于珊溪水库库区转产转业帮扶，各供水受益区根据财力情况共同出资补偿，具体办法由市财政局、市生态办、珊管办研究制定。

进一步整合涉及库区的市级农业、科技、民政、交通、水利、林业、渔业、旅游等专项资金、支农资金、扶贫资金，优先安排和倾斜用于珊溪水库库区转产转业的帮扶项目；库区财政也要将上级专项扶持补助资金（包括特扶资金）等，优先安排和倾斜用于转产转业的项目扶持，具体办法由市财政局及有关部门研究制定。

进一步加强市级水源保护转产转业扶持资金管理，参照市级生态补偿资金的分配办法分配使用额度，参照省级特扶资金管理办法，根据库区上报的转产转业项目，由市珊管办、市财政局联合审核并办理资金划拨手续。

（6）开展重点转产转业项目对口帮扶。市发展和改革委员会牵头研究制定文成、泰顺等县“工业飞地”的方案和政策，加快推进黄坦镇低丘缓坡开发利用及相关项目帮扶工作；市经济和信息化委员会牵头来料加工业项目帮扶工作，帮助创建小微企业创业园区，帮助进行经纪人培训，联系落实骨干企业帮助带动库区来料加工业扩大发展；市社会主义新农村办公室牵头农业项目帮扶工作，争取更多的现代农业园区落户库区，联系落实农业龙头企业帮助带动库区生态农业发展，通过3～5年努力，将库区建成优质健康的农产品示范县、示范镇；市科技局牵头落实科技帮扶工作，市级科技富民强镇和特色产业科技园区向库区倾斜，帮助库区政府申报省级科技富民强县，争取获得省级支持的科技产业园区，联系落实高新技术企业帮助带动库区科技产业发展；市旅游局牵头联系落实旅游龙头企业帮助带动库区旅游产业发展；市体育局牵头联系落实体育龙头企业帮助带动库区休闲运动产业发展；市水利局牵头帮扶黄坦镇饮用水库扩容改造、库区有关乡镇饮用水工程、小流域综合治理等水利工程项目；市交通运输局牵头帮扶泰顺百丈至叶岸山跨湖大桥等交通工程项目，其他部门按照帮扶计划要求进行对口帮扶，帮助解决项目包装审批，争取建设资金及技术指导。上述各类园区落户和项目落地等，可以作为市级部门帮扶工作考核的加分依据。

（7）继续深化其他各类帮扶。推进“亲近水源地·爱心献库区”活动，市卫生局要继续联合各医疗单位组织开展赴库区义诊活动；市民政局要帮助落实珊溪水源保护爱心公益非公募基金会的报批工作。经济和信息化、渔业、林业、农业部门要组织开展来料加工技术，林业、农业种植及加工技术、无公害稻田养鱼等技术培训。市珊管办要继续落实院地合作项目，开展珊溪水库库区转产转业技术与政策重点课题研究，组织信息技术培训和考察学习。

8.7.7.2　库区外转产转业长效管理

（1）在资金补助政策上予以引导。适当提高水源地人口向集水区外转移、一级水源保护区向集水区外转移、跨县域异地集聚的市级补助标准；对于整村搬迁或多数人口搬迁，参照同等人口规模的村镇（社区）污水处理等基础设施投入，市里与属地政府共同将节省投入的资金返回奖励，并分摊到搬迁群众补助标准上；未能享受省里下山移民政策补助的库区搬迁群众，由属地政府配套帮助解决。

（2）在民生基础设施配置上予以引导。库区政府要按照有利于水源保护和促进群众安居的原则，以一、二级水源保护区及整村连片转移为重点，划定重点区域，科学制定异地集聚计划，并在学校教育、卫生医疗、文化体育、农贸市场、金融网点、供电供水、公共交通、公园绿地等民生基础设施配置上予以引导搬迁。对于确实无法搬迁继续留在原地生活的居民，在确保污染物总量只减不增、人口总量只减不增、库区房屋建筑面积总量只减不增的原则下，由地方政府统一规划，制定污染治理和一二级水源保护区民房整治方案，报市政府审批。

（3）在跨区域集聚政策上予以引导。市住房和城乡建设委员会要尽快落实跨区域人口异地集聚发展政策和措施，在优势地块供给、配套设施建设、规费减免等方面给予库区群众更多的优惠；市国土资源局要帮助库区向省里争取农房集聚土地指标；瓯江口、经济技术开发区、瓯飞围垦区等市级产业集聚区要做好接纳水源地人口跨区域集聚的项目规划设计和项目前期工作，解决产业集聚用工需求和水源地农户安居就业。珊溪水源供水受益县（市、区）政府要结合城中村改造等，将多余安置房源优先用于水源地人口县域外异地搬迁安置，并适当给予政策优惠。

9 结　语

9.1 珊溪水库水生态补偿经验

习近平总书记在浙江提出“两山”的重要思想，强调了生态保护建设的重要性。水生态补偿作为一种能够有效调动利益相关方积极性的经济手段，为解决水资源开发利用中存在的利益不均衡问题提供了思路。随着水生态环境的恶化和居民生态保护意识的增强，水生态补偿将成为确保水资源安全的重要措施之一。温州市珊溪水库库区自然资源丰富，每年生态功能价值逾百亿元，其中，以水源涵养生态价值最大，约占四成。但以珊溪水库为例，对水生态补偿的补偿范围、补偿标准、补偿方式、资金筹措、体制机制的探讨与研究具有普遍意义，珊溪水库水生态补偿经验值得总结并推广。

1）定量的水管理状况评估是水生态补偿的基础

DPSIR 模型是一种在环境系统中广泛使用的评价体系概念模型，其主要作用是识别人类社会经济活动和环境之间的相互作用和因果关系，以及相关政策变化对这些关系的影响，为决策提供支持。基于 DPSIR 模型对珊溪水库水管理水平的评估结果显示，珊溪水库的水管理水平达到了很高的水准，制约管理水平进一步提升的因素主要是相关水质指标，占评估成果的 31.39%，需要进一步加强水源地的治理，减少入库污染物，并加强长效管理。通过科学手段对水管理水平评估是开展水生态补偿的重要基础。

2）合理的补偿标准测算是水生态补偿的关键

补偿标准是影响水生态补偿实施可行性的关键因素，在考虑水生态主要影响因素及可操控性的基础上，综合考虑经济社会、生态、区域公平性等因素，制定合理的生态补偿标准。根据珊溪水库水源保护对上游发展造成的机会成本损失，以及对下游支付能力和支付意愿的考虑，珊溪水库每年的生态补偿支付标准为 1.97 亿元，为珊溪水库水生态补偿的顺利开展提供了关键依据。

3）利益均衡的资金筹集和分配方案是水生态补偿的核心

通过对补偿资金筹措方式的研究，在对现有政府、市场、社会 3 条资金渠道特性进行分析的基础上，制定了以政府资金为主、市场资金和社会资金为辅的资金筹集方案；通过对现行的生态补偿方式的内涵和利弊进行分析，提出了以直接补偿为主、间接补偿为辅的补偿方案和以民生保障、长效管理为重点的资金分配方案。资金筹集与分配方案是连接生态补偿资金与补偿主体、被补偿主体的重要纽带，是水生态补偿的核心内容。

4）符合实际的管理机制是水生态补偿的保障

根据水管理评价的分析成果，明确珊溪水库需进一步加强水源地的治理，减少入库污染物，并加强长效管理，实现珊溪水库、赵山渡水库稳定达到Ⅱ类水，入库支流持续稳定在Ⅱ～Ⅲ类水。珊溪水库水源保护的长效管理机制主要涵盖了农村生活污水、畜禽养殖、城镇生活污水、生活垃圾、库区执法、渔业管理、转产转业等制度，有力地保障了水生态补偿的顺利开展。

9.2　珊溪水库水生态补偿下一阶段工作方向

下一阶段，要从生态环境保护的战略高度和长远角度出发，立足于推动水生态横向补偿，明确管理运行机制，建立水生态补偿相关配套制度和评估体系，探索构建生态补偿市场化制度。

1）要推动水生态横向补偿

横向生态补偿是由生态受益区向生态提供区支付一定的资金或以其他方式进行的补偿，以横向转移支付方式来协调生态关系密切的相邻区域间的利益冲突更直接和有效。但与纵向生态补偿相比，横向生态补偿机制的实践在中国几乎处于空白状态，横向生态补偿机制的缺失恰恰是造成我国许多地方环境保护进展乏力，生态破坏、环境污染难以遏制的主要根源，同时也严重影响了社会公平和资源配置效率。下一阶段，要按照中央关于建立横向生态补偿制度的要求，在明确地方政府水生态补偿责任的基础上，搭建区域之间的协商平台，推动地方政府间水生态横向补偿，逐步建立流域水生态共建与效益共享机制。

2）要明确管理运行机制

管理运行机制是水生态补偿工作有效开展的关键因素，是实施方案顺利实施的重要保障。由于温州市生态补偿工作主要由市美丽温州办牵头负责（市环境保护局），而珊溪水源保护工作主要由市珊管办牵头负责（市水利局），因此，应及时落实温州市珊溪水库水生态补偿的组织协调机构，建议成立温州市珊溪水库水生态补偿领导小组，市政府主要领导为组长，市政府分管领导为副组长，各相关单位主要负责人为成员。领导小组办公室设在市环境保护局或者市水利局，其承担相应的具体工作。

3）要建立水生态补偿相关配套制度和评估体系

为保护珊溪水库的水源地水质，确保水生态补偿的顺利实施，亟须建立一整套完整的生态补偿配套制度，包括水生态补偿的标准化管理、智慧监测体系、监督考核制度、技术保障制度、监督考核制度等。同时，加强对库区生态价值的核算、补偿主客体的责任与义务、补偿标准的确定、补偿资金的使用等进行客观评估，保证水生态补偿的公平合理。

4）要探索构建生态补偿市场化制度

由于目前水生态补偿机制还处于起步阶段，相关机制尚不完善，水生态补偿资金来源还比较单一，资金量不足。因此，在市级相关部门加大补偿资金投入的同时，通过法律机制的约束和公众的积极参与，在市场价格机制的引导下，积极构建起产权主体清晰、标准合理、监督有效、多元主体参与的水生态补偿市场化制度。充分发挥市场的作用，促进补偿资金来源的多样化，保证资金投入的稳定可靠，不断丰富资金筹集渠道，并积极探索建立上下游的水权交易制度。

总之，水生态补偿已逐渐成为全社会广泛关注的焦点，要充分汲取珊溪水库的试点经验，明确水生态补偿下阶段工作方向，逐步在流域范围、全国范围推进水生态补偿工作。

参 考 文 献

曹明德. 2004. 对建立我国生态补偿制度的思考. 法学，（3）：40-43.

曹琦，陈兴鹏，师满江. 2013. 基于 SD 和 DPSIRM 模型的水资源管理模拟模型——以黑河流域甘州区为例. 经济地理，33（3）：36-41.

陈伟，夏建华. 2007. 综合主、客观权重信息的最优组合赋权方法.数学的实践与认识，37（1）：17-22.

杜群. 2005. 生态补偿的法律关系及其发展现状和问题. 现代法学，27（3）：186-192.

杜群，张萌. 2006. 我国生态补偿法律政策现状与问题//生态补偿机制与政策设计国际研讨会论文集. 北京：中国环境科学出版社：61-70.

高彤，杨姝影. 2006. 国际生态补偿政策对中国的借鉴意义. 环境保护，（10A）：71-76.

郭广荣，李维长，王登举. 2005. 不同国家森林生态效益的补偿方案研究. 绿色中国（理论版），（14）：14-17.

国家环境保护总局环境规划院. 2005. 生态补偿机制与政策方案研究报告.

汉语大词典编辑委员会. 1995. 汉语大词典. 上海：汉语大词典出版社.

何承耕. 2007. 多时空尺度视野下的生态补偿理论与应用研究. 福建师范大学博士学位论文.

洪尚群，吴晓青，段昌群，等. 2001. 补偿途径和方式多样化是生态补偿基础和保障. 环境科学与技术，24（A2）：40-42.

黄飞雪. 2011. 生态补偿的科斯与庇古手段效率分析——以园林与绿地资源为例. 农业经济问题，3：92-97，112.

贾大武. 2006. 全方位建立生态补偿机制的思考//生态补偿机制与政策设计国际研讨会论文集. 北京：中国环境科学出版社：201-208.

贾绍凤，姜文来，沈大军. 2006. 水资源经济学. 北京：中国水利水电出版社.

金中彦，郑彦强，赵海生. 2012. 基于 DPSIR 模型的岚漪河流域生态系统安全评估. 人民黄河，34（3）：54-56.

蓝虹. 2005. 环境产权经济学. 北京：中国人民大学出版社.

李爱年，刘旭芳. 2006a. 对我国生态补偿的立法构想. 生态环境，15（1）：194-197.

李爱年，刘旭芳. 2006b. 生态补偿法律含义再认识. 环境保护，（10）：44-48.

李金昌，仲伟志，宋永淇，等. 1990. 资源产业论. 北京：中国环境科学出版社.

李筱婧. 2006. 环境污染的外部性分析及对策选择. 对外经济贸易大学硕士学位论文.

刘传玉，张婕. 2014. 流域生态补偿实践的国内外比较. 水利经济，32（2）：61-64.

刘玉龙. 2007. 生态补偿与流域生态共建共享. 北京：中国水利水电出版社.

吕晋. 2009. 国外水源保护区的生态补偿机制研究. 中国环保产业，（1）：64-67.

马莹. 2014. 国内流域生态补偿研究综述. 经济研究导刊，12：179-180.

毛峰，曾香. 2016. 生态补偿的机理与准则. 生态学报，26（11）：3841-3846.

毛涛. 2008. 中国流域生态补偿制度的法律思考. 环境污染与防治，30（7）：100-103.
毛显强，钟瑜，张胜. 2002. 生态补偿的理论探讨. 中国人口·资源与环境，12（4）：38-41.
潘金. 2008. 我国生态环境补偿法律机制研究. 北京交通大学硕士学位论文.
潘兴良，徐琳瑜，杨志峰. 2016. 生态补偿理论研究进展. 中国环境管理，8（6）：32-37.
千年生态系统评估委员会. 2005. 千年生态系统评估. 联合国报告.
钱水苗，王怀章. 2005. 论流域生态补偿的制度构建——从社会公正的视角. 中国地质大学学报（社会科学版），5（5）：80-84.
仇永胜，黄环. 2005. 美国水污染防治立法研究//2005年中国法学会环境资源法学研究会年会论文集. 北京：法律出版社：47-51.
任勇，冯东方，俞海. 2008. 中国生态补偿理论与政策框架设计. 北京：中国环境科学出版社.
宋鹏臣，姚建，马训舟，等. 2007. 我国流域生态补偿研究进展. 资源开发与市场，23（11）：1021-1024.
唐文浩，唐树梅. 2006. 环境生态学. 北京：中国林业出版社.
滕加泉，薛银刚. 2015. 国内外生态补偿机制的对比分析与研究. 环境科学与管理，（12）：159-163.
图佩察. 1987. 自然利用的生态经济效益. 金鉴明，徐志鸿译. 北京：中国环境科学出版社.
王浩文，鲁仕宝，鲍海君. 2016. 基于DPSIR模型的浙江省“五水共治”绩效评价. 上海国土资源，37（4）：77-82，88.
王金南，庄国泰. 2006. 生态补偿机制与政策设计. 北京：中国环境科学出版社.
王金南. 1994. 环境经济学：理论·方法·政策. 北京：清华大学出版社.
王婧. 2014. 别样的经济学——生态经济学述论. 经济师，（7）：29-30.
王良海. 2006. 我国生态补偿法律制度研究. 西南政法大学硕士学位论文.
王玲玲，张斌. 2012. 基于DPSIR模型的丹江口库区生态安全评估. 环境科学与技术，35（12）：340-343.
王有强，司毅铭，张道军. 2005. 流域水资源保护与可持续利用. 郑州：黄河水利出版社.
王哲，只德国，李涛涛. 2010. 基于DPSIR模型的海河流域水环境安全评价指标体系. 技术与应用，6：27-29，32.
王中兴，李桥兴. 2006. 依据主客观权重集成最终权重的一种方法. 应用数学与计算数学学报，20（1）：87-92.
显强，钟瑜，张胜. 2002. 生态补偿的理论探讨. 中国人口·资源与环境，12（4）：38-41.
肖新成，何丙辉，倪九派，等. 2013. 农业面源污染视角下的三峡库区重庆段水资源的安全性评价：基于DPSIR框架的分析. 环境科学学报，33（8）：2324-2331.
熊鸿斌，刘进. 2009. DPSIR模型在安徽省生态可持续发展评价中的应用. 合肥工业大学学报，32（3）：305-309.
杨娟. 2005. 生态补偿法律制度研究. 武汉大学硕士学位论文.
喻立，王建力，李昌晓，等. 2014. 基于DPSIR与AHP的宁夏沙湖湿地健康评价.西南大学学报，36（2）：124-130.
苑清敏，崔东军. 2013. 基于DPSIR模型的天津可持续发展评价. 商业研究，431：27-32.
张春玲，阮本清，杨小柳. 2006. 水资源恢复的补偿理论与机制. 郑州：黄河水利出版社.
张虹. 2006. 生态补偿法律制度的完善和实施机制的构想. 兰州大学硕士学位论文.

张乐勤. 2010. 流域生态补偿理论评述. 池州学院学报，24（3）：73-76.

张郁，丁四保. 2008. 流域生态补偿中的协商机制研究. 世界地理研究，17（2）：158-165.

张昱恒. 2016. 对我国生态补偿法律制度的思考. 哈尔滨师范大学社会科学学报，7（3）：54-56.

赵春光. 2009. 我国流域生态补偿法律制度研究. 中国海洋大学博士学位论文.

赵建林. 2006. 生态补偿法律制度研究. 中国政法大学硕士学位论文.

赵同谦，欧阳志云，王效科，等. 2003. 中国陆地地表水生态系统服务功能及其生态经济价值评价. 自然资源学报，18（4）：443-452.

郑海霞. 2006. 中国流域生态服务补偿机制与政策研究——以 4 个典型流域为例. 中国农业科学院农业经济与发展研究所博士后研究工作报告.

周成刚，罗荆. 2006. 关于建立我国财政转移支付法律制度的构想. 中南财经政法大学研究生学报，（10）：18-20.

壮歌德. 2016. 流域生态补偿机制（PES）国外案例. 世界环境，（2）：76-78.

Costanza R，d'Arge R，de Groot R，et al. 1997. The value of the world's ecosystem services and natural capital. Nature，387（6630）：253-260.

Jagoon K A，Kaneko S，Fujikura R，et al. 2009. Urbanization and subsurface environmental issues：An attempt at DPSIR model application in Asian cities. Science of The Total Environment，407（9）：3089-3104.

Marinella S，Francesco G，Clive D，et al. 2016. The DPSIR framework in support of green infrastructure planning：A case study in Southern Italy. Land Use Policy，61：242-250.

Pintoa R，de Jongeb V N，Netoa J M，et al. 2013. Towards a DPSIR driven integration of ecological value，water uses and ecosystem services for estuarine systems. Ocean & Coastal Management，72：64-79.

Sun S K，Wang Y B，Liu J，et al. 2016. Sustainability assessment of regional water resources under the DPSIR framework. Journal of Hydrology，532：140-148.

附录 1　珊溪水库库区内水利工程基本情况

附表 1-1　珊溪（赵山渡）库区水库基本情况表

序号	水库名称	县（市、区）	坝址控制流域面积/km^2	坝址多年平均径流量/万 m^3	工程等别	总库容/万 m^3	正常蓄水位相应水面面积/km^2
1	珊溪水库	文成县	1529	185000	I	182400	35.4
2	百丈漈水库	文成县	88.6	11005	III	6341	3.52
3	三插溪水库	泰顺县	267.5	34240	III	4662	1.33
4	赵山渡水库	瑞安市	2302	280039.68	III	3414	4.4
5	仙居水库	泰顺县	166.6	21819.7548	III	3289	1.15
6	高岭头一级水库	文成县	32.6	4525	III	1778	0.75
7	高岭头二级水库	文成县	92	12168	III	1682	0.69
8	洪溪二级水库	泰顺县	77.5	9138	IV	982	0.32
9	洪溪一级水库	泰顺县	37.6	5408	IV	950	0.27
10	南山水库	泰顺县	33.4	3511	IV	205	0.11
11	三插溪二级水库	泰顺县	300.1	38400	IV	130	0.1
12	三滩水库	泰顺县	86.5	11677.5	IV	130	0.1
13	翁山水库	泰顺县	3.4	469.88	IV	120	0.1
14	白鹤渡水库	泰顺县	2.43	261.7488	IV	110	0.1
15	江渡水库	泰顺县	15	2904.4656	IV	106	0.05
16	桥下水库	泰顺县	5.5	684.7	IV	102	0.06
17	杨寮水库	泰顺县	23	3450	V	92.08	0.04
18	龙南一级水库	泰顺县	27.8	3614	V	68	0.04
19	峰门水库	泰顺县	10.8	1576.8	V	44	0.06
20	葛溪二级水库	泰顺县	5.4	636	V	40	0.04
21	高际水库	泰顺县	1.5	180	V	35.05	0.02
22	岩峰水库	泰顺县	8.8	912	V	34.2	0.03
23	黄桥水库	泰顺县	10.3	1555.3	V	30	0.02
24	齐岭溪水库	泰顺县	9.35	1140.7	V	25.6	0.03
25	官坑下水库	泰顺县	10.2	1334	V	25	0.14
26	茶石水库	泰顺县	18.4	2760	V	23.6	0.02
27	翁溪水库	泰顺县	28	3598	V	23	0.01
28	严公洋水库	泰顺县	5.18	624.4128	V	20	0.03

续表

序号	水库名称	县（市、区）	坝址控制流域面积/km²	坝址多年平均径流量/万 m³	工程等别	总库容/万 m³	正常蓄水位相应水面面积/km²
29	联云水库	泰顺县	9.96	1173.1392	V	20	0.01
30	双溪水库	泰顺县	4.7	605	V	18.6	0.01
31	杨寮三级水库	泰顺县	36.05	5408.424	V	15	0.02
32	榅垟水库	泰顺县	12.5	1876.392	V	14.53	0.01
33	龙南二级水库	泰顺县	33.1	4303	V	14	0.1
34	山头仔水库	泰顺县	0.4	44.1504	V	12.1	0.02
35	葛溪一级水库	泰顺县	3.82	458.4	V	11.5	0.01
36	包洋水库	泰顺县	8.9	1221.8	V	10.2	0.01
37	百万山水库	文成县	1583.5	201500	Ⅳ	964	0.35
38	东溪三级水库	文成县	29.4	4061	Ⅳ	220	0.05
39	高岭头三级水库	文成县	25	3291	Ⅳ	169.6	0.09
40	驮垟水库	文成县	26	3129	Ⅳ	147.1	0.09
41	黄鹿水库	文成县	59.5	8269	Ⅳ	130	0.08
42	大水桥水库	文成县	4.5	586	Ⅳ	122.06	0.16
43	东坑岭水库	文成县	6.9	921	Ⅳ	119.61	0.05
44	东山水库	文成县	3.82	496.6	Ⅳ	119	0.06
45	坑下山水库	文成县	9.73	1264.9	Ⅳ	114	0.04
46	里阳水库	文成县	2.8	364	V	96	0.03
47	吴坳坑水库	文成县	16.8	2190	V	93.56	0.03
48	磨石潭水库	文成县	17	2230	V	93.44	0.04
49	仙岩一级水库	文成县	31	4017	V	87.8	0.08
50	李林二级水库	文成县	13	1648	V	87	0.04
51	桂竹一级水库	文成县	7.26	952.4	V	83.24	0.04
52	济下水库	文成县	14.3	1820	V	78.67	0.05
53	东溪五级水库	文成县	174.1	23306	V	66.36	0.08
54	龙井口二级水库	文成县	13.05	1717.9	V	65	0.05
55	龙井口三级水库	文成县	27.76	3654.3	V	60	0.04
56	梅树水库	文成县	1.3	156	V	55.41	0.04
57	安塘水库	文成县	1.06	135.79	V	50.04	0.05
58	朱里水库	文成县	1.5	187	V	49.9	0.03
59	大坑水库	文成县	5.2	720	V	42.5	0.02
60	呈坑门水库	文成县	3.37	438	V	38.8	0.03
61	园丰水库	文成县	0.85	112.5	V	35.5	0.05
62	川盘山水库	文成县	0.82	106.6	V	30.28	0.05
63	西湖水库	文成县	3.1	382	V	30	0.01

续表

序号	水库名称	县（市、区）	坝址控制流域面积/km²	坝址多年平均径流量/万 m³	工程等别	总库容/万 m³	正常蓄水位相应水面面积/km²
64	石门水库	文成县	1.98	252.3	V	29.48	0.04
65	桥坑底水库	文成县	20.03	2410	V	29.27	0.02
66	下隆葱水库	文成县	10.8	1578.5	V	29	0.01
67	际门坑水库	文成县	4.1	533	V	27	0.04
68	蔡坑水库	文成县	1.83	237.9	V	26.1	0.01
69	桂竹二级水库	文成县	12.2	1630	V	26.1	0.03
70	小九溪水库	文成县	19.5	2545	V	25.2	0.02
71	百丈漈二级水库	文成县	93.9	12200	V	18.5	0.01
72	东溪四级水库	文成县	57.5	7804	V	18	0.01
73	银桥坑水库	文成县	4.72	575.3	V	17.6	0.01
74	三支坑水库	文成县	2.47	346.9	V	16.6	0.01
75	斗潭水库	文成县	14.5	2088	V	15	0.01
76	雷官岩水库	文成县	1.05	136.5	V	15	0.01
77	马坪水库	文成县	0.37	47.7	V	15	0.01
78	元桥水库	文成县	0.41	53	V	14.79	0.02
79	水磨坑水库	文成县	0.86	119	V	14.5	0.01
80	胜天一号水库	文成县	1.5	195	V	14	0.01
81	垟下水库	文成县	11.88	1497	V	13.8	0.02
82	胜天二号水库	文成县	0.97	127	V	13.58	0.01
83	小坑边水库	文成县	11	1324	V	13	0.01
84	盖后水库	文成县	0.14	18.2	V	12	0.01
85	张山垟水库	文成县	0.53	68.9	V	12	0.01
86	凤狮水库	文成县	0.35	49	V	11.6	0.01
87	周山际下水库	文成县	14.6	1898	V	11.5	0.01
88	桥枫坑水库	文成县	0.19	24.7	V	10.3	0.02
89	垟井水库	文成县	1	130	V	10.2	0.01
90	周徐水库	文成县	0.27	35.1	V	10.2	0.01
91	石井水库	文成县	3.8	494	V	10.2	0.01
92	穹口水库	文成县	11.5	1495	V	10.2	0.01
93	稽垟水库	文成县	6.5	845	V	10	0.01

附表 1-2　珊溪（赵山渡）库区水电站基本情况表

序号	水电站名称	县（市、区）	工程等别	装机容量/kW	机组台数/台	多年平均发电量/(万 kW·h)
1	百丈漈一级电站	文成县	Ⅳ	31200	2	7587
2	百丈漈二级电站	文成县	Ⅳ	17000	2	4413
3	百丈漈三级电站	文成县	Ⅴ	2400	3	860
4	靛青山电站	文成县	Ⅴ	6400	3	1461.4
5	东坑岭电站	文成县	Ⅴ	5000	2	1328.6
6	新东电站	文成县	Ⅴ	1000	2	238
7	东山电站	文成县	Ⅴ	520	2	60
8	斗潭电站	文成县	Ⅴ	520	2	156.2
9	公阳电站	文成县	Ⅴ	750	2	173.3
10	黄鹿电站	文成县	Ⅴ	4000	2	960
11	磨石潭电站	文成县	Ⅴ	2500	2	645.28
12	稽垟一级电站	文成县	Ⅴ	625	2	148
13	沙垟一级电站	文成县	Ⅴ	600	3	120
14	石井电站	文成县	Ⅴ	1260	2	265
15	胜利电站	文成县	Ⅴ	500	1	105
16	桂溪电站	文成县	Ⅴ	1000	2	203.6
17	大溪坑电站	文成县	Ⅴ	600	2	120
18	洪头滩电站	文成县	Ⅴ	750	6	500
19	穹口电站	文成县	Ⅴ	500	1	145
20	高岭头三级电站	文成县	Ⅴ	5000	2	1000
21	银青峡二级电站	文成县	Ⅴ	630	1	128
22	动坑一级电站	文成县	Ⅴ	1000	2	250
23	动坑二级电站	文成县	Ⅴ	1000	2	250
24	大坑电站	文成县	Ⅴ	1000	2	252.88
25	垟下电站	文成县	Ⅴ	800	2	163
26	珊溪水电站	文成县	Ⅲ	200000	4	35500
27	百万山电站	文成县	Ⅴ	8000	5	2057
28	福首源水电站	文成县	Ⅴ	1000	2	204.88
29	东溪五级电站	文成县	Ⅴ	2900	4	600
30	坑下山电站	文成县	Ⅴ	4000	2	1038.6
31	石门电站	文成县	Ⅴ	1000	2	218.4
32	高岭头一级电站	文成县	Ⅳ	16000	2	4146
33	仙岩二级电站	文成县	Ⅴ	640	2	150
34	高岭头二级电站	文成县	Ⅳ	25000	2	5371
35	吴坳坑一级电站	文成县	Ⅴ	1500	3	600

续表

序号	水电站名称	县（市、区）	工程等别	装机容量/kW	机组台数/台	多年平均发电量/(万 kW·h)
36	吴坳坑二级电站	文成县	Ⅴ	1130	2	330
37	半坑电站	文成县	Ⅴ	1000	2	272
38	桂竹二级电站	文成县	Ⅴ	1500	3	350
39	桂竹一级电站	文成县	Ⅴ	1000	2	220
40	小九溪电站	文成县	Ⅴ	2500	2	680
41	东溪三级电站	文成县	Ⅳ	10000	2	2696
42	东溪四级电站	文成县	Ⅴ	2000	2	430
43	李林一级电站	文成县	Ⅴ	500	1	107
44	李林二级电站	文成县	Ⅴ	1000	2	270
45	岩门电站	文成县	Ⅴ	2390	4	550
46	龙井口二级电站	文成县	Ⅴ	1000	2	250
47	龙井口三级电站	文成县	Ⅴ	1260	2	355
48	周山际下水电站	文成县	Ⅴ	1500	3	300
49	雅龙电站	文成县	Ⅴ	1000	2	240
50	严公洋水电站	泰顺县	Ⅴ	630	1	182
51	岩峰水电站	泰顺县	Ⅴ	1260	2	303.7
52	玉龙水电站	泰顺县	Ⅴ	1930	3	390
53	少年洋水电站	泰顺县	Ⅴ	630	1	111.9
54	黄桥水电站	泰顺县	Ⅴ	640	2	180
55	三插溪水电站	泰顺县	Ⅳ	44000	2	11000
56	联云水电站	泰顺县	Ⅴ	640	2	145.36
57	翁溪水电站	泰顺县	Ⅴ	2250	3	800
58	江渡水电站	泰顺县	Ⅴ	525	2	110
59	南山水电站	泰顺县	Ⅴ	5000	2	1200
60	洪溪二级水电站	泰顺县	Ⅴ	8000	2	2300
61	仙居水电站	泰顺县	Ⅳ	25000	2	4974
62	上棠坪水电站	泰顺县	Ⅴ	1050	3	192.56
63	棠坪水电站	泰顺县	Ⅴ	640	2	200
64	桥下水电站	泰顺县	Ⅴ	500	1	92.94
65	三插溪二级水电站	泰顺县	Ⅴ	8000	2	2343
66	杨寮水电站	泰顺县	Ⅴ	2520	4	735
67	鸿源水电站	泰顺县	Ⅴ	1500	3	489.86
68	榅垟水电站	泰顺县	Ⅴ	1000	2	243.94
69	龙角坑水电站	泰顺县	Ⅴ	950	2	290
70	高际水电站	泰顺县	Ⅴ	2100	3	635

续表

序号	水电站名称	县（市、区）	工程等别	装机容量/kW	机组台数/台	多年平均发电量/(万 kW·h)
71	芭蕉湾水电站	泰顺县	Ⅴ	500	1	180
72	恩坑桥水电站	泰顺县	Ⅴ	1000	2	216.6
73	黄石水电站	泰顺县	Ⅴ	1000	2	210
74	官坑下水电站	泰顺县	Ⅴ	1500	3	496.9
75	三滩水电站	泰顺县	Ⅴ	1890	3	486.34
76	上章一级水电站	泰顺县	Ⅴ	500	1	200
77	上章二级水电站	泰顺县	Ⅴ	500	1	160
78	岩头水电站	泰顺县	Ⅴ	720	2	260
79	葛溪二级水电站	泰顺县	Ⅴ	630	1	191.92
80	新浦水电站	泰顺县	Ⅴ	1030	2	270
81	龙南二级水电站	泰顺县	Ⅴ	1000	2	200
82	龙南一级水电站	泰顺县	Ⅴ	1000	2	225
83	茶石水电站	泰顺县	Ⅴ	1130	2	302
84	双溪水电站	泰顺县	Ⅴ	1260	2	381
85	温州赵山渡水力发电厂	瑞安市	Ⅳ	20000	2	5140
86	瑞安市高湖水电站	瑞安市	Ⅴ	2000	1	700

附录 2　珊溪水源地保护与管理立法草案

附 2-1　温州市珊溪饮用水水源保护办法（草案）

第一章　总　　则

第一条　为了加强对温州市珊溪饮用水水源（以下简称珊溪饮用水水源）的保护和管理，保障饮用水安全，促进水源地生态建设和经济社会发展，根据《中华人民共和国环境保护法》《中华人民共和国水法》《中华人民共和国水污染防治法》等法律法规，结合本市实际，制定本条例。

第二条　本办法适用于温州市行政区域内珊溪饮用水水源保护及相关管理工作。

第三条　珊溪饮用水水源保护坚持保护优先、预防为主，防治结合、综合治理的原则。

第四条　珊溪饮用水水源保护遵循统一管理、分级负责的原则，实行流域管理与行政区域管理相结合的管理体制。

温州市珊溪饮用水水源保护管理委员会是珊溪饮用水水源保护管理工作的组织领导机构，行使温州市人民政府依法授予的保护和管理职权，具体负责组织、协调、监督和考核水源保护和治理工作。水源保护管理委员会下设办公室，负责管理委员会的日常工作。

珊溪水源地属地人民政府根据属地原则，按照各自职责，建立珊溪饮用水水源保护管理部门及相关执法机构，组织实施辖区内饮用水水源的保护管理及巡查执法工作。

第五条　温州市发改、监察、公安、农业、财政、住建、交通运输、水利、环保、林业、海洋与渔业、旅游、国土资源、海事、卫生、工商、安监等行政主管部门应当按照各自职责，共同做好饮用水水源保护管理工作。

第六条　珊溪饮用水水源保护管理实行目标责任制和考核评价制度。市和区县人民政府对本辖区范围内饮用水水源的水环境质量负责。饮用水水源保护工作纳入市对属地人民政府目标考核评价范围。

第七条　任何单位和个人都有保护饮用水水源的义务。对污染饮用水水源，破坏饮用水水源保护设施的行为，有权劝阻和举报。对在饮用水水源保护工作中做出显著成绩的单位和个人，由县级以上人民政府给予表彰或者奖励。

第八条　温州市人民政府设立珊溪饮用水水源保护管理专项资金，通过整合财政资金、调整水价、市场化融资、发动社会捐赠等方式筹集资金，保障水源保护与管理工作的资金需求。

第九条　建立并实施珊溪饮用水水源保护生态补偿机制。合理确定生态补偿范围，统筹安排生态补偿专项资金，完善机制保障措施，实现生态补偿的制度化、规范化。

第二章　水 源 保 护

第十条　《珊溪（赵山渡）库区水环境综合整治和生态保护规划》是珊溪饮用水水源保护管理的规划依据，任何单位和个人都应当严格执行。

第十一条　珊溪饮用水水源按下列规定划分保护区：

（一）一级保护区范围：新联大桥至赵山渡水库大坝区间飞云江干流（含赵山渡水库）及其两岸陆域纵深各200m；

（二）二级保护区范围：里塘口村至新联大桥区间的飞云江干流（含珊溪水库）及其两岸纵深各50m；

（三）准保护区范围：一级保护区、二级保护区以外的工程集水区。

保护区范围的调整，由监督管理机构会同属地人民政府提出划定方案，经市人民政府审查同意，报省人民政府批准。

第十二条　设立珊溪饮用水水源保护区界标，并在显著位置设立警示标志。任何单位和个人不得涂改、损毁或者擅自移动地理界标和警示标志。

交通运输部门应当在道路沿线交通事故多发地段的库区岸边建设事故应急池、集水沟等应急设施。

第十三条　珊溪饮用水水源水质应当满足浙江省人民政府规定的水功能区划要求。其中一级保护区水质应不低于国家规定的《地表水环境质量标准》Ⅱ类标准，并需符合国家规定的《生活饮用水卫生标准》的要求；二级保护区水质应不低于《地表水环境质量标准》Ⅱ类标准。

第十四条　珊溪饮用水水源准保护区内，禁止下列行为：

（一）新建、扩建水上加油站、油库等严重污染水体的建设项目，或者设置装卸垃圾、粪便、油类和有毒物品的码头，以及改建增加排污量的建设项目；

（二）设立制纸浆、印染、染料、制革、电解电镀、炼油、化工、制药以及其他严重污染水环境的企业；

（三）设置规模化畜禽养殖场；

（四）向水体排放、倾倒工业废渣、生活垃圾和其他废弃物；

（五）运输剧毒物品、危险废物以及国家规定禁止通过内河运输的其他危险化学品；

（六）使用剧毒、高残留农药；

（七）毒鱼、炸鱼、电鱼；

（八）非更新性砍伐、破坏水源涵养林、护岸林及保护区植被；

（九）在水体清洗装贮过油类或者有毒有害污染物的车船、容器和包装器材。

第十五条　珊溪饮用水水源二级保护区内，除准保护区禁止的行为以外，还禁止下列行为：

（一）设置排污口；

（二）新建、改建、扩建餐饮业、洗车业以及其他排放污染物的建设项目；

（三）设置化工原料、废渣、矿物油类及有毒有害物品的贮存场所，以及生活垃圾、工业固体废弃物和危险废物等堆放场所和转运站；

（四）修建墓地或者丢弃、掩埋动物尸体或者其他污染水体的物体；

（五）未经依法批准围库造地，采挖和筛选砂石、矿藏；

（六）未经依法批准，从事船舶水上拆解、打捞和其他水上、水下施工作业等活动，或者船舶、浮动设施未依法持有关合格证书及必要的航行资料，擅自航行或者作业；

（七）使用未配置防污染设备和器材的机动船舶从事载人、载物等活动；

（八）违反禁渔区、禁渔期规定进行捕捞；

（九）未按照规定采取防止污染饮用水水体措施，从事网箱养殖、游泳、旅游和使用化肥、农药等活动；

（十）向水体排放其他各类可能污染水体的物质。

在饮用水水源二级保护区内，已建成的超标排放污染物的建设项目，由县级以上人民政府依法责令限期拆除或者关闭。

第十六条　在二级保护区和准保护区从事旅游业、种植业或者其他生产经营活动的，应当符合有关法律法规和规划的要求。

第十七条　珊溪饮用水水源一级保护区内，除二级保护区和准保护区禁止的行为以外，还禁止下列行为：

（一）新建、改建、扩建与水源保护无关的项目；

（二）网箱养殖、旅游、游泳、垂钓；

（三）使用化肥和高毒、高残留农药；

（四）停泊与水库管理和水源保护无关的船舶；

（五）其他可能污染饮用水水体的一切活动。

在饮用水水源一级保护区内，已经建成的与供水设施和保护水源无关的违法建设项目，由县级以上人民政府依法责令限期拆除或者关闭。

第十八条　珊溪饮用水水源一级保护区实行封闭式管理，珊溪（赵山渡）水库运行管理单位应当在一级保护区外围设置隔离设施。

第十九条　珊溪饮用水水源保护区内应当采取生态保护措施，发展生态农业，推广植物病虫害综合防治和配方施肥技术，鼓励施用有机肥料和生物农药，防止污染水源。

珊溪饮用水水源保护区内应当采用先进适用技术，开发利用沼气等生物能源，对农作物秸秆、农产品加工业副产品、废弃农用薄膜等进行无害化处理、综合利用。

第二十条 珊溪饮用水水源保护区内应当使用无磷洗涤用品，建设无害化厕所，开展村庄环境整治，改善人居环境。

第二十一条 珊溪饮用水水源保护区内应当依法取缔畜禽养殖场所，并严格实施畜禽养殖总量削减计划。

第二十二条 实施珊溪饮用水水源保护区人口统筹集聚工程。鼓励库区人口向集水区外集聚，减少库区人口，削减污染总量。

第二十三条 珊溪饮用水水源保护区内应当建设各类污水收集处理系统和垃圾收集处理系统，提高污水与垃圾收集处理率，减轻水体污染；建设生态湿地系统和水源涵养系统，实施主要支流生态保护与修复和保水渔业工程，净化入库水质，修复水体生态，提高涵养净化水质能力，保护水源。

第二十四条 温州市公用事业投资集团有限公司作为珊溪饮用水水源保护资金的融资运作平台。

第二十五条 珊溪饮用水水源保护区内的基础设施建设和产业开发，应当同步开展相关的水源保护工作，确保饮用水安全。

第三章 生 态 补 偿

第二十六条 生态补偿的分配使用应当遵循统筹兼顾、突出重点、权责一致、逐步推进的原则。生态补偿专项资金应当专款专用，主要用于改善库区群众生产生活条件和生态环境，促进库区水源保护和经济社会、生态建设协调发展。

第二十七条 温州市人民政府设立珊溪饮用水水源保护的生态补偿专项资金，专项资金的来源主要包括：

（一）市级财政转移支付资金；

（二）受益县（市）财政转移支付资金；

（三）受益县（市）财政收取的排污费按一定比例提取的资金；

（四）各级财政转移支付的资金和排污费提取比例由市政府另行制定，其他受益区财政也应参照执行；

（五）珊溪水源地水价中的生态补偿费，并逐步加收受益县（市）的生态补偿费及水价差价；

（六）市政府规定的其他资金。

第二十八条 生态补偿资金分配总量，根据资金收入来源情况一年一定。

第二十九条 生态补偿资金应重点支持珊溪水库集水区生态补偿。集水区群众生产发展扶持和群众生活补偿资金应逐步纳入生态补偿资金使用范围。

第三十条　生态补偿资金应安排专款用于补助珊溪水库集水区范围内的新造林和原有低效生态公益林的补植改造及迹地更新，同时单列一定的资金用于年度重点项目的以奖代补；补助标准和以奖代补额度另行制定。

第三十一条　逐步完善生态补偿资金使用与考核奖惩制度。生态补偿资金分配参考各县（市）所占集水区面积、人口的数量等比重，同时与各县（市）年度重点项目考核和各主要支流交接断面水质考核挂钩。

第四章　监 督 管 理

第三十二条　各级人民政府应当统筹规划，组织协调，监督有关部门按照各自的职责分工，开展珊溪饮用水水源的保护管理工作。

第三十三条　市环境保护主管部门应当会同水利等有关部门对珊溪(赵山渡)水库和汇入水库的支流断面的水质状况进行动态监测，定期向社会发布水环境状况的公报；对突发水污染事件和藻类爆发高峰期应及时并加密水质监测。

市水行政主管部门应当会同有关部门做好水土流失状况和入库水量监测工作，依据流域规划和珊溪（赵山渡）水库饮用水水资源供求规划，制定水量分配方案和年度水量调度计划，如遇旱灾，珊溪（赵山渡）水库库存水量要优先保证饮用水的供应。

市农业行政主管部门负责提出控制农药、化肥、禽畜粪便对饮用水水源污染的措施，并负责监督实施。

市港航、海事行政管理部门负责码头和船舶污染饮用水水源的监督管理。

市海洋渔业行政主管部门负责渔业船舶和水产养殖业污染饮用水水源的监督管理。

市公安行政主管部门负责维护饮用水水源保护区治安管理工作，维护安全秩序。

市发改委、国土、建设、矿管、卫生、林业、公安、工商等部门应根据有关法律、法规的规定，履行各自职责，并根据需要分别依法委托市珊溪水库管理局对水源环境保护实施监督管理。

第三十四条　珊溪饮用水水源保护区属地人民政府以及相关乡（镇）人民政府应当对饮用水水源保护区内畜禽养殖污染加强长效管理。在珊溪饮用水水源一级保护区和二级保护区内，禁止新建、扩建规模化畜禽养殖场。

第三十五条　温州市环境保护行政主管部门和相关县（市）政府应制定珊溪水库饮用水水源污染突发性事故应急预案，建立专业应急救援队伍，配备应急救援设施设备。

第三十六条　发生污染、卫生突发事件时，有关企事业单位应当立即启动应急方案，采取应急措施，并向水利、环境保护、卫生行政主管部门报告。主管部门接到报告后，应当及时向本级人民政府报告，同时组织有关部门做好应急供水准备。

第五章　法 律 责 任

第三十七条　违反本条例规定的行为，有关法律、法规已有法律责任规定的，从其规定。

第三十八条　在珊溪饮用水水源二级保护区内从事网箱养殖，组织进行旅游、垂钓，或者其他造成污染饮用水水体的活动的，由县级以上地方人民政府环境保护主管部门责令停止违法行为，处一万元以上两万元以下罚款。

个人在珊溪饮用水水源二级保护区内游泳、垂钓或者从事其他可能污染饮用水水体的活动，由县级以上地方人民政府环境保护主管部门责令停止违法行为，处一百元以上五百元以下罚款。

第三十九条　在珊溪饮用水水源一级保护区和二级保护区内，擅自停泊、航行或者作业，造成水体污染的，由市海事部门、海洋与渔业部门、水行政主管部门、环保部门等按照职责分工责令停止违法行为，造成水源污染的，处两千元以上两万元以下罚款。

第四十条　在珊溪饮用水水源一级保护区和二级保护区内，从事采砂、取土、弃置砂石或者淤泥、爆破、钻探、围库造地等行为，由县级以上地方人民政府除责令其纠正违法行为、采取补救措施外，可以并处警告、罚款、没收非法所得；对有关责任人员，由其所在单位或者上级主管机关给予行政处分；构成犯罪的，依法追究刑事责任。

第四十一条　在珊溪饮用水水源保护区内，使用炸鱼、毒鱼、电鱼等破坏渔业资源方法进行捕捞的；违反禁渔区、禁渔期的规定进行捕捞的，或者使用禁用的渔具、捕捞方法和小于最小网目尺寸的网具进行捕捞或者渔获物中幼鱼超过规定比例的，没收渔获物和违法所得，处五万元以下的罚款；情节严重的，没收渔具，吊销捕捞许可证；情节特别严重的，可以没收渔船；构成犯罪的，依法追究刑事责任。

在珊溪饮用水水源保护区内设立的禁渔区或者禁渔期内销售非法捕捞的渔获物的，县级以上地方人民政府渔业行政主管部门应当及时进行调查处理。

第四十二条　违反本条例规定，污染饮用水水源和破坏饮用水水源保护设施，造成严重后果的，依法追究刑事责任。

第四十三条　国家机关及其工作人员不履行珊溪饮用水水源保护与管理职责，有下列行为之一的，对直接负责的主管人员和其他直接责任人员，由任免机关或者监察机关按照管理权限依法给予行政处分：

（一）未按照规定审批、核准建设项目的；

（二）未按照规定开展饮用水水源巡查、水质监测和综合评估的；

（三）未按照规定查处污染饮用水水源、破坏饮用水水源保护和利用设施的违法行为，造成严重后果的；

（四）未按照规定整治畜禽养殖污染，或者整治不达标的；

（五）其他滥用职权、玩忽职守、徇私舞弊的行为。

第六章 附 则

第四十四条 本条例自××年××月××日起施行。

附 2-2　温州市珊溪水库水生态补偿条例（草案）

第一条　为了完善珊溪水库水生态补偿机制，促进生态环境保护，保障珊溪水源地饮用水安全，提升生态文明建设水平，促进水源地生态建设和经济社会发展，根据《中华人民共和国环境保护法》《中华人民共和国水法》《中华人民共和国水污染防治法》等有关法律、法规，结合《温州市珊溪饮用水水源保护办法》及本市实际，制定本条例。

第二条　本条例主要适用于采用资金方式，用于温州市珊溪水库的水生态补偿工作，温州市其他饮用水水源地的水生态补偿可参照执行。

第三条　本条例所称水生态补偿是指对因承担生态环境保护责任使经济发展受到一定限制的区域内的有关组织和个人给予补偿的活动。

第四条　生态补偿应当遵循谁受益谁补偿、统筹兼顾、政府主导、循序渐进的原则。

第五条　市、县级人民政府应当将水生态补偿工作纳入地方国民经济和社会发展的年度计划，建立健全水生态补偿的专设机构。市、县级人民政府应当对在生态补偿工作中做出显著成绩的下一级人民政府给予表彰、奖励。

第六条　市、县级人民政府应当逐步完善资金、政策、项目、技术、智力、实物等多元化的水生态补偿机制，建立区域、流域的水生态补偿制度。鼓励社会力量参与水生态补偿活动。

第七条　市、县级水生态补偿机构负责统筹协调本行政区域的水生态补偿工作。市、县级环保、水利、林业等部门，负责做好本部门职能范围内的水生态补偿工作。发改、财政、国土、住建、民政、审计等部门，按照各自职责协助做好生态补偿工作。

第八条　水生态补偿的范围包括以下几个方面。

（一）民生保障与改善方面：主要包括库区生态公益林和水源涵养林的补偿、库区群众补偿（库区群众的农村合作医疗保险和养老保险）等方面。

（二）生态保护与修复方面：主要包括生态河道修复、水质改善工程、生态公益林建设等方面。

（三）水源地保护建设项目方面：主要包括环保基础设施建设项目、面源污染治理项目、饮用水水源保护规划及整治项目、生态环境保护项目等方面。

（四）工程长效管理方面：主要包括城镇、农村生活污水处理设施、城乡生活垃圾处理设施、其他生态保护项目的营运维护以及畜禽养殖等长效巡查管理等方面。

实施水生态补偿的具体项目，可由县级有关部门提出方案，报市级水生态补偿机构同意。法律、法规对生态补偿范围另有规定的，按其规定。

第九条　承担生态环境保护责任的下列组织和个人作为补偿对象，可以获得生态补偿：

（一）县级人民政府，包括文成县、泰顺县，瑞安市；

（二）乡镇人民政府、街道办事处和县级人民政府其他派出机构（以下简称“乡镇人民政府（街道办事处）”）；

（三）村（居）民委员会；

（四）集体经济组织成员；

（五）县级人民政府批准可以获得生态补偿的其他组织（以下简称“其他组织”）。

第十条　市级水生态补偿机构应当会同有关部门制定水生态补偿标准，报市人民政府批准后公布实施。县级人民政府可以在市人民政府批准的补偿标准的基础上，提高补偿标准。县级人民政府扩大水生态补偿范围的，补偿标准由县级人民政府制定并公布。制定水生态补偿标准应当根据生态价值、生态文明建设要求，统筹考虑地区国民生产总值、财政收入、物价指数、农村常住人口数量、农民人均纯收入和生态服务功能等因素。生态补偿标准一般三年调整一次。

第十一条　水生态补偿资金实行分类、逐级逐年申报制度。

民生保障与改善方面的生态补偿资金，由村（居）民委员会向乡镇人民政府（街道办事处）申报，乡镇人民政府（街道办事处）统一向县级水生态补偿机构申报。生态保护与修复方面的水生态补偿资金由乡镇人民政府（街道办事处）向县级水生态补偿机构申报。工程长效管理方面的水生态补偿资金由乡镇人民政府（街道办事处）统一向县级水生态补偿机构申报。水源地保护建设项目方面的水生态补偿资金由县级水生态补偿机构向市级水生态补偿机构申报，由市级水生态补偿机构核准。

其他组织符合生态补偿资金申报条件的，可以直接向市级水生态补偿机构申报。申报生态补偿资金的，应当按照要求提交申报表、生态保护责任承诺书和相关材料。

第十二条　申报县级水生态补偿资金的，由县级水生态补偿机构会同县财政、环保、水利、林业等有关部门对申报材料予以审核。申报市级水生态补偿资金的，由市级水生态补偿机构会同市财政、环保、水利、林业等有关部门对申报材料予以审核。

第十三条　市、县级水生态补偿机构应当将审核结果通过政务网站、补偿范围涉及的镇（街道）、村公示栏等方式公示，公示时间不少于十五日。组织或者个人对审核结果有异议的，可以在公示期内向水生态补偿机构书面提出。市、县级水生态补偿机构应当会同有关部门对异议进行复核，并自公示结束之日起十五日内，将复核结果告知提出异议的组织或者个人。市、县级水生态补偿机构确定生态补偿资金分配方案后，应当通过政务网站、补偿范围涉及的镇（街道）、村公示栏等方式公布。县级水生态补偿机构确定的水生态补偿资金分配方案应当向市级水生态补偿机构、市财政部门备案。

第十四条　各级政府、企业承担的水生态补偿资金，应及时划拨到市水生态补偿专项账户，由市生态补偿机构会同市财政部门统一负责、下拨。县级水生态补偿机构会同县级财政部门应当拨付、水生态补偿资金至乡镇（街道）、村（居）民委员会，水生态补偿资金原则上应在到账后三十日内转拨，不得截留、挪用、滞留。其他组织的生态补偿资金，由市生态补偿机构会同市财政部门直接拨付。

第十五条　生态补偿资金应当用于维护生态环境、发展生态经济、补偿集体经济组织成员等。市、县级、乡镇人民政府（街道办事处）不得因生态补偿的实施，取消或者减少对水生态补偿对象的其他财政投入。

第十六条　村（居）民委员会应当拟定水生态补偿资金使用方案，经村（居）民会议或者村（居）民代表会议审议通过，并向全体村（居）民公示后组织实施。村（居）民委员会应当将生态补偿资金使用情况向全体村（居）民公示，并定期向乡镇人民政府（街道办事处）书面报告。乡镇人民政府（街道办事处）和其他组织应当按照市、县级财政部门的要求，及时报告生态补偿资金的使用情况。县级水生态补偿机构应当建立健全水生态补偿信息公开、绩效评估制度，规范会计核算和档案管理，监督水生态补偿资金的拨付和使用。审计部门应当定期对水生态补偿资金拨付和使用情况进行审计，并将审计结果向社会公开。

第十七条　市、县级环保、水利、财政、林业等有关部门应当对水生态补偿范围的生态保护情况进行检查监督，并将涉及水生态补偿的生态保护情况书面告知当地政府。

第十八条　市、县级人民政府应当定期对水生态补偿的实施情况进行检查并开展绩效评价，并向同级人民代表大会常务委员会报告，接受监督。

第十九条　水生态补偿对象未按照承诺书履行生态保护责任的，市、县级环保、水利、住建、林业等有关部门应当责令限期整改；在规定期限内未达到整改要求的，市、县级水生态补偿机构、财政部门可以根据有关部门书面告知的情况，决定缓拨、减拨、停拨或者追回生态补偿资金。水生态补偿对象因破坏生态环境受到有关部门处罚的，两年内不得获得生态补偿资金。

第二十条　违反本条例规定，有下列行为之一的，由财政等部门依法予以处罚、处分；构成犯罪的，依法移交司法机关追究刑事责任：

（一）以虚报、冒领等手段骗取生态补偿资金的；

（二）截留、挪用生态补偿资金的；

（三）滞留生态补偿资金的；

（四）其他违反规定使用生态补偿资金的。

第二十一条　环保、水利、财政、林业等有关部门及其工作人员在水生态补偿工作中玩忽职守、滥用职权、徇私舞弊的，由其所在单位或者上级主管机关对直接负责的主管人员和其他直接责任人员依法给予行政处分；构成犯罪的，依法追究刑事责任。

第二十二条　市级水生态补偿机构应当会同有关部门自本条例施行之日起一年内，制定水生态补偿实施细则，并完善水生态补偿标准化管理制度、技术保障制度、宣传保障制度、长效管理制度等配套制度和智慧监测体系、奖惩体系等，并报市人民政府批准后实施。

第二十三条　本条例自××年××月××日起施行。